美丽广东建设评估与展望

崔建鑫　赵卉卉　王明旭　李朝晖　李　新　著

科学出版社

北京

内 容 简 介

本书是一本关于广东省生态环境保护历程的总结评估和国内外实践经验借鉴的研究性书籍。首先对广东省各时期主要生态环境保护规划进行了梳理，以广东省第一个中长期环保规划的实施评估为脉络，对全省十几年来生态环境保护工作的成效和问题进行系统梳理，剖析现实生态环境问题的深层次原因。进而，立足国际视野、一流水准，全面分析广东在国内外环境经济发展大势中的主要区位，建立模型开展美丽广东建设的总体进程评估，剖析影响美丽广东建设的关键环节。最后通过总结一系列国内外实践案例经验，探索符合广东实际的经验启示，并从美丽的内涵出发提出美丽广东建设的对策建议。

本书可为美丽中国实践探索提供理论基础和决策参考，适合相关政府部门、科研人员、行业人员、高校师生等阅读。

图书在版编目（CIP）数据

美丽广东建设评估与展望 / 崔建鑫等著. —北京：科学出版社，2024.5
ISBN 978-7-03-078295-3

Ⅰ. ①美… Ⅱ. ①崔… Ⅲ. ①生态环境建设－研究－广东
Ⅳ. ①X321.265

中国国家版本馆 CIP 数据核字（2024）第 060470 号

责任编辑：郭勇斌 冷 玥 / 责任校对：任云峰
责任印制：徐晓晨 / 封面设计：义和文创

科学出版社 出版
北京东黄城根北街 16 号
邮政编码：100717
http://www.sciencep.com
北京建宏印刷有限公司印刷
科学出版社发行 各地新华书店经销

*

2024 年 5 月第 一 版 开本：720 × 1000 1/16
2024 年 5 月第一次印刷 印张：17 1/4
字数：326 000
定价：148.00 元
（如有印装质量问题，我社负责调换）

《美丽广东建设评估与展望》

编写委员会

主编： 崔建鑫　赵卉卉　王明旭　李朝晖　李　新

编委：（按姓氏拼音排序）

冯明敏　广东省环境科学研究院

黄圣鸿　广东省环境科学研究院

李易熹　广东省环境科学研究院

厉　斌　生态环境部环境规划院

梁龙妮　广东省环境科学研究院

刘剑筠　广东省环境科学研究院

刘　燕　广东省环境科学研究院

陆晨东　生态环境部环境规划院

强　烨　生态环境部环境规划院

秦昌波　生态环境部环境规划院

王成新　生态环境部环境规划院

吴锦泽　广东省环境科学研究院

向　男　广东省环境科学研究院

于　雷　生态环境部环境规划院

张　弛　广东省环境科学研究院

张　晖　广东省环境科学研究院

张南南　生态环境部环境规划院

张培培　生态环境部环境规划院

郑亦佳　广东省环境科学研究院

前　言

　　建设美丽中国是以习近平同志为核心的党中央作出的重要决策部署，是对中国特色社会主义发展战略的进一步丰富和拓展，是中华民族对世界可持续发展的历史性贡献。从党的十八大首次提出建设"美丽中国"，到党的十九大将"建设美丽中国"作为全面建设社会主义现代化国家的目标，再到党的二十大擘画"到2035年美丽中国建设目标基本实现"的美好蓝图，建设美丽中国成为全国各地实践探索和学术研究的热点问题。当前，在习近平生态文明思想和美丽中国宏观战略的科学指引下，全国上下正积极开展美丽中国建设实践，浙江发布全国首个美丽省份规划实施纲要，全力打造美丽中国先行示范区，福建聚力打造人与自然和谐共生的美丽中国示范省，深圳、杭州等市率先开展美丽城市实践探索，等等。

　　美丽广东的概念是在"美丽中国"战略背景下应运而生的。2018年时任广东省委书记李希同志在全省生态环境保护大会暨污染防治攻坚战工作推进会上首次提出"坚决打好打赢污染防治攻坚战，努力开创美丽广东建设新局面"。2021年印发实施的《广东省国民经济和社会发展第十四个五年规划和2035年远景目标纲要》展望2035年"美丽广东基本建成"。2022年5月召开的广东省第十三次党代会明确要求"持续强化生态文明建设，着力打造美丽中国的广东样板"，美丽广东建设成为未来十几年广东生态文明建设工作的重要引领。

　　风好正是扬帆时，劈波斩浪当奋楫。广东是全国改革开放和经济发展的前沿阵地，见证了共和国在贫瘠中腾飞的沧桑与辉煌，当前"粤港澳大湾区"建设，深圳"中国特色社会主义先行示范区"建设，横琴、前海两个合作区建设等多个国家重大举措叠加于此，党和国家更是赋予广东改革创新、先行先试的重大使命，提出建设生态环境优美的国际一流湾区、率先打造人与自然和谐共生的美丽中国典范。因此，美丽广东建设不仅仅是美丽中国战略实施的一个缩影，更肩负着引领全国率先走出一条人与自然和谐共生之路的使命担当，广东有条件有基础打造彰显岭南底蕴特质的全球北回归线上亮丽的生态高地，建成我国向世界展示美丽中国建设成就的重要窗口。

　　《美丽广东建设评估与展望》是一本关于广东省生态环境保护历程的总结评估和国内外实践经验借鉴的研究性书籍。首先对广东省各时期主要生态环境保护规划进行了梳理，以广东省第一个中长期环保规划的实施评估为脉络，对全省十几年来生态环境保护工作的成效和问题进行系统梳理，剖析现实生态环境问题的深层次原因。进而，立足国际视野、一流水准，全面分析广东在国内外环境经济发展大势中的主要区位，建立模型开展美丽广东建设的总体进程评估，剖析影响美丽广东建设的关键环节。最后通过总结一系列国内外实践案例经验，探索符合广东实际的经验启示，并从美丽的内涵出发提出美丽广东建设的对策建议。

　　本书旨在为美丽广东建设的中长期发展目标和路径谋划提供本底基础研究建议和实践案例经验参考，以期给广东全省、各地市和其他省（自治区、直辖市）美丽中国实践探索提供参考借鉴。本书在编写过程中，参考借鉴了许多地方实践成果宣传材料与相关书籍，在此表示衷心感谢！由于时间仓促和水平有限，不足之处在所难免，敬请读者批评指正，以便改进。

作　者

2023 年 7 月于广州

目　　录

第1章 绪 论

建设美丽中国是以习近平同志为核心的党中央作出的重要决策部署，是对中国特色社会主义发展战略的进一步丰富和拓展，是解决新时代社会主要矛盾的主攻方向，是中华民族对世界可持续发展的历史性贡献。广东是"粤港澳大湾区"建设，深圳"中国特色社会主义先行示范区"建设，横琴、前海两个合作区建设等多个国家重大举措叠加承载区，有条件有基础建成我国向世界展示美丽中国建设成就的重要窗口。本章从美丽广东建设的内涵出发，立足生态环境保护工作的总体形势，简要提出美丽广东建设的总体定位和重要意义。

1.1 美丽广东建设内涵解析

2012 年，党的十八大报告提出"努力建设美丽中国"，是美丽中国首次作为执政理念和执政目标被提出。2015 年，党的十八届五中全会要求"推进美丽中国建设"。《中华人民共和国国民经济和社会发展第十三个五年规划纲要》首次将美丽中国建设纳入国家发展规划。2017 年，党的十九大明确了坚持人与自然和谐共生作为新时代坚持和发展中国特色社会主义的基本方略之一，将建设美丽中国作为建成社会主义现代化强国的目标。2020 年，党的十九届五中全会提出美丽中国建设的远景目标。2022 年，党的二十大提出"中国式现代化是人与自然和谐共生的现代化"，并明确到 2035 年"广泛形成绿色生产生活方式，碳排放达峰后稳中有降，生态环境根本好转，美丽中国目标基本实现"。目前，全国各地积极开展美丽中国建设实践，浙江省发布全国首个美丽省份规划实施纲要，深圳市发布全国首个打造美丽中国典范规划纲要，杭州市发布全国首个美丽城市建设实施纲要。四川、福建、江西等省份美丽建设规划也在加快推进中，美丽中国建设的行动体系逐步健全。美丽中国建设成为全国各地实践探索的重要战略引领，也是学术研究的热点问题。

目前，国内学者围绕美丽中国建设的理论内涵、战略目标、评估方法、指标体系、实现路径等进行了研究，王金南等（2012）提出迈向美丽中国的生态文明建设战略目标，并在基本实现现代化进程中分析了美丽中国建设的战略目标与路径；万军等探索提出美丽城市的"六美"内涵体系和包括"标志美、内核美、支撑美"三个层次的美丽中国内涵，并总结了美丽中国建设生态环境保护的总体框架与主要路径。此外，众多学者从不同维度构建了美丽中国建设评估指标体系，分别对全国和浙江、湖南、陕西等省份的美丽建设水平进行了定量评估。

总体而言，美丽中国的理论内涵由表及里有三个层级，概括为标志美、内核美和支撑美三个形态，同时又具有整体性、协调性、丰富性和现代性四个特征。标志美是以生态环境优美舒适为标识，体现在自然美、环境美、城乡美；内核美是以高质量发展为标识，体现在理念美、生产美、生活美；支撑美是以生态环境治理体系与能力现代化为标识，体现为制度美。整体性体现为所有要素、所有区域的整体的美丽提升，协调性体现为环境和经济的协调发展、生态产品的有效供给，丰富性体现为立足环境、发展、人文形成的多种多样的美丽特质，现代性体现为夯实美丽中国建设的社会主义现代化基础。

美丽广东的概念是在美丽中国战略背景下应运而生的。2018年时任广东省委书记李希同志在全省生态环境保护大会暨污染防治攻坚战工作推进会上首次提出"坚决打好打赢污染防治攻坚战，努力开创美丽广东建设新局面"。2021年印发实施的《广东省国民经济和社会发展第十四个五年规划和2035年远景目标纲要》明确到2035年"美丽广东基本建成"。2022年5月召开的广东省第十三次党代会明确要求"持续强化生态文明建设，着力打造美丽中国的广东样板"，美丽广东建设成为未来十几年广东生态文明建设工作的重要引领。

广东是"粤港澳大湾区"建设，深圳"中国特色社会主义先行示范区"建设，横琴、前海两个合作区建设等多个国家重大举措叠加承载区，党和国家赋予广东改革创新、先行先试的重大使命，要求建设生态环境优美的国际一流湾区、率先打造人与自然和谐共生的美丽中国典范。因此，美丽广东建设不仅仅是美丽中国战略实施的一个缩影，更肩负着引领全国率先走出一条人与自然和谐共生之路的使命担当，有条件有基础打造彰显岭南底蕴特质的全球北回归线上亮丽的生态高地，建成我国向世界展示美丽中国建设成就的重要窗口。

1.2　广东生态环境保护总体形势

广东经济总量和人均水平领跑全国，但仍与发达国家存在一定差距，"一核一带一区"发展不平衡不充分问题制约美丽广东建设进程。近年来，广东经济发展规模不断突破，2020年地区生产总值（GDP）达11.08万亿元，连续32年位居全国第一。人均GDP为8.82万元（按当年平均汇率计算为1.28万美元），排名全国第6，是全国平均水平的1.2倍（图1-1），首次跨入高收入经济体行列。但是，广东经济发展人均水平仍与部分发达国家存在一定的差距（图1-2）。省内"一核一带一区"经济发展两极分化明显，2020年珠三角以全国3.9%的国土面积创造了8.9%的GDP，人均GDP达到14.85万元，比长三角高出21.5%，而东西两翼地区和北部生态发展区 12 市人均 GDP 全部低于全国平均水平，不足珠三角的一半，区域发展的不平衡不充分问题较为突出，地区经济发展基础对生态环境保护的支撑能力差距甚远。

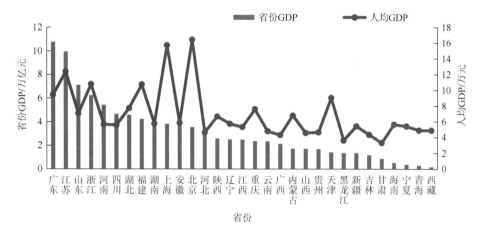

图 1-1　2020 年全国部分省份 GDP 和人均 GDP①

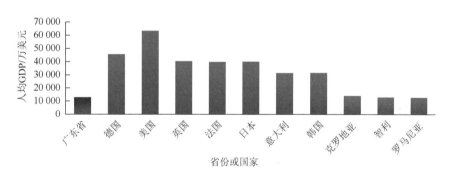

图 1-2　2020 年广东省与全球部分国家人均 GDP

广东资源能源利用效率居于全国前列，但与国际一流水平存在较大差距，省内污染物排放强度与经济总量倒挂态势明显。广东资源能源利用水平在全国优势明显，2020 年单位 GDP 能耗（0.31 t 标准煤/万元）、用水量（38.3 m³/万元）在全国 GDP 前 10 的省份中分别位列第 2 和第 4，大幅优于全国平均水平（图 1-3）。但是，仍与国际一流水平存在较大差距，在人均碳排放强度与全球平均水平持平的背景下，单位 GDP 碳排放强度是纽约湾区、旧金山湾区和东京湾区的 2 倍左右（图 1-4）。特别是虽然广州、深圳、佛山 3 市优于全省平均水平，但韶关碳排放强度是深圳的 10 倍之多，21 地市资源能源利用水平十分不均。核心区珠三角

① 本书国内省份的相关数据及论述均不涉及台湾省、澳门特别行政区、香港特别行政区。

单位面积土地产出是全国平均水平的 3.83 倍，但北部生态发展区仅为全国水平的 70%，东西两翼地区和北部生态发展区以不到全省 20%的经济总量贡献了约 50%污染物排放量，污染物排放强度明显偏高，与经济发展水平存在倒挂趋势，增加了推动区域协调发展的难度。

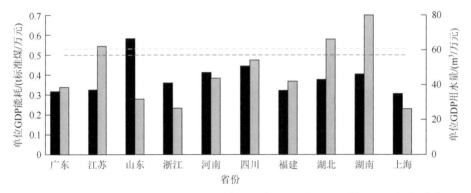

图 1-3　2020 年全国部分省份单位 GDP 能耗和用水量

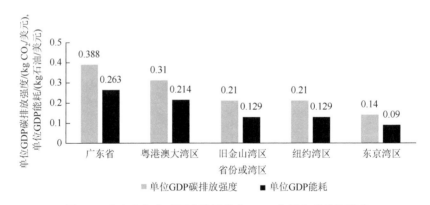

图 1-4　广东省与全球四大湾区单位 GDP 能耗和碳排放强度

广东生态环境质量处于全国标杆地位，但仍落后于部分发达国家。空气质量保持全国领先，2020 年空气质量指数（AQI）达标率全国排名第 8，PM$_{2.5}$浓度排名第 5，珠三角地区在全国三大重点区域保持标杆，空气质量大大领先长三角、京津冀地区（图 1-5）。PM$_{2.5}$浓度与克罗地亚、智利、罗马尼亚等人均 GDP 相近国家接近，但高于英国、美国、日本、德国等发达国家（图 1-6）。此外，广东地表水水质处于全国中游水平，2020 年地表水国考断面水质优良率全国排名第 19，珠江流域水质优良比例在全国七大流域中仅次于长江流域，为全省水环境质量改善提供了较好的生态基底。与发达国家人均 GDP 历史同期水平相比，广东优良水体比例与发达国家当年水平基本相当甚至略好，但较差水体比例偏高，水生态环境系统改善仍然任重道远。

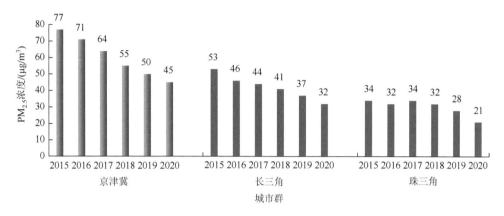

图 1-5　全国三大城市群 PM$_{2.5}$ 浓度

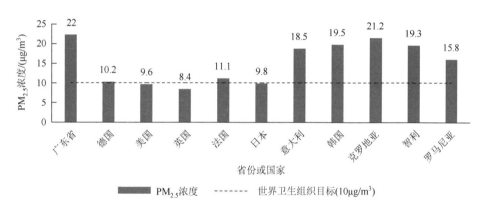

图 1-6　2020 年广东省与全球部分国家 PM$_{2.5}$ 浓度

　　广东生态系统功能在全国举足轻重，但城乡人居环境不平衡问题十分突出。广东北倚南岭，南临南海，具有山海相连的地域景观、碧道成网的流域特色、多元共生的生态要素。森林覆盖率接近 60%，大陆海岸线长度达 4114 km，位居全国首位，林业大省、海洋大省特色鲜明。自然保护地超过 1000 个，数量位居全国第一，南岭地区是全国 16 个生物多样性热点区域之一，生物多样性丰富，开展美丽中国建设实践的条件得天独厚（图 1-7）。但是，在全省城镇化水平不断提升发展大势下，城乡人居环境二元分化态势形成较大反差，农村人居环境问题成为美丽广东的突出短板。2021 年广东省农村生活污水治理率仅 47%，与浙江、上海 90%左右的水平差距较大（图 1-8）；其中茂名、韶关、河源农村污水治理率低于 30%，与珠三角广州、深圳、珠海、佛山等市 70% 以上的水平差距明显。农村黑臭水体、厕所、人居环境"脏乱差"等问题影响美丽广东建设总体进程。

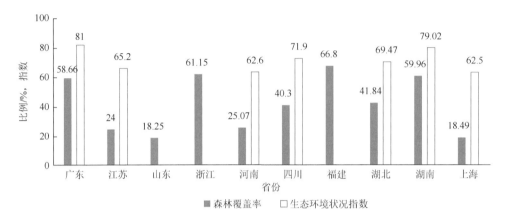

图 1-7 全国部分省份生态质量指标

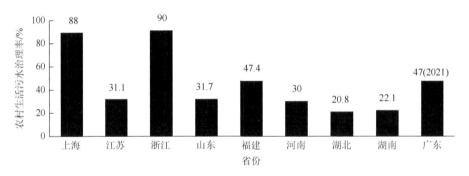

图 1-8 2020 年全国部分省份农村生活污水治理率

1.3 美丽广东建设的重要意义

建设美丽广东是贯彻习近平生态文明思想、在生态文明建设上先行示范的政治责任。美丽中国建设是以习近平同志为核心的党中央作出的重要决策。建设美丽中国作为社会主义现代化国家的重要内涵，是对中国特色社会主义发展战略的进一步丰富和拓展，体现了步步推进、行稳致远的发展策略。建设美丽中国，是中国特色社会主义现代化的重要战略目标，是解决新时代社会主要矛盾的关键环节，是中华民族对世界可持续发展的历史性贡献。近年来，江苏、浙江、四川、重庆、山东、云南等省市陆续开展了美丽建设实践探索，积累了一定先行经验。广东作为全国改革开放和经济发展的前沿地区，有条件有必要示范开展美丽广东建设实践探索，全面贯彻落实习近平生态文明思想，做精生态文明建设先行示范样本，抢抓新时代重要战略机遇，进一步厚植南粤自然生态良好的本底优势，奋力开启美丽广东建设新局面，继续在美丽中国建设实践中发挥示范带头作用。

建设美丽广东是适应"立足新发展阶段、贯彻新发展理念、构建新发展格局"对生态环境保护提出的新任务新要求的具体实践。当前，广东正处于竞争优势重塑期、新旧动能加速转换期、工业化城镇化深化期、社会转型加速期、全面深化改革攻坚期、生态环境提升期，发展呈现新的阶段性特征，生态环境保护正处于跨越常规性、长期性关口的攻坚阶段，一些结构性、根源性、趋势性压力尚未得到根本缓解。生态环境质量全面改善的基础仍不牢固，污染源数量多、分布广，累积性生态环境问题仍然突出，部分要素、部分因子污染尚未得到根本解决。挥发性有机化合物（VOCs）和氮氧化物（NO$_x$）协同减排水平有待提升，臭氧尚未进入下降通道。河涌水体"微容量、重负荷"现象仍然存在，重点流域水质达标基础仍不牢固，水生态系统功能尚未恢复。海洋生态环境保护基础薄弱，陆海统筹系统性不足，珠江口、汕头港、湛江港等河口海湾水质亟待改善。海岸带典型生态系统受损，全省红树林面积生态功能有待提升。局部区域土壤重金属累积性污染问题突出，矿山开发遗留的生态破坏问题仍待加快解决。农村生态环境问题短板依然突出，人居环境与先进省份差距明显。能源消费总量仍存在刚性增长需求，煤炭、石油等传统化石能源仍占主导地位，减污降碳面临较大挑战。绿色生产生活方式尚未形成，源头管控和结构调整力度亟须加强，二氧化碳率先达峰面临较大压力。空气质量仍需持续改善，2020 年珠三角地区 PM$_{2.5}$ 浓度虽降至 21 μg/m^3，但与国际一流湾区相比仍有明显差距。水生态修复尚属起步阶段，生物多样性保护形势严峻，优质生态产品供给还不能满足人民日益增长的优美生态环境需要。迫切需要坚定不移贯彻新发展理念，协同推进经济高质量发展和生态环境高水平保护，把"绿水青山"建得更美，把"金山银山"做得更大，推动生态效益更好地转化为经济效益、社会效益，实现经济社会发展与生态环境保护共赢，让绿色成为广东发展最亮丽的底色。

建设美丽广东是坚持以人民为中心、满足群众优美生态环境需求的历史使命。建设人与自然和谐共生的现代化，既要创造更多物质财富和精神财富以满足人民日益增长的美好生活需要，也要提供更多优质生态产品以满足人民日益增长的优美生态环境需要。良好生态环境是最普惠的民生福祉。要以人民为中心，守初心，担使命，为人民群众提供更优质生态产品，不断提升人民群众的幸福感、获得感，让人民群众生活得更好。广东要始终践行以人民为中心的发展思想，将生态文明建设作为一项重要民生工作摆在全省发展的突出位置来抓，从人民群众普遍关注、反映强烈、反复出现的问题出发，把生态环境问题一个一个解决好，让人民群众获得感成色更足、幸福感更可持续、安全感更有保障。

第2章 广东生态环境保护战略演变历程

进入 21 世纪以来，生态环境保护在党治国理政工作中的地位不断上升，在国家指导下，广东省生态环境保护战略不断发展演变，突出表现为在生态环境保护规划领域颁布实施了多个有标志性意义的战略规划，包括全国首个以地方性立法形式颁布的区域性环保规划——《珠江三角洲环境保护规划纲要（2004—2020 年）》和全省第一个中长期环保规划《广东省环境保护规划纲要（2006—2020 年）》，以及各类生态环境保护领域的五年规划（图 2-1）。本章对各时期全省主要生态环保规划进行系统梳理，总结各时期工作导向和重点领域，为未来生态环境保护战略谋划提供参考。

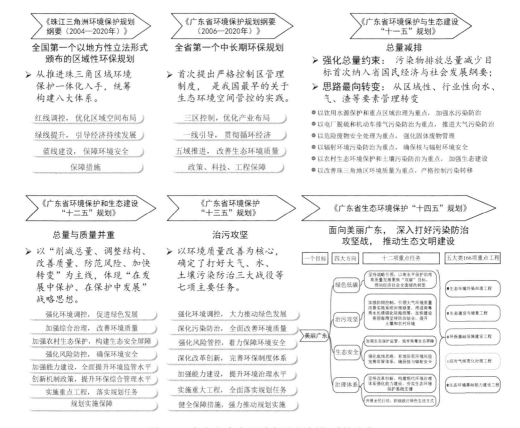

图 2-1 广东省生态环境保护规划体系的演变

2.1　广东生态环境保护战略演变特征

近年来，广东善于从党和国家战略全局把握工作着力点，善于把国家战略赋能的历史机遇转化为生态环境保护工作的强劲动能，善于发挥改革创新精神推动生态环境治理思路和手段迭代更新，不断推动生态环境保护规划体系发展演变，环境管理工作卓有成效，突出表现为几个鲜明特征：

从以总量减排为主转向以环境质量为核心。率先破解污染物总量减排与人们环境感受脱节的困境，从清洁空气行动、南粤水更清行动开始运用环境质量目标导向，蹄疾步稳地推动环境质量提档升级。从强调"总量"到强调"质量"，体现了敢闯敢做、对生态环境现实的正确认知与勇敢担当，包含了以百姓心为心、对人民群众优美生态环境需要的热切回应。

从以督企为主转向督政督企并重。借鉴政治巡视的经验做法，高标准推进中央生态环境保护督察整改工作，建立"1+4"省级生态环境监察体系，从严督查问责，生态环境保护由"政府负责"变为"党政同责、一岗双责"，责任绩效考核由"软要求"变为"硬约束"，压实"关键少数"抓生态环保工作的主体责任。有力推动解决重污染河流、黑臭水体、保护地环境违法问题等一大批生态环境沉疴顽疾，茅洲河、练江由污染典型转变为治污典范。

从以生态环境部门单打独斗为主转向各地各部门齐抓共管。摆脱以往生态环境部门孤军奋战的工作局面，在生态环境保护委员会统筹协调框架下，按照"管发展必须管环保、管行业必须管环保、管生产经营必须管环保"的要求，将职责延伸到各镇街，实现"纵向到底"；全面厘清各部门责任边界，实现"横向到边"，形成齐抓共管、协同发力的工作格局。

从以治标为主转向系统治理标本兼治。积极扭转治标不治本、抓点不抓面的工作惯性，把严格产业准入和生态环境分区管控作为治本之策，突出抓好碳排放这一源头治理的"牛鼻子"，更加注重减污降碳协同增效，淘汰一大批"散乱污"企业；实施排污许可"一证式"管理和环评制度改革，注重事前、事中、事后全过程监管，工作重心由"末端治理"向"全程管控"转变。

2.2　《珠江三角洲环境保护规划纲要（2004—2020 年）》

2.2.1　编制背景

改革开放以来，广东省经济社会发展取得举世瞩目的成就，但伴随着经济的快速增长，水污染、大气污染、土壤污染等环境污染问题集中出现，珠江三角洲地区尤为突出，已成为制约全省经济社会发展的主要因素之一，全省面临人口不断增加、资源约束突出、环境压力加大等严峻挑战。为促进广东特别是珠江三角洲经济社会与环境的协调发展，广东省委、省政府与国家环境保护总局（现生态环境部）共同编制珠江三角洲环境保护规划，2004 年 9 月 24 日经广东省第十届人大常委会第十三次会议审议批准，2005 年 2 月 18 日印发实施。《珠江三角洲环境保护规划纲要（2004—2020 年）》（以下简称《珠三角环保规划纲要》）是全国第一个通过立法实施的区域性环保规划，它的实施标志着广东省环境保护进入依法治理的新阶段。

《珠三角环保规划纲要》以"三个代表"重要思想和科学发展观为指导，体现"主动保护"思想，遵循"以人为本、环境优先"原则，在客观分析珠江三角洲经济社会发展和环境保护形势的基础上，提出了实现区域可持续发展的目标、任务和措施。规划制定"红线调控、绿线提升、蓝线建设"三大战略，从优化城市空间布局、发展循环经济促进走新型工业化道路、治理环境污染三方面促进经济的可持续发展，体现了规划的前瞻性、战略性、科学性和可操作性，初步提出了空间保护和管控概念，对于构建区域环境安全格局具有十分重要的意义。

2.2.2　主要内容

《珠三角环保规划纲要》主要包括四部分内容，第一部分为环境现状与挑战，主要阐述珠三角地区存在的生态环境问题、面临的挑战；第二部分为规划原则与目标，明确指导思想、规划原则和规划目标；第三部分是战略任务，包括"红线调控，优化区域空间布局""绿线提升，引导经济持续发展""蓝线建设，保障环境安全"，制定环境空间管控、经济绿色转型、环境质量改善方面的重点任务；第四部分是保障措施，建立完善综合决策机制，建立政府主导、市场推进、公众参与的环保机制，改革环境管理体制，加大环保投入抓好重点工程建设。《珠三角环保规划纲要》确定了分两步走的环境保护目标，即到 2010 年为重点攻坚阶段，把珠江三角洲建成环境保护模范城市群；到 2020 年为巩固完善阶段，把珠江三角洲建成生态城市群（图 2-2）。

1. 红线调控，优化区域空间布局

红线调控是为了构筑区域生态安全体系，严格控制污染的区域。主要内容为：

（1）三级控制，构筑区域生态安全体系

按照对生态保护要求的严格程度，将珠江三角洲划分为严格保护区、控制性保护利用区、引导性开发建设区。

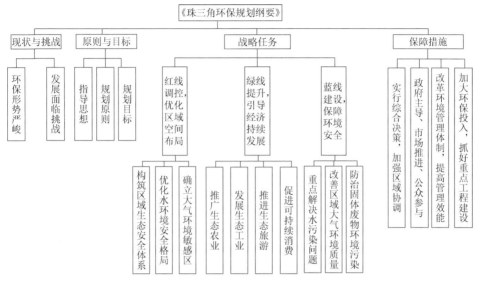

图 2-2　《珠三角环保规划纲要》内容框架

严格保护区：包括自然保护区的核心区、重点水源涵养区、海岸带、水土流失极敏感区、原生生态系统、生态公益林等重要和敏感生态功能区，面积约 5058 km², 占珠三角土地总面积的 12.13%。各级政府应将这些区域划为红线区域，实行严格保护。

控制性保护利用区：包括重要生态功能控制区、生态保育区、生态缓冲区等，面积约为 17 483 km², 占珠三角土地总面积的 41.93%。该区域可以进行适度开发利用，但必须保证开发利用不会导致环境质量的下降和生态功能的损害。

引导性开发建设区：主要包括以农业利用为主的引导性资源开发利用区和城市建设开发区，面积约为 19 157 km², 占珠三角土地总面积的 45.94%。应降低单位土地面积化肥农药施用量，推广生态农业，控制面源污染；城市建设开发区应注意城市绿地系统建设，提高城市绿化率。

（2）优化水环境安全格局

调整取水排水格局，调整和优化各河段水功能，实现高、低用水功能之间的有序协调，确立水环境总量控制目标，确保区域持续性供水安全。到 2010 年，集中饮用水源水质达标率 100%。禁止在水源保护区布设排放污水项目，严格限制在重要集水区布局排放污水的项目。

（3）确立大气环境敏感区

各城市城区和近郊区原则上不安排对大气环境影响大的项目。到 2010 年，二氧化硫（SO_2）、氮氧化物（NO_x）和可吸入颗粒物（PM_{10}）排放总量控制目标为 40 万 t/a、42 万 t/a、30 万 t/a 以内。

2. 绿线提升，引导经济持续发展

调整优化产业结构，以产业的生态转型为核心，改变高投入、高消耗、高污染的经济增长方式，形成绿色生产生活方式，建立可持续的发展模式。根据规划纲要，到 2010 年、2020 年将单位 GDP 物耗能耗指标降低到现状的二分之一、四分之一，单位 GDP 污染物排放指标降低到现状的三分之一和六分之一。

3. 蓝线建设，保障环境安全

重点解决水污染问题。结合珠江综合整治和治污保洁工程的实施，加快城镇污水处理厂建设，综合整治河道，控制面源污染，全面推进水环境保护工作。到 2020 年，工业废水排放总量控制在 38 亿 t/a，工业用水重复利用率达到 70%；城市污水处理率达 85%以上，工业生活 COD（化学需氧量）排放总量控制在 69.6 万 t/a；流经城市河段和城镇内河涌水质明显改善，集中饮用水源水质达标率 100%。

改善区域大气环境质量。加大电力行业二氧化硫污染控制力度，逐步淘汰燃煤小锅炉，限制燃料含硫量，削减二氧化硫排放量。推进水泥厂、电厂和工业锅炉高效除尘，加强扬尘污染的控制，控制可吸入颗粒物，加强机动车、火电厂污染控制，防治氮氧化物污染。

保障危险废物安全处置。集中布局建设工业危险废物处置中心，到 2010 年，在广州市、深圳市、惠州市和江门市建设 4 个危险废物安全处置中心，新增规模 51 万 t/a；到 2010 年，扩建、改建、新建 9 座医疗废物集中处置设施，新增医疗废物安全处置能力 140 t/d。

推进生活垃圾无害化安全处置。建立分类收集与回收网络体系。以广州和深圳市为试点，逐步推广垃圾分类收集，到 2010 年珠江三角洲地区城镇生活垃圾分类收集率达到 80%。

建设无害化处理系统。资源化利用电子废物，组建废旧电子电器收集网络，建设废旧电子电器回收利用中心，到 2010 年，废旧电子电器收集率达到 80%以上，废旧电子电器资源化率达到 70%以上。

2.3　《广东省环境保护规划纲要（2006—2020 年）》

2.3.1　编制背景

1980～2000 年，广东省在环境保护方面取得了很大的成绩，但环境问题仍然比较突出，未来发展中的资源环境压力更重，环境问题有可能成为广东省建设和谐社会实现可持续发展的重大制约因素。广东省委、省政府高瞻远瞩，在全面落实科学发展观上先行一步，注重从宏观上把握环境与发展的关系，积极谋划广东省中长期环境保护路线图，努力走出一条经济持续发展、社会全面进步、资源永续利用、环境不断改善、生态良性循环的发展道路。

继《珠三角环保规划纲要》成为全国第一个区域性环保规划立法后，《广东省环境保护规划纲要（2006—2020 年）》于 2005 年 12 月经广东省人民代表大会第十届常务委员会第二十一次会议审议通过，并于 2006 年 4 月由广东省人民政府正式印发实施，成为指导全省环境保护工作的纲领性文件。

《广东省环境保护规划纲要（2006—2020 年）》与《珠三角环保规划纲要》相比，在规划思路、技术方法、重点任务、规划实施机制上都具有重大创新，首次提出了生态环境空间管控的概念，将珠三角 14.13%，广东省 20% 的区域划为生态严控区，实施严格保护，这是我国最早的生态环境空间管控实践。规划通过省人大审议印发实施，开创了环保规划通过人大审议确立法律地位的先河，打破了环境规划执行力弱，缺乏法律地位的尴尬局面，标志着广东省在运用科学发展观指导区域环境保护规划方面已经走在全国前列，对"十一五"规划工作也具有重要借鉴意义。

2.3.2　主要内容

《广东省环境保护规划纲要（2006—2020 年）》以"三个代表"重要思想和科学发展观为指导，按照全面建设小康社会、率先基本实现社会主义现代化的根本要求，围绕建设绿色广东、构建和谐社会的总体目标，遵循珠江三角洲地区实行环境优先，山区坚持保护与发展并重，东西两翼地区坚持在发展中保护的原则，提出"三区控制、一线引导、五域推进、两项支撑"的总体环境保护战略，具有较强的科学性、创新性、前瞻性和可操作性。规划根据不同区域社会经济发展和生态环境属性的要求，通过科学划定严格控制区、有限开发区和集约利用区，明确不同区域的功能定位和开发建设要求，实行生态功能区分级管理和控制；通过制定重大产业空间布局和产业生态化建设方案合理引导全省经济结构和业构的优化调整，促进经济增长方式的加速转变；通过制定水、大气、固体废物、生态、辐射环境、能力建设等重点工程建设方案，有针对性地开展环境综合整治，大力削减和控制污染物排放总量，改善和提高环境质量，并为经济社会发展腾出容量；通过实施创新机制、强化环境管理等措施，充分发挥环境保护积极引导社会经济协调发展的作用。

规划总体包括四大部分内容（图 2-3）。

第一部分为现状与挑战，主要总结当前发展现状与面临的经济、环境等问题，深入分析未来面临的生态环境保护机遇和挑战，为明确规划总体思路和内容方向奠定基础。

　　第二部分为总体目标，包括指导思想、基本原则、规划目标等内容。规划以科学发展观和"五个统筹"思想为指导，坚持"加快发展、率先发展、协调发展"的战略，突出"分区控制，分类指导"的原则，围绕"社会经济环境协调发展，建立节约型社会"的主题，引导全省经济结构和产业结构优化调整，促进经济增长方式的加速转变，力求做到在经济发展中保护环境，通过保护环境促进经济发展，实现环境与经济"双赢"。规划以建设"绿色广东"为总体目标，并确定两个阶段性目标，到2010年，全省有50%的地级以上市达到国家环保模范城市要求；到2020年，有80%的地级以上市达到国家环保模范城市要求，50%以上的地级以上市实现生态市建设要求，与新时期新形势下党中央对广东省经济社会建设的总体目标一致，与广东省全面建设小康社会、率先基本实现社会主义现代化的总体设想吻合。

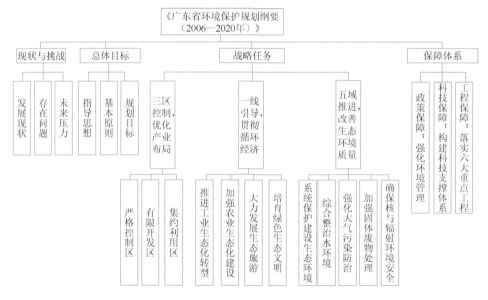

图 2-3　《广东省环境保护规划纲要（2006—2020年）》内容框架

　　第三部分为战略任务，重点部署"三区控制，优化产业布局""一线引导，贯彻循环经济""五域推进，改善生态环境质量"等方面重点任务。以优化空间布局、发展生态产业、保障环境安全为主线，从全省整体协调发展的高度出发，谋划产业引导、生态、水、大气、固体废物、核辐射等重点方向的重要举措。规划提出基于生态、水和大气等环境要素的敏感程度及保护要求，以地级以上市行政区域为单元，划分严格保护区、限制开发区和集约利用区三个不同层次的功能分区，分别制定不同的开发利用对策和措施，引导广东省重大产业的合理空间布局和土地的适度开发；构建"一带五江、四横八纵"的生态体系结构，构筑全省生态安全与发展格局；统筹兼顾，本着分离供排水河道、避免交叉污染的原则，提出区域供排水格局调整方案，保护好、利用好有限的水资源，做好水环境资源的优化和整合等；优化能源结构，加强二氧化硫、氮氧化物等污染物总量控制；强化危险废物、医疗废物、电子垃圾和生活垃圾处理处置，推进工业固体废物资源化利用；加强重点放射源的监管，确保核与辐射环境安全。

第四部分为保障体系，强化政策保障、科技保障以及工程保障。规划提出建立区域协调机制和环境管理体系，创新环境管理手段和环境经济政策，提升环境管理效能。积极搭建环保科技创新平台，组织开展重点环境科技攻关，构建生态环境保护科技支撑体系。积极谋划生态环境保护与建设工程、区域污水处理及河道整治工程、电厂脱硫工程、固体废物处理处置工程、放射性尾矿及放射性废物（源）处理工程、环境管理能力建设工程等六大类工程。

2.4　《广东省环境保护与生态建设"十一五"规划》

2.4.1　编制背景

"十一五"时期是全面建设小康社会、率先基本实现社会主义现代化和建设和谐广东的关键时期。制订和实施《广东省环境保护与生态建设"十一五"规划》，对于全面树立和落实科学发展观，建设绿色广东，促进经济社会和环境的协调发展具有重要意义。《广东省环境保护与生态建设"十一五"规划》是指导广东省经济、社会与环境协调发展的一份纲领性文件，是首次以规划形式印发实施的环境保护领域五年规划，在广东省环境保护历史上具有里程碑意义。

2.4.2　规划特点

《广东省环境保护与生态建设"十一五"规划》推进环境保护历史性转变，从传统的 GDP 增长和总量平衡规划，转向更加注重区域协调发展和空间布局、发展质量的规划。从规划对政府的约束性来看，强调规划的实施和考核，强调刚性约束作用，是《广东省环境保护与生态建设"十一五"规划》的突出特点。从国民经济规划对环保工作思路的导向性来看，"九五""十五"计划强调区域性、行业性，大多分为城市环境保护、农村环境保护、工业污染防治等领域。《广东省环境保护与生态建设"十一五"规划》则强调要素导向，水、气、渣等体现要素管理、分类实施。国民经济规划在促进区域协调发展等多个环节提及了环境保护，同时单列了建设资源节约型、环境友好型社会任务内容，比"十五"人口、资源、环境任务表述的内涵要广。强调要实行强有力的环保措施，主要通过健全法律法规、加大执法力度等法律手段，并辅以经济手段加以落实。

2.4.3　主要内容

《广东省环境保护与生态建设"十一五"规划》主要分为四部分内容（图2-4）。

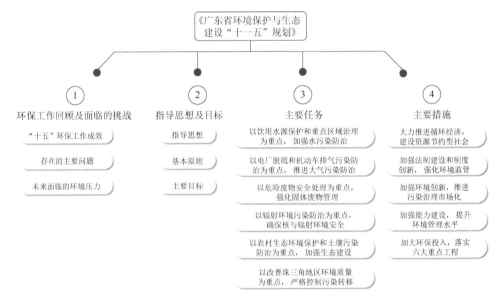

图 2-4　《广东省环境保护与生态建设"十一五"规划》内容框架

1. "十五"期间环保工作回顾及面临的形势

规划第一部分内容，共 3 节。评价"十五"期间环保工作取得的成效及存在的主要问题，分析未来发展面临的环境压力。

2. 指导思想及目标

规划第二部分内容，共 3 节。包括指导思想、基本原则、主要目标等。到 2010 年，环境污染和生态破坏的趋势基本得到控制，全省生态与环境质量总体保持稳定。

3. 主要任务

规划第三部分内容，共 6 节。分要素分类推进生态环境保护：以饮用水源保护和重点区域治理为重点，加强水污染防治；以电厂脱硫和机动车排气污染防治为重点，推进大气污染防治；以危险废物安全处理为重点，强化固体废物管理；以辐射环境污染防治为重点，确保核与辐射环境安全；以农村生态环境保护和土壤污染防治为重点，加强生态建设；以改善珠江三角洲地区环境质量为重点，严格控制污染转移。

4. 主要措施

规划第四部分内容，共 5 节。大力推进循环经济，建设资源节约型社会；加强法制建设和制度创新，强化环境监管；加强环境创新，推进污染治理市场化；加强能力建设，提升环境管理水平；加大环保投入，落实六大重点工程。

2.5　《广东省环境保护和生态建设"十二五"规划》

2.5.1　编制背景

"十二五"时期是广东省全面建设小康社会、加快转变经济发展方式的关键时期，也是从根本上扭转环境恶化趋势、全面改善环境状况的关键时期，谋划好该时期的环境保护工作对于加快转型升级、建设幸福广东具有十分重要的意义。作为引领未来五年全省环境保护事业发展的一项基础性和战略性工作，"十二五"环境保护规划的研究和编制显得尤为重要，一开始就得到了各方面的高度重视。为增强其科学性前瞻性、适用性和可操作性，从 2009 年 9 月起，在广东省环境保护厅（现广东省生态环境厅）的组织领导下，广东省环境科学研究院作为技术牵头单位，进行了一系列全面、综合、系统的研究，并针对重点领域、重点要素和难点问题开展深入的专题研究，先后形成了环境保护规划战略研究总报告及专题报告、规划基本思路等重要阶段性成果，并在上述研究成果的基础上，编制完成了《广东省环境保护和生态建设"十二五"规划》省政府印发实施稿及 5 个专项子规划，为"十二五"期间广东省环境保护战略与行动的制定提供了重要技术支撑。2011 年 7 月 28 日，《广东省环境保护和生态建设"十二五"规划》正式印发实施。

2.5.2　规划特点

与以往的环境保护五年规划相比，《广东省环境保护和生态建设"十二五"规划》的编制，体现了坚持"在发展中保护、在保护中发展"的战略思想，体现了以环境保护优化经济发展的历史定位。在规划指导思想上，以邓小平理论和"三个代表"重要思想为指导，深入贯彻落实科学发展观，以让人民饮用洁净水、呼吸清洁的空气为出发点，构建舒适和谐的生态环境安全体系，全面改善环境质量；

以污染减排和结构调整为主线，构建全防全控的产业环境调控体系，促进经济发展方式转变；以确保环境安全为目标，大力提高环境基本公共服务均等化水平，构建协调联动的环境监管体系，夯实环境保护基础；以探索具有广东特色的环保新道路为导向，完善环境法制，创新体制机制和政策措施，构建先行先试的环境政策创新体系。

以改善环境质量和确保环境安全为出发点，在巩固深化"十一五"环保工作成效基础上，以"削减总量、调整结构、改善质量、防范风险、加快转变"为主线，改革创新，先行先试，积极探索具有广东特色的环保新道路，为广东省率先基本实现现代化、全面建成小康社会奠定坚实的环境基础。

1. 把控总量与调结构相结合，全面优化经济发展

"十二五"期间，基于经济高效、资源节约、环境友好的产业结构调整策略，以调整产业结构和转变经济发展方式为主线，大力推进结构减排及治污工程建设，建立健全高效的环境治理体系，通过总量控制工作促进产业结构调整，实现污染物产生量和资源能源消耗量的减少以及经济发展模式的转变，实现全省工业资源利用从高耗型向集约型转变，进一步强化并形成总量控制的"倒逼传导机制"，全面优化经济发展。

2. 把抓质量与惠民生相结合，着力改善区域环境质量

从环境质量要素入手，以人为本，把呼吸清洁空气、饮用洁净水等与老百姓切身利益相关的问题作为"十二五"的重点，重点解决当前与民生关系密切的突出环境问题，解决环境质量评价体系与老百姓感觉不一致的问题，充分发挥社会公众保护环境。实现区域联防联治，在继续加强大气、水、固体废物等常规环境要素控制的同时，加大农村生态环境、土壤与重金属污染防治控制力度，密切关注持久性有机污染物等新型环境问题，努力改善人居生活环境，建设宜居城乡。

3. 把防风险与筑屏障相结合，全力构筑区域环境安全格局

坚持预防为主、保护优先的原则，从环境影响评价、环境质量标准、环境准入要求、过程控制、竣工验收等环节加强工业污染源的全防全控，建立全过程的技术管理体系，防范环境风险；同时，按照建设生态文明的要求，严格落实分区控制、分级管理措施，严格环境准入和引导重大项目合理布局，建立完善区域联防联控机制，全面构筑区域生态环境安全格局。

4. 把强基础与勇创新相结合，积极探索环境保护新道路

按照科学发展、先行先试的要求，敢于破除体制机制的束缚，以建立有利于

环境保护的长效机制为目标，以基础工程、保障工程、人才工程为重点，完善环境保护决策与协调机制，强化环保基础能力建设，积极探索环境保护新道路，努力开创环境保护新局面，奠定率先基本实现现代化的环境基础。

2.5.3　主要内容

《广东省环境保护和生态建设"十二五"规划》在全面总结广东省"十一五"环保工作成效基础上，分析了当前环保工作存在的主要问题，对未来五年广东省环境保护和生态建设面临的机遇、压力和挑战进行了预测，从解决广东省当前最紧迫、最突出、最重大的问题入手，紧紧围绕"削减总量、调整结构、改善质量、防范风险、加快转变"的主线，创新性地提出了"四个结合"的总体战略，明确提出了"十二五"环境保护的战略目标、指标体系、技术路线控制模式与重点内容，统筹考虑不同区域的资源环境承载能力、环境资源条件、经济发展格局、国土开发秩序差异化特征，基于分区域、分流域、分行业技术、政策、标准等技术导向，研究构建差别化的总量控制目标和任务体系，系统性提出水、大气、固体废物、重金属污染防治、农村环境整治、生态保护、土壤污染防治、环境风险防控、环境监管能力建设、机制政策创新等领域的战略任务和重点工程（图 2-5）。

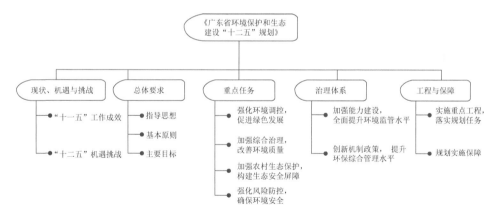

图 2-5　《广东省环境保护和生态建设"十二五"规划》内容框架

《广东省环境保护和生态建设"十二五"规划》分为五个部分（共十章内容）。

1. 现状、机遇与挑战

为规划第一章，共 2 节。系统评估"十一五"环保工作取得的成效，分析全省"十二五"环保工作面临的机遇和挑战。

2. 指导思想、原则及目标

为规划第二章，共 3 节，包括指导思想、基本原则、主要目标等内容。到 2015 年，主要污染物排放得到持续有效控制，环境综合整治取得明显成效，环境安全得到有效保障。

3. 规划重点任务

包括规划第三章到第六章。

第三章，强化环境调控，促进绿色发展。共 3 节，加快实施分区域环境保护战略，优化产业布局，减排倒逼产业结构转型升级，推进产业绿色发展。

第四章，加强综合治理，改善环境质量。共 5 节，围绕水环境质量好转、大气环境质量改善、重金属污染综合防治、固体废物安全处置、声环境质量改善等，加强环境综合治理，推进环境质量持续改善。

第五章，加强农村生态保护，构建生态安全屏障。共 3 节，统筹城乡环境治理，提升农村环境保护水平，强化土壤环境保护，积极保育生态安全屏障，构筑生态安全格局。

第六章，强化风险防控，确保环境安全。共 3 节，强化重点污染源风险防控，全面确保核与辐射环境安全，完善风险应急管理体系，筑牢风险防控"安全区"。

4. 能力建设和机制体制完善

包括规划第七章、第八章。

第七章，加强能力建设，全面提升环境监管水平。共 5 节，加强环境监测预警、环境执法监督、核与辐射安全监管、环境宣教能力建设，积极提升环境信息化水平。

第八章，创新机制与政策，提升环境保护综合管理水平。共 6 节，提升环保综合决策与协调能力，完善环保法规体系，健全环境经济激励机制，强化科技支撑，积极发展环保产业，加强环保交流合作，增强公众环保意识。

5. 重点工程与保障措施

包括规划第九章、第十章。

第九章，实施重点工程，落实规划任务。积极推进水污染防治、大气污染防治、农村环境保护、固体废物处理处置、生态建设、核与辐射安全保障、重金属污染防治、环境监管能力建设等八大重点工程。

第十章，规划实施保障。共 3 节，别从加强组织领导、分解任务落实、强化评估考核三个方面提出推动规划落地见效的保障措施。

2.6　《广东省环境保护"十三五"规划》

2.6.1　编制背景

一直以来，广东省把环境保护放在事关经济社会发展全局的战略位置，大力推进生态文明建设，不断推动绿色发展，全省经济保持中高速增长的同时，环境质量明显改善。"十二五"期间，广东省环保工作取得较好成效，为国家重点城市群空气质量达标改善树立标杆，跨界河流污染治理新模式初步建立，通过推动重点区域整治实现重污染行业升级，环境保护体制机制逐步完善。然而在取得成绩的同时，环保工作仍面临较大的挑战。以雾霾天气、水体黑臭、土壤重金属污染为代表的一系列突出环境问题成为全社会共同关注的热点，实现环境质量全面改善的难度加大，环境质量与全面建成小康社会的目标还有差距；在经济下行压力加大的背景下，全面实现产业转型升级任务较为艰巨；污染治理进入攻坚阶段，环境监管水平与环境治理能力现代化的新要求不相匹配，环境保护体制机制与生态文明建设需求不相适应，环保投入不足的矛盾日益突出。

随着经济发展步入新常态，环境保护形势亦发生深刻变化，党的十八大把生态文明建设纳入"五位一体"的总体布局，环境保护战略地位得到进一步加强；生态文明建设领域改革创新提速，为环境保护工作释放重大制度红利；新《环境保护法》全面实施，为环境执法提供了有力武器。这些新形势对环境保护工作提出了更高的要求与标准。"十三五"时期是广东省率先基本实现现代化、全面建成小康社会的决胜时期，在新常态背景下，环境保护面临改善机遇和重大挑战。站在新的历史起点上，准确识别当前的环境问题，研判未来的环境形势，围绕"全省率先全面建成小康社会，迈上率先基本实现社会主义现代化新征程"的总体目标要求，统筹谋划广东省"十三五"期间的目标指标、规划体系和重点任务，对于全面推进广东省"十三五"环境保护工作，建设生态文明示范省和美丽广东，具有重大意义。

2.6.2　规划特点

《广东省环境保护"十三五"规划》以邓小平理论、"三个代表"重要思想、科学发展观为指导，深入贯彻习近平总书记重要讲话精神紧紧围绕"五位一体"总体布局和"四个全面"战略布局，牢牢把握"三个定位、两个率先"目标，遵循"环境优先、绿色发展，以人为本、和谐共生，依法监管、社会共治，深化改革、增强活力"的原则，提出"十三五"期间广东省环境保护战略，坚持创新、协调、绿色、开放、共享的新发展理念，全面践行"两山论"，争当绿色发展的排头兵，以生态文明建设为统领，以改善环境质量为核心，实施最严格的环境保护制度，推动供给侧结构性改革，打好污染防治战役，严密防控环境风险，着力推进环境治理体系和治理能力现代化，具有较强的科学性、前瞻性和可操作性。

以生态文明建设为统领，夯实"生态保护红线、环境质量基线、排放总量上限、环境安全底线"，全面提升环境保护的管控、治理、服务水平与能力，为全省率先全面建成小康社会和建设"美丽广东"奠定坚实环境基础。

①严守"生态保护红线"。建立多规协调的生态保护红线体系，推动形成与主体功能区相适应的产业布局，强化生态安全屏障建设。

②提升"环境质量基线"。深入实施大气、水、土壤等污染防治行动计划，推进多污染物综合防治和环境治理，补齐农村环境保护短板，持续改善环境质量。

③严控"排放总量上限"。深化主要污染物排放总量控制，实施排污总量和排放强度双控，在深化化学需氧量、氨氮、二氧化硫、氮氧化物排放总量控制的基础上，开展重点区域流域总氮、总磷、挥发性有机物总量控制。

④保障"环境安全底线"。建立完善严格监管所有污染物排放的环境管理制度，强化环境监管能力建设，创新环境监管模式，全面提升环境预警应急水平，筑牢环境安全底线。

2.6.3　主要内容

《广东省环境保护"十三五"规划》系统分析评估环保规划的实施成效及问题，准确分析判断环境保护未来面临的压力与挑战，合理设定及测算"十三五"环保规划目标指标，强化环境保护对国土空间开发和重大产业布局的空间优化引导作用，系统地提出水、大气、土壤与重金属、固体废物、农业农村等重点领域的污染减排治理战略及分区域质量改善路线图，研究提出建设现代化环境治理能力完善系统的生态环境保护制度体系的机制政策创新手段（图 2-6）。

《广东省环境保护"十三五"规划》分为四个部分（共九章内容）。

1. 背景与形势

为规划第一章，共 2 节。系统评估"十二五"环保规划实施情况，聚焦攻坚环境质量全面改善，分析全省"十三五"生态环境保护面临的形势、机遇和挑战。

2. 总体要求

为规划第二章，共 3 节，包括指导思想、基本原则、规划目标等内容。其中，规划目标提出到 2018 年规划中期生态环境保护目标以及 2020 年规划终期生态环境保护目标。

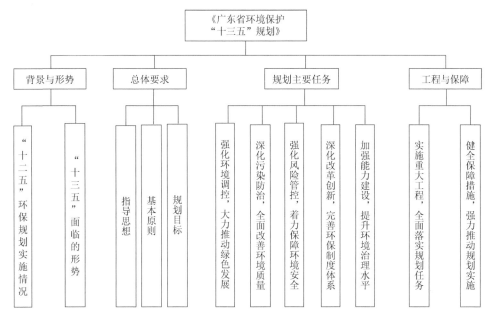

图 2-6　《广东省环境保护"十三五"规划》内容框架

3. 规划主要任务

包括规划第三章到第七章。

第三章，强化环境调控，大力推动绿色发展。共 4 节，实施环境空间管控，强化资源环境调控，推动供给侧结构性改革，建设绿色发展示范区。

第四章，深化污染防治，全面改善环境质量。共 5 节，全面推进大气、水和土壤污染防治，推进美丽乡村建设和生态系统保护。

第五章，强化风险管控，着力保障环境安全。共 5 节，推进工业源达标排放，加强重金属、危险废物和化学物质、核与辐射综合防控，完善环境风险防控体系。

第六章，深化改革创新，完善环保制度体系。共 6 节，积极完善法律法规、污染防治机制、环保市场体系，强化生态环境保护党政履责和企业主体责任，鼓励全民广泛参与生态环境保护。

第七章，加强能力建设，提升环境治理水平。共 3 节，加强环境监测、监察执法能力建设，构建完善环保科教、智慧环保体系，提升信息化水平。

4. 工程与保障

包括规划第八章、第九章。

第八章，实施重大工程，全面落实规划任务。组织实施大气污染综合防治、水污染综合防治、土壤污染防治、农村环境综合整治、生态保护与建设、重金属污染综合防控、危险废物安全处理处置、核与辐射环境安全保障、生态环境监测网络建设、环境监察执法能力提升、环保科教创新、智慧环保建设、重大环保课题等十三类工程。

第九章，健全保障措施，强力推动规划实施。共3节，分别从明确"十三五"规划实施任务分工、强化资金保障、强化评估考核三个方面提出推动规划落地见效的保障措施。

2.7　《广东省生态环境保护"十四五"规划》

2.7.1　编制背景

"十四五"时期是开启第二个百年奋斗目标的第一个五年，是广东省深入打好污染防治攻坚战、全面推进美丽广东建设的关键时期，统筹谋划"十四五"生态环境保护工作，是推动广东省生态文明建设迈上新台阶的重大举措，也是实现"四个走在全国前列"、当好"两个重要窗口"的基础支撑。根据广东省委、省政府工作部署安排以及生态环境部有关要求，广东省生态环境厅提前谋划、系统推进生态环境保护"十四五"规划编制工作。2021年11月经广东省人民政府同意，广东省生态环境厅印发《广东省生态环境保护"十四五"规划》。

《广东省生态环境保护"十四五"规划》围绕美丽广东建设的宏伟蓝图，以"在全面建设社会主义现代化国家新征程中，推动全省生态环境保护和绿色低碳发展走在全国前列、创造新的辉煌"为总定位总目标，系统谋划"十四五"时期全省生态环境保护工作的施工图和路线图。

2.7.2　规划特点

把握新形势，启航新征程。深刻领会"三新一高"国家发展战略要求，准确把握新发展阶段、深入贯彻新发展理念、加快构建新发展格局，以生态环境高水平保护推动经济高质量发展。坚持以人民为中心的发展思想，着力解决人民群众身边的生态环境问题，不断增强人民群众的获得感、安全感和幸福感。聚焦碳达峰碳中和国家重大决策部署，深刻认识实现碳达峰碳中和对经济社会系统性变革的重大意义，把降碳摆在更加突出、优先的位置。坚持系统观念，统筹山水林田湖草沙系统治理，以改善生态环境质量为核心，强化要素与区域协同控制，贯彻落实总体国家安全观，着力防范环境风险，全领域、全地域、全方位加强生态环境保护，推动"十四五"生态文明建设取得新进步，为美丽广东建设起好步、开好局。

坚持问题导向，补短板强弱项。当前广东省累积性生态环境问题仍然突出，部分要素、部分因子污染尚未得到根本解决。臭氧污染问题突出，VOCs 和 NO_x 协同减排水平有待提升。河涌水体"微容量、重负荷"现象仍然存在，重点流域水质达标基础仍不牢固。海洋生态环境保护基础薄弱，陆海统筹系统性不足，海岸带典型生态系统受损。局部区域土壤重金属累积性污染问题突出，农村生态环境短板仍待补齐。针对这些突出问题，持续深入攻坚，补短板强弱项，加快实现生态环境质量改善由量变到质变的拐点。

突出广东特色，强化示范引领。以"双区"建设为引领，推动广州、深圳"双城"联动，发挥辐射引领效应，以高水平保护推动"一核一带一区"高质量发展，在细颗粒物和臭氧协同防控方面继续走在前列，在经济绿色转型、城市群生态文明建设、碳排放达峰、无废城市建设、美丽海湾保护等方面作出示范引领，推动广东生态环境保护工作走在全国前列、创造新的辉煌。

2.7.3　主要内容

《广东省生态环境保护"十四五"规划》充分衔接国家生态环境保护"十四五"规划，总体包括四大部分，共十五章内容。第一部分为第一章，主要阐述"十三五"规划实施成效、"十四五"存在短板和面临机遇。第二部分为第二章，包括规划的指导思想、基本原则与主要目标。第三部分为第三章至第十四章，是规划的主体部分，分别从推动高质量发展、实施碳达峰、大气环境质量改善、水环境系统治理修复、海洋生态环境保护、土壤和农村污染防治、生态保护监管、环境风险管控、核与辐射安全保障、构建现代环境治理体系、强化能力建设、开展全民行动等十二个方面对规划主要任务措施进行全面阐述，明确"十四五"时期推进美丽广东建设的重点任务。第四部分为第十五章，包括强化组织落实、实施重大工程、资金保障和评估考核等保障措施（图 2-7）。

"十四五"广东省生态环境保护将聚焦绿色发展、生态环境质量改善、生态环境治理体系和治理能力现代化三大战略方向，着力巩固污染防治攻坚战成果，打好生态文明建设持久战，开创美丽广东建设新局面。

一是以生态环境高水平保护推动高质量发展。围绕"一核一带一区"区域发展格局的要求，建立完善生态环境分区管控体系，推动珠三角与港澳共建国际一流美丽湾区，沿海经济带（东西两翼地区）以大项目带动大治理，北部生态发展区打造绿色生态发展高地。深入推进城市、产业、能源、交通运输、农业结构优化升级，大力强化绿色科技创新，积极探索生态产品价值实现路径。

图 2-7　《广东省生态环境保护"十四五"规划》内容框架

二是深入实施碳达峰行动。以碳达峰碳中和为引领，强化产业、能源、交通结构调整。构建碳排放和大气污染物协同防控体系，推动减污降碳协同增效，大力推进低碳试点示范，推动经济社会全面绿色低碳转型。提升生态系统碳汇，增强应对和适应气候变化能力。

三是深入打好污染防治攻坚战。坚持方向不变、力度不减，延伸深度、拓展广度，推动污染防治攻坚向纵深推进。以臭氧防控为核心推动大气环境质量继续领跑全国，强化挥发性有机物和氮氧化物减排，协同推动大气污染物和二氧化碳排放控制。统筹水资源利用、水生态保护和水环境治理，打造绿色生态水网，推动实现南粤秀水长清。坚持陆海统筹，全面加大近岸海域污染防治力度和生态保护，推进美丽海湾建设。坚持预防为主、防控结合，协同推进土壤和地下水污染防治，保障土壤环境安全。以乡村生态振兴为抓手，深化农村人居环境整治，大力建设富有岭南风韵的精美农村。

四是持续加强生态保护监管。统筹山水林田湖草系统治理，推动实施重大生态保护修复工程，守住自然生态安全边界，筑牢"三屏五江多廊道"的生态安全格局，维护南粤生态安全屏障。按照统一规划政策标准制定、统一监测评估、统一执法监督、统一督察问责的要求，做好生态保护红线和自然保护地监管，保护生物多样性。

五是有效防范环境风险。牢固树立环境风险防控底线思维，大力推进"无废城市""无废湾区"建设，加强固体废物安全处理处置，持续推进重金属和危险化学品风险管控，提前谋划典型内分泌干扰素、抗生素、全氟化合物、微塑料等新污染物治理,探索构建环境健康风险管理体系。加强核安全监管,提升核应急能力,推进放射性污染治理。

六是加快推进生态环境治理体系和治理能力现代化。完善生态文明建设的统筹协调机制,健全激励与约束并重,行政、市场、法治等有机融合的治理体系,全方位加强监测预警、信息感知、执法监管、管控调度、环境应急、宣教科技支撑等能力建设,增强全社会生态环保意识。

第3章 广东生态环境保护进展评估

规划实施是生态环境保护工作推进的重要抓手，2006年4月经广东省人民政府印发实施的《广东省环境保护规划纲要（2006—2020年）》（本章简称《纲要》），是广东省第一个中长期环保规划，在多个维度上具有特殊性、示范性和引领性，对实现生态环境质量迈向总体改善起到重要的支撑作用。本章通过对广东省第一个中长期环保规划的实施情况进行评估，对广东省十几年来生态环境保护工作的成效和问题进行系统梳理，以形成广东生态环境保护发展本底的基础性研究成果。

3.1 第一个中长期规划概述

改革开放到2000年前后，广东省国民经济保持了持续快速健康发展，经济总量连续多年排名全国第一。但与此同时整体环境形势愈发严峻，一是区域经济发展失衡，2002年珠三角土地和人口仅占全省23%和31%，但GDP占比超过70%，人均GDP为东西两翼地区和北部生态发展区的4.1倍和6.5倍；二是资源消耗和污染物排放水平较高，2002年全省万元GDP能耗为0.96 t标准煤，高于浙江省的0.85 t标准煤，人均综合用水量高达504 m³，是全国平均水平的1.2倍，单位GDP污染物排放量高于浙江、江苏等发达省份；三是环境污染问题突出，2002年，17.5%的省控断面属劣Ⅴ类水质，酸雨频率居高不下，高达40.5%，近岸海域成为我国乃至东南亚地区的赤潮高发区，30.8%的城市近岸海域水质劣于四类，固体废物污染负荷加重，危险废物处理处置率仅25%；四是局部地区生态破坏严重，城镇化挤占大量生态用地，城市绿地明显减少，红树林被占用面积接近8000 hm²；五是环境管理能力建设严重滞后，管理机构不健全，人员不足，队伍素质偏低。生态环境问题成为广东省经济社会可持续发展的短板弱项。

面对严峻的生态环境保护形势，省委、省政府始终把生态环境保护放在全省大局的突出位置深入谋划、全面部署、强力推进，以省环保规划纲要谋划为契机，全面推进绿色广东建设。印发《纲要》实施方案，立足全局、着眼未来，全面部署中长期全省生态环境保护战略，强化任务分解、组织落实和评估考核，通过五年规划进一步细化大气、水、生态、固废、土壤、核与辐射安全等要素或领域的阶段性目标、制定重点措施，支撑省环保规划纲要落地实施。"十一五"推进总量减排,坚持经济与环境协调发展,积极在发展中解决环境问题;"十二五"以"削减总量、调整结构、改善质量、防范风险、加快转变"为主线,积极改善生态环境质量;"十三五"坚持以习近平生态文明思想为指引,坚决打好打赢污染防治攻坚战,取得重大成就,生态环境保护目标任务顺利完成,是生态环境质量改善最大的五年,为扬帆启航美丽广东建设奠定了坚实的基础(图 3-1、表 3-1)。

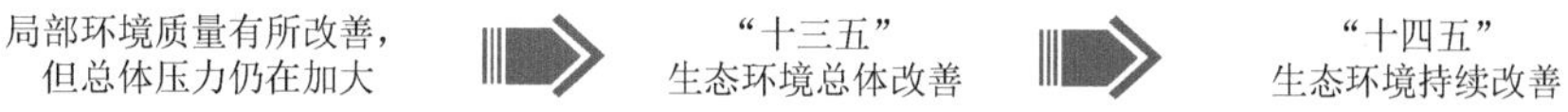

局部环境质量有所改善, "十三五" "十四五"
但总体压力仍在加大　　　　　　　　　生态环境总体改善　　　　　　　　　生态环境持续改善

图 3-1 广东省生态环境质量改善脉络

表 3-1 2002~2020 年广东省多指标改善情况

	2002 年	2020 年	改善幅度/%
单位 GDP 能耗	0.9 t 标准煤/万元	0.31 t 标准煤/万元	66
人均综合用水量	504m³/人	323m³/人	36
地表水劣V类水体比例	17.5%	0	17.5
近岸海域水质劣于四类比例	30.8%	5.7%	25.1
危险废物处理处置率	25%	100%	75

3.1.1 首次经人大审议确立法律地位

《纲要》首次经人大审议确立法律地位,开创通过立法手段强化规划执行的先河。《纲要》由国家环境保护总局(现生态环境部)和广东省人民政府联合编制,继《珠江三角洲环境保护规划纲要(2004—2020 年)》成为全国第一个区域性环保规划立法后,于 2005 年 12 月经广东省人民代表大会第十届常务委员会第二十一次会议审议通过,2006 年 4 月由广东省人民政府正式印发实施,成为指导全省环境保护中长期工作的纲领性文件,开创了环保规划通过人大审议确立法律地位的先河,打破了环境规划执行力弱,缺乏法律地位的尴尬局面,标志着广东省在运用落实科学发展观指导区域环境保护规划方面已经走在全国前列,对于环保规划的后期实施以及后续环境保护规划的编制均具有重要意义,在广东省生态环境保护规划演变历程中占据引领性地位。《纲要》围绕建设绿色广东、构建和谐社会的总体目标,提出"三区控制、一线引导、五域推进、两项支撑"的总体环境保护战略,具有较强的科学性、前瞻性、先进性和可操作性,同时,在规划思路、技术方法、重点任务、规划实施机制上都具有重大创新。

3.1.2 首次划定并执行严格控制区政策

《纲要》首次划定并执行严格控制区政策,是我国最早的生态环境空间管控实践。率先提出严格控制区等生态环境空间管控的落地性成果,实现对生态环境敏感区域、生态服务功能价值重大区域的严格保护。《纲要》首次划定严格控制区、有限开发区和集约利用区的分区并制定管控要求,是我国最早的生态保护红线管理的实践,具有开创性意义。《纲要》划定陆域严格控制区总面积 32 320 km²,占全省陆地面积的 18.0%,一是自然保护区、典型原生生态系统、珍稀物种栖息地、集中式饮用水源地及后备水源地等具有重大生态服务功能价值的区域;二是水土流失极敏感区、重要湿地区、生物迁徙洄游通道与产卵索饵繁殖区等生态环境极敏感区域。划定近岸海域严格控制区总面积约 959.9 km²,占全省近岸海域面积的 13.7%,包括海洋自然保护区、珍稀濒危海洋生物保护区和红树林保护区等区域。陆域及近岸海域严格控制区内禁止所有与环境保护和生态建设无关的开发活动。全省 47.5% 的陆域面积和 67.1% 的近岸海域面积划定为有限开发区,可进行适度的开发利用,但必须保证开发利用不会导致环境质量的下降和生态功能的损害,同时采取积极措施促进区域生态功能的改善和提高;全省 34.5% 的陆域面积和 19.3% 的近岸海域面积为集约利用区。严控区的划定有效控制了城镇开发建设的无序扩张。

3.1.3 首次实施区域差异化环境管理

《纲要》首次实施区域差异化环境管理,为区域协调发展格局的构建提供支撑。《纲要》根据不同区域社会经济发展水平和资源环境条件的差异,以及生态环境保护的要求,实行分类指导。珠江三角洲地区实行环境优先,山区坚持保护与发展并重,粤东、粤西地区坚持发展中保护的战略,为后续的《珠江三角洲环境保护一体化规划(2009—2020 年)》《粤西地区环境保护规划(2011—2020 年)》《粤北山区环境保护规划(2011—2020 年)》《广东省主体功能区规划》的配套环保政策等分区环境保护战略的制定奠定坚实基础。《纲要》在总体目标中提出,坚持全面、协调、可持续的科学发展观,构筑山区生态屏障,把粤东、粤西地区建设成广东未来快速协调发展的新跳板,把珠江三角洲地区建设成为全国具有示范意义的可持续发展城市群,促进区域协调发展,构建经济持续增长、社会和谐进步、生态环境优美、适宜居住的绿色广东。在具体的指标体系设定中针对饮用水源水质达标率,国控、省控断面水质达标率、城镇生活污水处理率、城镇生活垃圾无害化处理率、森林覆盖率、陆域自然保护区占全省陆地面积比例等分区的管控指标,指导分区生态环境保护管理。在具体任务中还提出"珠江三角洲地区要全面治理可吸入颗粒物、二氧化硫和氮氧化物","粤东、粤西地区以防为主,着重治理可吸入颗粒物。山区着重治理可吸入颗粒物和二氧化硫"。

3.1.4　首次提出产业源头准入的硬措施

《纲要》首次提出产业源头准入的硬措施,为全省产业调控、绿色低碳发展提供思路。在区域产业准入领域,《纲要》提出"合理布局新建电厂,除适当建设热电联供机组外,城市的市区和近郊区、环境空气质量不达标的地区严格限制新建燃煤燃油电厂,珠江三角洲地区除已上报国家规划建设的项目及热电站外,原则上不再规划建设新的燃煤燃油电厂,新建大型燃煤燃油电厂主要布点在东西两翼地区","禁止在城市市区、近郊区及风景名胜区新建、扩建水泥熟料生产线,珠江三角洲地区不再规划新建、扩建水泥厂,重点发展粤北(清远、韶关)、粤西(云浮、肇庆的山区)、粤东(梅州、惠州的山区)三大水泥熟料基地",对产业布局进行优化引导。在园区生态发展领域,对广州南沙经济技术开发区提出"避免布设污染物排放量大的项目,如大型炼油石化基地和钢铁基地等";对东莞松山湖高新技术产业开发区要求"禁止污染环境、高耗地、高耗能、高耗水和劳动高度密集的产业进入"。在污染防治措施上,针对全省提出"禁止不达标机动车上路行驶"等移动污染源管控政策、"逐步推进珠江三角洲地区有条件的燃煤燃油热电联供电厂机组、工业锅炉全部改用液化天然气"等能源管控政策以及"加强现有电厂的技术改造,强制推行清洁生产,新建电厂要达到国内清洁生产先进水平"等具有前瞻性的污染防治的硬措施。

3.2　评估技术路线

3.2.1　总体情况评估

针对《纲要》设置的 5 大类 23 项指标,根据《纲要》设定的目标值,采用定量和定性相结合方法评估各项目标指标的完成情况,分析不足和差距,针对未达标的指标深入剖析指标发展趋势和未达标原因。总体评估 3 大类战略任务(三区控制,优化产业布局;一线引导,贯彻循环经济;五域推进,改善生态环境质量)和 2 大类保障体系(政策保障、科技保障)的构建情况,以及 6 大类重点工程(生态环境保护与建设工程、区域污水处理及河道整治工程、电厂脱硫工程、固体废物处理处置工程、放射性尾矿及放射性废物源处理工程、环境管理能力建设工程)的完成情况。规划评估技术路线如图 3-2 所示。

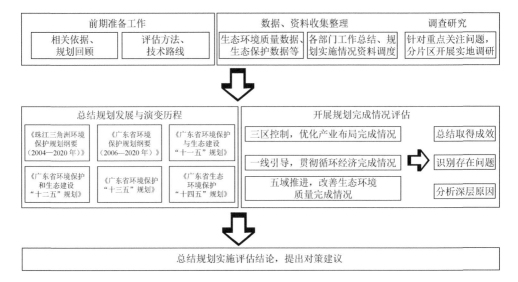

图 3-2　规划评估技术路线图

3.2.2　任务实施情况评估

根据《纲要》章节开展"三区控制，优化产业布局""一线引导，贯彻循环经济""五域推进，改善生态环境质量"实施情况评估，分析政策保障、科技保障体系建设情况，总结《纲要》目标指标、战略任务及重点工程实施的总体进展，深入分析《纲要》实施以来取得的成效和经验，剖析规划推进过程中存在的问题，有针对性地提出需要关注的重点领域、需解决的突出问题及实施的相关建议。

3.3　目标完成情况

3.3.1　指标设定情况

《纲要》共设置 5 大类 23 项指标，分别包含环境质量、污染控制、环境建设、生态环境和其他 5 大类。

在评估过程中，烟尘控制区覆盖率、机动车尾气达标率、工业废水排放达标率、环境保护投资占 GDP 的比例、环境保护综合指数等 5 项指标，由于生态环境保护战略任务的调整、重点方向的改变①，上述指标为非延续性统计指标，不再进行评价。

---

① 在《广东省环境保护和生态建设"十二五"规划》中已不再设置烟尘控制区覆盖率、机动车尾气达标率、环境保护投资占 GDP 的比例、环境保护综合指数指标，在《广东省环境保护"十三五"规划》中不再设置工业废水排放达标率指标。

参与评估的指标共 18 项。18 项指标中，城市空气质量达二级的天数占全年比例、国控、省控断面水质达率率，近岸海域环境功能区监测达标率 3 项指标由于考核标准改变等原因，参照国家下达目标任务开展评估；城镇生活污水处理率、城镇生活垃圾无害化处理率、危险废物利用处理处置率、城镇人均公共绿地面积 4 项指标由于统计口径改变，分别替换为城市生活污水处理率、城市生活垃圾无害化处理率、重点监管单位危险废物安全处置率、城市人均公共绿地面积（表 3-2）。

表 3-2　《纲要》目标指标及完成情况

序号	指标		2002 年基准值	2020 年目标值	2020 年实际值	完成情况	备注
1	环境质量	城市空气质量达二级的天数占全年比例/%	85	95	95.5（实况）	完成	指标调整：由于 2013 年后实施环境空气质量新标准，因此按照新标准来评估 2020 年该指标的完成情况。2020 年 AQI 达标率 95.5%，完成年度目标（95%），因此该指标达标。
2		饮用水源水质达标率/%	83.8	98	100	完成	——
3		国控、省控断面水质达标率/%	68.4	98	87.3	完成	指标调整：不同历史时期考核断面数量有所变化，为统一口径，以国考断面为评价标准，2020 年地表水国考断面水质优良率达到 87.3%，完成目标（84.5%），因此该指标已完成。
4		近岸海域环境功能区监测达标率/%	—	95	89.5	完成	指标调整：机构改革和职能整合后，近岸海域环境功能区监测达标率未进行有效统计，因此用近岸海域水质优良（一、二类）面积比例（%）来代替，2020 年该项指标达 89.5%，完成目标任务（81.9%）。
5		城市区域环境噪声平均值/dB（A）	—	<56	56.2	接近完成	数据来源于《2020 广东省生态环境状况公报》。
6	污染控制	烟尘控制区覆盖率/%	95	100	—	—	不再纳入统计。
7		机动车尾气达标率/%	83.4	95	—	—	不再纳入统计。
8		工业废水排放达标率/%	78.3	100	—	—	不再纳入统计。
9		工业用水重复利用率/%	<50	80	82.4	完成	——
10		放射性废源、废物收贮率/%	2.2	100	100	完成	——
11		SO_2 排放总量/(万 t/a)	97.6	≤100	59.89	完成	数据来源于污染减排数据。

序号	指标		2002 年基准值	2020 年目标值	2020 年实际值	完成情况	备注
12	污染控制	COD 排放总量/(万 t/a)	95.2	≤80	77.29	完成	2015 年后农业源纳入统计，2020 年全省 COD 排放总量为 137.29 万 t/a，为统一口径，剔除农业源排放（约 60 万 t）后全省 COD 排放总量为 77.29 万 t/a，完成规划任务，且"十三五"各年份均完成减排任务，因此该项指标达标。
13	环境建设	城镇生活污水处理率/%	21.1	80 山区：70	97.6	完成	指标调整：由城市生活污水处理率代替
14		城镇生活垃圾无害化处理率/%	59.3	90 山区：70	99.95	完成	指标调整：由城市生活垃圾无害化处理率代替，数据来源于《中国统计年鉴 2020》。
15		工业固体废物综合利用率/%	74.4	90	88.8	接近完成	—
16		危险废物处理处置率/%	25	100	100	完成	指标调整：由重点监管单位危险废物安全处置率代替
17	生态环境	城镇人均公共绿地面积/m²	7.64	14	18.13	完成	指标调整：由城市人均公共绿地面积代替，数据来源于《中国统计年鉴 2020》。
18		建成区绿化覆盖率/%	33.2	40	43.39	完成	数据来源于《中国统计年鉴 2020》。
19		森林覆盖率/%	57.2	60 山区：70	58.7	接近完成	指标核算方法在第三次全国国土调查后有所调整。
20		陆域自然保护区占全省陆地面积比例/%	4.31	10 山区：14	—* —*	—* —*	—
21		近岸海域自然保护区占全省近岸海域面积比例/%	4.01	6	—*	—*	—
22	其他	环境保护投资占 GDP 的比例/%	2.47	3	—	—	不再纳入统计。
23		环境保护综合指数	80	90	—	—	不再纳入统计。

*：广东省自然保护区正在优化调整，暂不纳入统计。

3.3.2　指标总体评估

1. 13 项指标顺利完成目标任务

2020 年城市空气质量达二级的天数占全年比例达 95.5%（国家下达目标

95%）；饮用水源水质达标率达到 100%（目标 98%）；国控、省控断面水质达标率由地表水国考断面水质优良率代替，2020 年该指标达到 87.3%（国家下达目标 84.5%）；近岸海域环境功能区监测达标率由近岸海域水质优良（一、二类）面积比例（%）来代替，2020 年该指标为 89.5%（国家下达目标 81.9%）；工业用水重复利用率 2020 年达 82.4%，完成目标要求（80%）；放射性废源、废物收贮率 100%（目标 100%）；SO_2 排放总量降至 59.89 万 t/a（目标≤100 万 t/a）；COD 排放总量约为 77.29 万 t/a（目标≤80 万 t/a）；城镇生活污水处理率（%）用城市生活污水处理率代替，达 97.6%，远高于目标 80%；城镇生活垃圾无害化处理率用城市生活垃圾无害化处理率代替，达到 99.95%（目标 90%），基本实现全面无害化处理；危险废物处理处置率用重点监管单位危险废物安全处置率代替，2020 年达 100%（目标 100%）；城镇人均公共绿地面积用城市人均公共绿地面积代替，2020 年达到 18.13 m^2，超过目标要求的 14 m^2；建成区绿化覆盖率达到 43.39%（目标 40%）。

2. 3 项指标接近完成

城市区域环境噪声平均值为 56.2 dB，超过目标值（低于 56 dB）；工业固体废物综合利用率为 88.8%，未达目标要求的 90%；全省森林覆盖率为 58.7%（目标 60%）。

3.3.3 指标完成情况分析

1. 环境质量领域

环境质量领域共包含 5 项指标，分别是城市空气质量达二级的天数占全年比例；国控、省控断面水质达标率；近岸海域环境功能区监测达标率；饮用水源水质达标率；城市区域环境噪声平均值。其中城市空气质量达二级的天数占全年比例，国控、省控断面水质达标率，近岸海域环境功能区监测达标率 3 项指标由于考核标准、考核方式改变等原因，参照国家下达目标任务开展评估，城市空气质量达二级的天数占全年比例由 AQI 达标率代替，国控、省控断面水质达标率由地表水国考断面水质优良率代替，近岸海域环境功能区监测达标率由近岸海域水质优良（一、二类）面积比例代替。

（1）城市空气质量达二级的天数占全年比例

由于 2013 年后实施环境空气质量新标准，因此 2013 年后按照新标准来评估 2020 年该指标的完成情况。2014～2020 年为实况数据，因此从 2014 年起分析空气质量改善情况。从变化趋势来看，2014～2020 年 AQI 达标率呈波动上升趋势，

2016 年此指标为 95.5%，优于目标值 0.5 个百分点，为执行新标准以来首次实现达标，2016~2019 年该指标略微下降，但 2020 年空气质量改善明显，再次升至 95.5%，完成年度目标（95%），相比 2019 年和 2014 年提升 5.8 个百分点和 10 个百分点，达到规划目标要求，该指标达标（图 3-3）。

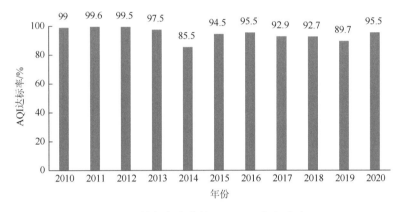

图 3-3 AQI 达标率变化情况（2014 年起为实况）

（2）饮用水源水质达标率

饮用水源水质达标率在 2005 年之前波动明显，2005~2020 年饮用水源水质稳步提升，2011 年后基本达到 98% 的目标要求且 2011~2017 年实现全面达标，2018 和 2019 年出现短暂下降，2020 年实现 100% 达标，同比改善 2.5 个百分点，比基准年 2002 年上升 16.2%（图 3-4）。

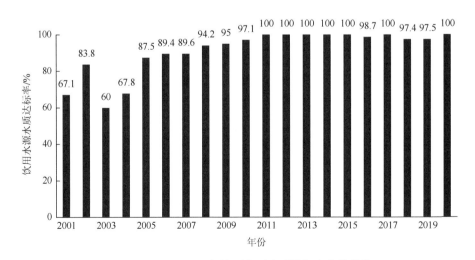

图 3-4 2001~2020 年饮用水源水质达标率变化趋势

（3）国控、省控断面水质达标率

广东省"水十条"地表水考核断面（168 个）中，省控断面水质达标率 89.3% （150 个），11 市 18 个断面超标，比 2002 年提升 20.9 个百分点，但未达到 98% 的水质目标，相差 8.7 个百分点。由于部分年份水质达标率数据出现缺失，因此采用水质优良率分析长时间尺度水质改善情况。2002~2020 年，省控断面个数不断增加，由 106 个增加至 168 个，水质优良率总体呈上升趋势，由 2002 年的 69.8% 上升至 86.3%，提升 16.5 个百分点，显示水环境整治取得较好成果，劣 V 类水质比例总体呈下降趋势，由 2002 年的 16.7% 下降至 2020 年的 1.2%，均分布于粤东诸河（图 3-5）。劣 V 类断面占粤东诸河断面比重 12.5%。不同历史时期考核断面数量有所变化，为确保评估口径统一，以国考断面水质优良率为评价标准，2020 年地表水国考断面水质优良率达到 87.3%，完成目标任务（84.5%），该指标达标。

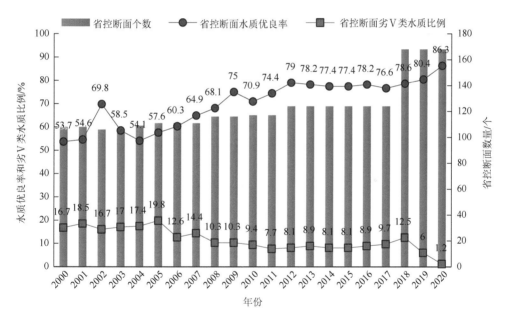

图 3-5　省控断面个数、省控断面水质优良率及省控断面劣 V 类水质比例变化情况

（4）近岸海域环境功能区监测达标率

2007~2013 年近岸海域环境功能区监测达标率均达到 95% 的目标，但近年来该指标出现大幅度下滑，2018 年为 65.7%，较最高值下降 31.3%，表明近岸海域功能区水质达标情况依然不容乐观（图 3-6）。2011~2020 年，近岸海域水质优良（一、二类）面积比例呈波动上升趋势，2020 年达 89.5%，比 2005 年上升 8.7 个百分点（图 3-6），劣四类比例为 5.7%，比 2019 年下降 0.6%，劣四类水质主要分布在珠江口、汕头港、湛江港等海口海湾，主要超标因子为无机氮和活性磷酸盐。

近岸海域环境功能区监测达标率长时间尺度最优值达到 97%（规划目标是 95%），但由于机构改革和职能整合后该指标未进行有效统计，因此由近岸海域水质优良（一、二类）面积比例代替，2020 年达 89.5%，完成"十三五"目标任务（81.9%），该指标达标。

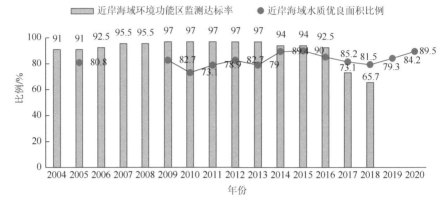

图 3-6　近岸海域水质变化情况

（5）城市区域环境噪声平均值

2002～2020 年，随着城市建设进程不断加快，城市人口不断聚集，机动车保有量持续上升，城市区域环境噪声呈现逐渐增长态势，2018 年达到最高值56.9 dB，比 2002 年提高 2 dB，经过持续综合治理，城市区域环境噪声得到有效控制，2020 年城市区域环境噪声平均值为 56.2 dB，比 2018 年下降 0.7 dB，但仍比 2002 年上升 1.3 dB，超过规划目标要求（小于 56 dB），未达规划目标要求（图 3-7）。城市区域环境噪声来源以生活类声源、交通类声源为主，分别占 52.8%和 33.4%，其他声源占 13.8%。

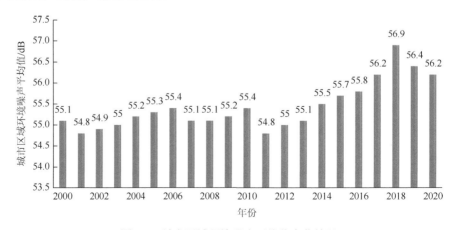

图 3-7　城市区域环境噪声平均值变化情况

2. 污染控制领域

污染控制领域共包含 7 项指标，分别是烟尘控制区覆盖率；机动车尾气达标率；工业废水排放达标率；工业用水重复利用率；放射性废源、废物收贮率；SO_2排放总量；COD 排放总量。其中，烟尘控制区覆盖率、机动车尾气达标率、工业废水排放达标率 3 项指标，由于统计口径改变等，不再进行评价。

（1）工业用水重复利用率

工业用水重复利用率的 2020 年目标为 80%。2020 年，广东省规模以上工业用水重复利用率由 2015 年的 71.2%提高至 82.4%，提升 11.2 个百分点（图 3-8），工业节水取得明显成效。一方面取决于广东经济结构不断优化调整，部分高耗水、低产值企业遭淘汰或转型升级，加上节水新技术的应用，使企业用水效率不断提高。特别是规模以上工业企业不断强化节水管理，重复用水率持续提升，水资源循环利用取得明显成效。

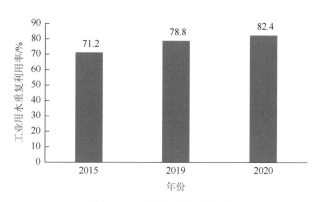

图 3-8　工业用水重复利用率

（2）放射性废源、废物收贮率

《纲要》实施以来，广东省积极开展放射源及放射性废物收贮工作。放射源及放射性废物送贮运输车辆执行特定要求，为了减轻企业负担，组织企业现场放射性废物收贮工作，据相关资料统计，广东省城市放射性废物库已收贮约 400 枚放射源和 36 kg 放射性废物。2020 年，广东省放射性废源、废物收贮率达 100%，未发生与放射性废源、废物相关的环境突发事件。

（3）SO_2排放总量

2010～2020 年，SO_2排放总量先升后降，排放峰值出现在 2011 年，随后稳步下降，2020 年比 2010 年下降 28.6%（图 3-9）。2011～2020 年，广东省 SO_2 浓度呈稳定下降趋势，2020 年为 8 μg/m³，连续两年保持在个位数，各城市 SO_2 年均浓度范围为 5～16 μg/m³，均达到国家一级标准，表明 SO_2 污染减排取得明显成效。

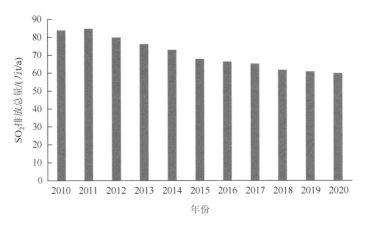

图 3-9　SO₂ 排放总量变化

（4）COD 排放总量

2010～2020 年，COD 排放总量逐年下降，2020 年 COD 排放总量比 2010 年下降 29%，下降幅度比 SO₂ 排放总量略大。近年来，国考断面水质优良率和省控断面水质达标率分别达到 87.3% 和 86.3%，表明 COD 污染减排取得明显成效。

3. 环境建设领域

环境建设领域共包含 4 项指标，分别是城镇生活污水处理率、城镇生活垃圾无害化处理率、工业固体废物综合利用率、危险废物处理处置率。其中，城镇生活污水处理率、城镇生活垃圾无害化处理率、危险废物处理处置率 3 项指标，由于统计口径改变等，指标替换为城市生活污水处理率、城市生活垃圾无害化处理率、重点监管单位危险废物安全处置率。

（1）城镇生活污水处理率

由于统计口径改变等原因，该指标替换为城市生活污水处理率来进行评估。2020 年，城市生活污水处理率达到 97.6%，超过目标值（80%）17.6 个百分点，圆满完成规划任务。从变化趋势来看，根据全省统计年鉴，2000～2020 年城市污水处理率逐年上升，2020 年达 97.66%，比 2005 年（45.03%）大幅提升 52.63 个百分点，表明随着污水处理厂、分散式污水处理设施建设不断加快，污水处理短板不断补齐（图 3-10）。

（2）城镇生活垃圾无害化处理率

城镇生活垃圾无害化处理率数据由城市生活垃圾无害化处理率代替，2020 年城市生活垃圾无害化处理率达 99.95%，超过 90% 的规划目标，2005～2020 年，城市生活垃圾无害化处理率稳步提升，2020 年比 2005 年提升 49.35 个百分点（图 3-11）。

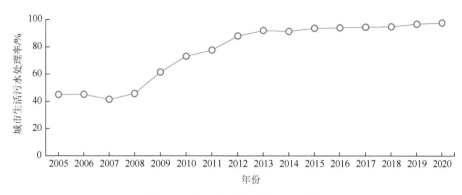

图 3-10　城市生活污水处理率变化

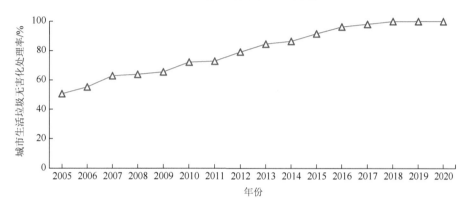

图 3-11　城市生活垃圾无害化处理率变化

（3）工业固体废物综合利用率

2000～2020 年，工业固体废物综合利用率缓慢提升，2020 年达 88.8%，比 2002 年的 74.4%提升 14.4 个百分点，接近完成 90%的规划目标（图 3-12）。

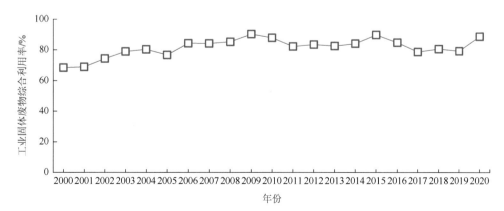

图 3-12　工业固体废物综合利用率变化

（4）危险废物处理处置率

2020 年重点监管单位危险废物安全处置率达到 100%，且未发生重大事件，完成规划目标要求（100%）。

4. 生态环境领域

生态环境领域共包含 5 项指标，分别是城镇人均公共绿地面积、建成区绿化覆盖率、森林覆盖率、陆域自然保护区占全省陆地面积比例、近岸海域自然保护区占全省近岸海域面积比例。其中，城镇人均公共绿地面积由城市人均公共绿地面积代替。

（1）城镇人均公共绿地面积

由于数据缺测，城镇人均公共绿地面积用城市人均公共绿地面积来代替。从变化趋势来看，2005 年以来，城市人均公共绿地面积呈现稳步提升的趋势，城市人均公共绿地面积达到 18.13 m²，比 2005 年扩大 7.13 m²，达到规划目标要求（14 m²），生态建设取得积极进展（图 3-13）。

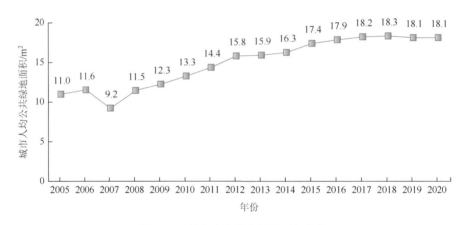

图 3-13   城市人均公共绿地面积变化

（2）建成区绿化覆盖率

2020 年，建成区绿化覆盖率达 43.39%，完成规划目标要求（40%），从变化趋势来看，2020 年建成区绿化覆盖率比 2005 年提升 9.9 个百分点，生态建设取得积极进展（图 3-14）。

（3）森林覆盖率

根据广东省统计年鉴，2020 年全省森林覆盖率达 58.7%，接近达到 60% 的规划目标要求。从变化趋势来看，2005 年以来，全省森林覆盖率呈现稳步提升的趋势，2020 年比 2005 年提升 3.2 个百分点（图 3-15）。

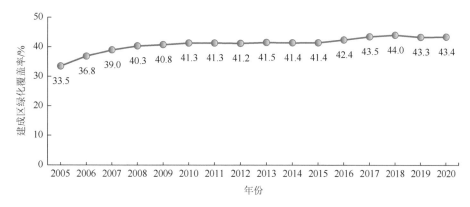

图 3-14　建成区绿化覆盖率变化

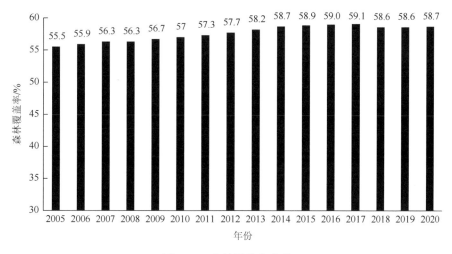

图 3-15　森林覆盖率变化

3.4　任务完成情况

为实现绿色广东，规划共设置"三区控制、一线引导、五域推进、政策保障、科技保障"等 5 大类、21 项具体任务。综合各项任务目标、工程及具体实施情况，对《纲要》重点任务完成情况进行定性评估，结果显示：5 大类、21 项任务中，严格控制区管控、有限开发区管控、集约利用区管控、推进工业生态化转型、加强农业生态化建设、综合整治水环境、强化大气污染防治等 16 项任务实施情况较好，系统保护和建设生态环境、综合整治水环境、加强固体废物处理、创新环境经济政策、开展重大环境科技攻关、大力发展环保产业等 5 项任务有待加强（表 3-3）。

表 3-3 《纲要》任务完成情况

战略任务	序号	任务名称	实施情况
三区控制	1	严格控制区管控	较好
	2	有限开发区管控	较好
	3	集约利用区管控	较好
一线引导	4	推进工业生态化转型	较好
	5	加强农业生态化建设	较好
	6	大力发展生态旅游	较好
	7	培育绿色生态文明	较好
五域推进	8	系统保护和建设生态环境	有待加强
	9	综合整治水环境	有待加强
	10	强化大气污染防治	较好
	11	加强固体废物处理	较好
	12	确保核与辐射环境安全	较好
政策保障	13	加强环境法制建设	较好
	14	完善综合决策机制	较好
	15	完善环境管理机制	较好
	16	创新环境经济政策	有待加强
	17	创新环境监管制度	较好
	18	提升环境管理效能	较好
科技保障	19	建立省级环保科技创新基地	较好
	20	开展重大环境科技攻关	有待加强
	21	大力发展环保产业	有待加强

3.4.1 总体实施情况

由严控区到三线一单，生态环境分区管控政策不断完善。自《纲要》印发实施以来，为进一步规范严格控制区管理，强化生态环境源头管控，广东省环境保护厅（现广东省生态环境厅）于 2014 年印发实施《广东省环境保护厅关于规范生态严格控制区管理工作的通知》，进一步明确了严格控制区的管理控制和确需调整或穿越生态严格控制区的审查程序要求，要求各地从严落实"严格控制区内禁止所有环境保护和生态建设无关的开发活动"的要求，原则上不得对生态严格控制区进行调整。尽管严格控制区对城镇开发活动的控制取得了一定积极作用，但随着社会经济的发展，严格控制区过于刚性的管理规定已逐渐不能适应当前生态环境管理需求。因此，为适应社会经济高质量发展和生态环境高水平保护的需求，优化重要生态空间管控，根据中共中央办公厅、国务院办公厅印发《关于划定并严守生态保护红线的若干意见》有关精神，经广东省人民政府同意，广东省不再执行《纲要》规定的严格控制区及其管控要求，改以《广东省"三线一单"生态环境分区管控方案》管控全省生态空间，以确保全省生态安全得到有效保障。广东省已建立"三线一单"全域生态环境分区管控体系，明确全省和"一核一带一区"在区域布局管控、能源资源利用、污染物排放管控和环境风险防控等方面的准入要求，建立"1 + 3 + 21 + N"生态环境准入清单管控体系。

由主体功能区到"一核一带一区"，国土空间开发格局不断优化。实施以功能区为引领的区域发展新战略，从财政资金、产业、环保等 7 个方面印发主体功能区相关的配套政策文件，并新增 10 个市县全部调整纳入国家级重点生态功能区范围，相继制定出台两批《广东省国家重点生态功能区产业转入负面清单（试行）》，主体功能区战略得到进一步落实。坚持以"双区"建设为抓手，大力推进美丽湾区建设，积极支持深圳建设人与自然和谐共生美丽中国典范，加快构建与"一核一带一区"相适应的生态环境保护格局。加强国土空间的规划管控，以部省合作方式组织开展《广东省国土规划（2016—2035 年）》的编制工作，并推动开展 2017 年土地利用总体规划调整完善，切实对涉及国土空间开发利用、保护、整治等各类活动加强指导和管控。推进城市总体规划编审改革，部署各地全面启动新一轮至 2035 年的城市总体规划编制工作；落实国家城乡规划管理体制改革试点省相关工作，编制《珠江三角洲全域空间规划（2016—2020）》；印发实施《广东省新型城镇化规划（2016—2020）》，三大新型都市区、粤东城市群、粤西沿海城市带和粤北生态发展区的新型城镇化总体空间格局正逐步构建；新型城镇化"2511"试点建设成效显著，大部分试点地区城市生活污水处理率、城市生活垃圾无害化处理率、建成区绿化覆盖率等指标均高于全省平均水平。

3.4.2 "一线引导，贯彻循环经济"任务实施情况评估

《纲要》围绕"贯彻发展循环经济"的战略主线，提出调整和优化产业结构，转变经济增长方式，降低资源能源消耗水平和污染物排放强度，促进产业生态化，建设资源节约型社会的具体任务要求，具体设置推进工业生态化转型、加强农业生态化建设、大力发展生态旅游、培育绿色生态文明等 4 大项、12 子项任务。

1. 推进工业生态化转型

（1）构建生态工业体系

加快构建"双十"引领的现代化产业体系。出台《广东省工业九大产业发展规划（2005—2010年）》《广东省高技术产业发展"十二五"规划》《广东省战略性新兴产业发展"十二五"规划》《广东省战略性新兴产业发展"十三五"规划》《广东省智能制造发展规划（2015—2025年）》《关于推动制造业高质量发展的意见》《广东省人民政府关于培育发展战略性支柱产业集群和战略性新兴产业集群的意见》《关于推动工业园区高质量发展的实施方案》《广东省发展新一代电子信息战略性支柱产业集群行动计划（2021—2025年）》等产业高质量发展规划、战略性集群行动计划，推动构建现代产业体系，形成新一代电子信息、绿色石化、智能家电、先进材料、现代轻工纺织、软件与信息服务、现代农业与食品等7个产值超万亿元产业集群，产业集聚效应不断加强。2020年，广东省GDP超11万亿元，是2000年GDP的10倍，连续32年位居全国首位，全省第三产业比重比2000年扩大12.3个百分点，规模以上工业增加值从2000年的3422.6亿元提升至2020年的32 500.17亿元，总量连续多年保持全国第一（图3-16）。

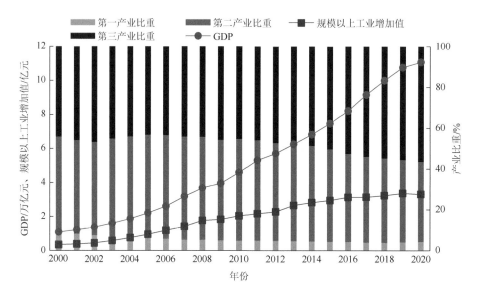

图3-16 2000～2020年广东省GDP、规模以上工业增加值、一二三产业比重变化情况

工业内部结构逐步向绿色化、低碳化转型。2020年全省电力、热力的生产和供应业、化学原料及化学品制造业、石油和天然气开采业、非金属矿物制品业等高耗能、高污染行业规模以上工业增加值占比较2004年减少6.3个百分点。先进

制造业、高技术制造业规模明显扩大，2020 年全省规模以上先进制造业增加值、规模以上高技术制造业增加值分别达到 18 075.6 亿元和 10 350.06 亿元，先进制造业和高技术制造业增加值占规模以上工业增加值比重分别达 55.6% 和 31.8%，分别比 2011 年提升 7.9 个百分点和 9.9 个百分点（图 3-17）；医疗仪器设备及仪器仪表制造业、医药制造业等高技术制造业快速发展，年均增速均超过 10%，工业质量效应明显提升（表 3-4）。技术密集型产业保持蓬勃发展，2005～2020 年，技术密集型规模以上工业增加值增速与劳动密集型规模以上工业的差距逐渐缩小，并于 2017 年成功领先（图 3-18）。创新驱动发展战略持续推进，根据《中国区域创新能力评价报告 2020》，广东区域创新能力连续 4 年保持全国第一，全年有效发明专利量、PCT 国际专利申请量稳居全国首位；知识产权综合发展指数连续 8 年位居全国第一，有效发明专利量 35.05 万件和 PCT 国际专利申请量 2.81 万件，分别连续 11 年和 9 年位居全国第一。

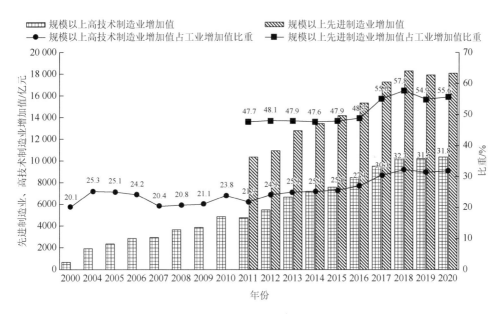

图 3-17　2000～2020 年广东省规模以上高技术和先进制造业增加值及占比变化情况

表 3-4　2004～2020 年高技术制造业分行业增加值变化

主要行业	2004 年增加值/亿元	比重/%	2020 年增加值/亿元	比重/%
高技术产业合计	1885.85	—	10 294.35	—
医药制造业	103.74	5.50	601.82	5.85
中成药生产	40.02	2.12	140.58	1.37
生物药品制造	8.45	0.45	99.19	0.96

续表

主要行业	2004 年增加值/亿元	比重/%	2020 年增加值/亿元	比重/%
航空、航天器及设备制造业	5.24	0.28	35.04	0.34
飞机制造	5.24	0.28	2.86	0.03
电子及通信设备制造业	1277.86	67.76	8485.59	82.43
通信设备、雷达及配套设备制造	525.75	27.88	4688.33	45.54
广播电视设备制造	10.48	0.56	137.14	1.33
非专业视听设备制造	—	—	260.37	2.53
电子器件制造	196.24	10.41	1206.39	11.72
电子元件及电子专用材料制造	—	—	1366.31	13.27
计算机及办公设备制造业	421.58	22.35	572.91	5.57
计算机整机制造	154.09	8.17	158.81	1.54
计算机零部件制造	—	—	95.46	0.93
计算机外围设备制造	208.16	11.04	178.42	1.73
其他计算机制造	—	—	55.77	0.54
办公设备制造	53.82	2.85	75.13	0.73
医疗仪器设备及仪器仪表制造业	71.60	3.80	597.82	5.81
医疗仪器设备及器械制造	14.30	0.76	341.14	3.31
仪器仪表制造	57.3	3.04	178.98	1.74
信息化学品制造业	5.82	0.31	1.17	0.01
信息化学品制造	5.58	0.30	1.17	0.01

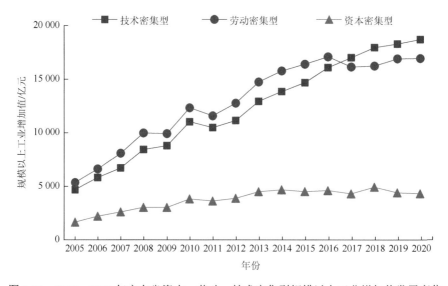

图 3-18 2005～2020 年广东省资本、劳动、技术密集型规模以上工业增加值发展变化

（2）加强产业生态化建设

深入实施工业企业技术改造。印发实施《广东省工业转型升级攻坚战三年行动计划（2015—2017 年）》《广东省工业优势传统产业转型升级"十三五"规划（2016—2020 年）》《广东省工业企业技术改造三年行动计划（2018—2020 年）》等文件指引传统产业技术改造。"十三五"期间，累计推动超 4 万家工业企业开展技术改造。全力建设工业互联网产业生态供给资源池，截至 2020 年，4 家企业入选国家级工业互联网跨行业、跨领域平台，累计推动 1.5 万家工业企业运用工业互联网数字化转型，累计培育 25 个国家级、378 个省级智能制造试点示范项目。连续 4 年获得国务院"促进工业稳增长和转型升级、实施技术改造成效明显的地方"督查激励。

加快重污染行业生态化转型。逐步实行更加严格的排放标准，出台《广东省环境保护厅关于钢铁、石化、水泥行业执行大气污染物特别排放限值的公告》，印发实施《玻璃工业大气污染物排放标准》《陶瓷工业大气污染物排放标准》《锅炉大气污染物排放标准》等地方生态环境标准，推进化工、有色金属冶炼、钢铁、石油化工、水泥等行业执行国家污染物特别排放限值。全省全面完成 10 万 kW 及以上（不含 W 火焰炉和循环流化床）燃煤电厂超低排放和节能改造，超额完成钢铁、水泥等行业"十三五"去产能任务。引导产业合理布局，珠三角地区不再新建炼化、炼钢炼铁、水泥熟料、陶瓷、平板玻璃等项目，并逐步实行更加严格的排放标准。在全省推行电镀、印染、鞣革等重污染行业统一规划统一定点，实行重污染行业"入园进区、集中治污"。

全面推进绿色清洁生产。深入实施"万企"清洁生产审核行动，制定出台《广东省清洁生产审核及验收办法》《广东省关于全面推进绿色清洁生产的工作意见》《清洁生产审核及验收工作流程》及行业清洁生态技术导则，建设并启用清洁生产信息服务平台，推动水泥、造纸、印染等 15 个重点行业企业开展清洁化改造，深化粤港清洁生产合作，截至 2020 年累计共十二批合计 1758 家企业被认定为"粤港清洁生产伙伴"标志企业。积极构建绿色制造体系，制定《广东省工业绿色发展实施方案（2016—2020 年）》《广东省绿色制造体系建设实施方案》，全面推动绿色制造示范创建。截至 2020 年，全省累计建设国家级绿色工厂 195 家、绿色产品 544 个、绿色园区 9 个、绿色供应链 27 个，绿色制造示范数量居全国首位。

持续推进资源能源节约利用。持续推进多领域节能，实施能源消费总量和强度"双控"制度。强化工业节能方面，发布《广东省节能技术、设备（产品）推荐目录》（2017 年本），向社会公开推荐节能技术装备 63 项；推广高效电机、变压器、工业锅炉等节能装备，加大电机能效提升及注塑机节能改造力度；对钢铁（长流程）、水泥、平板玻璃行业实现全覆盖能耗限额监察，在水泥、玻璃、造纸、钢铁、纺织、石化、有色金属等 7 个重点行业持续开展能效对标工作，广东省炼油、乙烯、普通硅酸盐水泥等产品平均能耗达到国内先进水平。建筑节能方面，认真落实《广东省民用建筑节能条例》，实施民用建筑能源资源消耗统计、公示和检测制度，完善可再生能源技术标准体系。加强能源管理信息化，广东省已完成全省及所有地级以上市能源管理中心平台建设，实现省、市、企业三级平台互联互通，初步建立覆盖全省的节能信息化管理网格。深入实施最严格水资源管理制度，推动生产生活用水的节约。广东省先后印发实施《广东省实行最严格水资源管理制度考核办法》《广东省"十三五"实行最严格水资源管理制度考核工作实施方案》《广东省"十四五"用水总量和强度管控方案》，将国家下达广东省水资源管理相关任务指标分解到地级市进行考核。

（3）建设生态工业园区

强化产业园区生态环境管理。制定《广东省产业园建设管理考核评价办法》《关于进一步加强工业园区环境保护工作的意见》等政策文件，推动全省工业园区强化规划环评管理，落实"三线一单"管控要求。产业园区环保管理水平稳步提高，截至2020年178个省级以上产业园区中有164个园区已完成或部分开展规划环评，22个专业园区全部开展规划环评，区域环境质量总体可控。

积极推进园区生态示范创建和循环化改造。积极推进国家生态工业示范园区建设，2011年10月广州开发区被批准为国家生态工业示范园区，肇庆高新技术产业开发区、东莞生态产业园、珠海高新技术产业开发区、广州南沙经济技术开发区等4个工业园区获批开展国家生态工业示范园区建设，2019年12月珠海高新技术产业开发区创建国家生态工业示范园区工作通过国家考核验收，2021年4月广州南沙经济技术开发区国家生态工业示范园区建设顺利通过验收技术核查。加快现有园区的循环化改造升级，截至2020年底，全省公共132个园区纳入省循环化改造试点园区，省级以上工业园区开展循环化改造的比例达82.5%。

专栏3-1　广州南沙经济技术开发区等4个园区生态工业园区建设情况

（一）广州南沙经济技术开发区

广州南沙经济技术开发区从建区以来一直探索生态工业发展的道路，2009年编制《广州南沙经济技术开发区创建国家生态工业示范园区建设规划》，2012年5月，环境保护部（现生态环境部）、商务部和科技部联合发文同意开发区创建国家生态工业示范园区，同年10月，印发《广州南沙经济技术开发区建设国家级生态工业示范园区工作分解方案》，加速推进生态工业良性发展，形成了政府引导、企业主导、技术支撑、全民参与的生态工业园区建设保障体系。积极推动制度创新与科技创新、产业创新互融互促，形成汽车整车及零配件制造业、电子信息产业、服务外包和创意产业、科技创新服务业等为主导的绿色低碳产业体系，初步构成完善的生态产业网络，带动区内产业结构合理调整和优化，经济质量和效益持续向好。2021 年 4 月，广州南沙经济技术开发区国家生态工业示范园区建设顺利通过验收技术核查。

（二）汕头贵屿循环经济产业园区

汕头贵屿循环经济产业园区于 2010 年 3 月批准建设，是经国家发展改革委、国家环境保护总局（现生态环境部）、科技部、财政部、商务部、统计局等六部委批准的全国首批废旧家电回收利用循环经济试点的唯一镇级单位、国家环境保护总局确立的废旧电器综合利用产业化示范园区、国家信息产业建立废旧电子信息产品拆解处理的示范工程、省经济和信息化委员会认定的首批省市共建循环经济产业基地。2015 年申报为依托汕头市产业转移工业园带动潮阳区产业集聚发展项目，纳入省产业转移园管理。同年，被认定为"广东省循环化改造试点园区""广东省城市矿产示范基地"。2016 年园区被评选为汕头市首批市级"互联网+"培育小镇，园区管委会被广东省政府评为广东省环境保护先进集体，园区管委会下属的汕头市贵屿工业园区再生资源实业有限公司通过申报建立广东省院士专家企业工作站。2018 年列入《中国开发区审核公告目录》（2018年版），被广东省经济和信息化委员会确认为省级产业转移工业园。

园区规范化环保管理，实行"集中拆解、集中治污"，逐步引导、鼓励企业入园。产业园投入使用以来，1243 个电子拆解户组成的 29 家公司和 218 个中小塑料造粒户组成的 20 家公司，一并搬迁入园，接受统一监管，园区之外，严禁私自拆解和交易，铁腕治污之下，环境污染得到遏制，产业发展更加有序。园区管委会投入资金超过 12.6 亿元，建成危险废物转运站、工业污水处理厂、废旧家电整机拆解厂、湿法冶炼、火法冶炼、物理法处理废线路板、废弃机电产品集中交易装卸场、集中拆解楼、废塑料清洗中心等项目。2016 年 3 月广东省环境保护厅（现生态环境厅）原则同意贵屿环境综合整治通过验收复核。2017年，园区企业已发展至 81 家，入园电子废物总量 35.07 万 t，实现工业总产值27.8 亿元，完成固定资产投资 2.89 亿元。

（三）南海国家生态工业示范园区

南海国家生态工业示范园区（又名：广东佛山南海工业园区、佛山国家高新技术产业开发区·南海园）于 2001 年 11 月由国家环境保护总局（现生态环境部）批准设立，是全国首个国家级生态工业示范园区、全国八大环保产业园之一、佛山市重点工业园，园区以循环和生态工业理念指导建设，是迎接绿色经济，实施环境保护、资源再生和可持续发展的新型工业园。2003 年 3 月奠基后进入全面建设发展阶段。2006 年 9 月经国家发展改革委审核，命名为"广东佛山南海工业园区"，2008 年佛山国家高新区整合"一区六园"，该园区被授予"佛山国家高新技术产业开发区·南海园",成为佛山国家高新技术产业开发区的重要组成部分。

园区遵循生态工业和循环经济的理念,通过科学的产业布局和区域规划,形成核心区内的小循环和核心区、综合服务区、仙湖度假区、科教产业区、五金产业区五大区间大循环的双重循环,以传统产业为基点,以环保产业为重点,以生态工业为亮点,着重引入和培植汽配产业、环保装备产业、新材料、生态工业等优质产业、朝阳产业、高端产业,使产业、企业和园区的发展动力生生不息。自2007年园区启动建设外资工业村作为引入优质中小型外资企业的新型招商模式以来,目前已基本形成了由汽车配件、精密机械制造、生物医药、五金产业等组成的核心产业集群。园区累计引入180家企业,总投资额超80亿元,包括8家世界500强及其关联项目,集聚日资汽配和新能源汽车核心部件企业22家,成功打造了广东新能源汽车产业基地一期,已发展成为颇具规模的现代化工业新城。

（四）东莞松山湖高新技术产业开发区

2010年9月东莞松山湖高新技术产业开发区经国务院批准升格为国家高新技术产业开发区。2011年东莞生态园成为广东省首批省级循环经济工业园区,2012年获批建设国家生态工业示范园区。2014年12月,东莞市决定将东莞松山湖高新技术产业开发区、东莞生态园合并,实行统筹发展。2015年9月,园区成功入围珠三角国家自主创新示范区,初步确定"1+2+N"(一轴线+两核心+周边镇)空间布局。2017年3月,松山湖与石龙、寮步、大岭山、大朗、石排、茶山等周边六镇组成松山湖片区,率先拉开东莞市园区统筹组团发展帷幕。以散裂中子源等大科学装置为核心的松山湖科学城和位于企石镇的东部工业园也被纳入园区统筹范围。2019年4月,东莞市启动通过强化功能区统筹优化市直管镇体制改革,松山湖功能区在原来松山湖片区"1+6"基础上,增加横沥、东坑、企石等三个镇,统筹发展功能区范围内"一园九镇"发展规划、区域开发、产业发展、重大项目建设和政务服务效能提升五大领域工作。2020年7月,松山湖科学城正式纳入粤港澳大湾区综合性国家科学中心先行启动区。2020年9月,市委十四届十一次全会提出,要围绕重大原始创新策源地、中试验证和成果转化基地、粤港澳合作创新共同体、体制机制创新综合试验区四个定位,举全市之力将松山湖科学城建设为具有全球影响力的原始创新高地。

松山湖园区地区生产总值达867.31亿元,同比增长11%,快于全省和全市增速,比2010年增长7.7倍;实现税收约163亿元,在全市镇街、园区中排名第一;完成固定资产投资约230亿元,总量在全市排名第一;规上工业总产值突破5400亿元,比2010年增长19.4倍,总量在全市排名第一,先进制造业、高技术制造业占比均超过90%。

2. 加强农业生态化建设

（1）加强畜禽养殖业环境管理

加强畜禽养殖环境监管。出台《广东省生猪生产发展总体规划和区域布局（2018—2020年）》，引导珠三角水网地区调整减少生猪饲养量，粤东西北山区适度规模化养殖，优化畜禽养殖产业布局。印发《关于开展广东省畜禽养殖禁养区划定情况排查的通知》，开展禁养区排查整治与优化调整工作，82个县（市、区）印发新的禁养区划定方案，基本形成全省禁养区"一张图"。建立畜禽养殖污染管理信息系统，将规模以上畜禽养殖场纳入重点污染源管理。鼓励和引导龙头企业兼并重组，逐步减少中小规模生猪养殖。

推进畜禽养殖废弃物资源化利用。出台《广东省畜禽养殖废弃物资源化利用工作考核办法》，成立工作联席会议制度，省政府和21个地级以上市人民政府签订目标责任书，全面压实工作任务。制定《广东省畜禽粪污处理与资源化利用技术指南》，做好培训示范，举办超过10场省级培训班及工作会议，培训人次超过1000；编印《广东省畜禽养殖废弃物综合处理利用技术模式》，大力推广水肥一体化、粪污沼气发酵、粪便异位堆肥发酵、高床养殖和污水处理回用等处理模式，推动建立种养结合、农牧循环的绿色发展新格局。2020年，广东省畜禽粪污综合利用率达到88.4%，规模养殖场粪污处理设施装备配套率达98.66%。

（2）推广生态农业

推进化肥使用减量增效。以补贴示范带动推广化肥减量增效技术，对应用化肥减量增效技术模式需要的配方肥、有机肥料、水溶肥料、缓释肥料等纳入物化补助范围，不同品种按市场价格的25%～50%予以补助；2016～2020年全省推广测土配方施肥技术2.08亿亩①次，2020年主要农作物测土配方施肥技术覆盖率达到92.8%，主要粮食作物化肥利用率达到40.2%。开展化肥减量增效示范区建设，截至2020年全省共设立化肥减量增效试验示范区3419个（面积83.2万亩）。实施果菜茶有机肥替代化肥试点，推进建设8个果菜茶有机肥替代化肥试点县，共创建示范基地23.5万亩，项目区共消纳畜禽粪便27.6万t，施用有机肥17.9万t，化肥用量平均减少15%以上，有机肥用量平均增长20%以上。

推进农药使用减量增效。印发全省植保植检和农药管理工作要点、广东省农药使用量负增长行动实施方案，举办全省农药减量增效工作推进现场会，督促指导各地推进农作物病虫害统防统治、高效农药药械使用示范推广和农药包装废弃物回收处理等工作，农药使用量保持负增长态势。强化农药使用指导，推广高效低风险农药，举办农药安全科学使用培训活动。规范农药使用管理，编制《农药

---

① 1亩≈0.0667 hm²。

行政许可 100 问》，指导农药行政许可申请和审批；完善升级"广东省农药数字监管平台"。加大农药包装废弃物回收力度，要求 20 个蔬菜产业重点县制定工作方案，推进全省农药包装废弃物回收工作。

推进无公害农产品认证。大力发展"三品一标"（无公害、绿色、有机和地理标志农产品）农产品，截至 2020 年广东省通过农业农村部门认证的"三品一标"农产品总数达 3707 个，其中，无公害农产品 2890 个，绿色食品 638 个，有机农产品 140 个，农产品地理标志 39 个。持续加强农产品质量监管体系建设，省内 21 个地级以上市均已建立农产品质量安全监管、执法、检测机构，118 个县级农业部门设立了监管机构，占比 96.7%。有 109 个县级农业部门设立了农业综合执法机构，107 个县、约 500 个乡镇设立了农产品检测站，基本落实"有机构、有人员、有职责、有手段"的要求。

（3）加强农业环境监测

健全农村环境监测网络。全力推进农用地土壤污染状况详查，截至 2020 年详查面积约 1.3 万 km^2（占国土面积 7.23%），划定详查单元 4148 个，布设点位 32 623 个（占全国 5.84%），共采集、制备土壤和水稻样品约 4.4 万件，获得分析测试数据 87.7 万个，整合全省生态环境、自然资源、农业农村等部门及部分区域已有调查数据近 8 万多个，初步形成广东省农用地土壤环境质量"一图一表三报告"。在全国率先构建省级土壤环境质量监测网络，共布设省级监测点位 7826 个（含国家网点位 1740 个），实现全省所有区县全覆盖。为响应《农业农村污染治理攻坚战行动计划》要求，从 2019 年开始增加日处理 20 t 及以上的农村生活污水处理设施出水水质和灌溉规模在 10 万亩及以上的农田灌区水质监测工作，监测覆盖全省范围。

3. 大力发展生态旅游

开展全域旅游示范创建。印发实施《广东省促进全域旅游发展实施方案》《关于加快发展森林旅游的通知》，推进全域旅游示范建设，全省成功创建 5 家国家全域旅游示范区和 44 家省级全域旅游示范区。

开展生态旅游景区建设，初步形成珠三角以生态旅游产品开发为重点；粤东以潮汕文化为主题、突出民俗文化特色，优先发展滨海生态园及温泉生态游；粤西突出海滨海岛、热带农业、温泉和岩溶地貌特色、民俗文化和古海上丝绸之路始发港等，优先发展滨海生态游、火山科普游、温泉游和农业生态游；粤北突出山水风光游、森林游、民俗文化旅游和温泉游等的旅游布局。加强森林生态旅游景区建设，启动编制《广东省森林旅游发展规划》《森林康养基地建设指引》《森林体验基地建设指引》等工作，首次认定 10 处广东省森林康养基地（试点）。

4. 培育绿色生态文明

（1）提高全民环境意识

加强生态环境保护宣传教育。推进环保设施和城市污水垃圾处理设施向公众开放，截至 2020 年全省列入全国第一、二、三批环保设施和城市污水垃圾处理设施向公众开放名单共 72 家，涵盖全省 21 个地级市。指导推动中山、梅州、河源等市规划建设生态文明主题展览馆、教育馆。组织开展"最美基层环保人""我是生态环境讲解员"等活动，拍摄《决战决胜治污攻坚》汇报片和《蓝天之下》大型纪录片，讲好广东治污攻坚故事。联合省科协、省委宣传部等十五部门组织开展"决胜全面小康，践行科技为民"广东省全国科普日生态环境科普宣传联合行动。积极参加生态环境部组织的 2020 年生态环境"云科普"优秀生态环境讲解员、生态科普云展播、生态环境科学知识云竞答等系列活动。组织开展广东省生物多样性作品征集、优秀生态环境原创科普作品项目征集、广东省生态环境科普资源征集等征集活动，在广东生态环境、广东省环境科学学会等微信公众号上开展《全国水治理标杆——茅洲河的泥治理经验分享》《深圳低碳生态及海绵城市规划建设实践》等 10 多次网络直播。组织开展广东省"大学生在行动"活动，广泛动员大学生志愿者进校园、进社区、进农村开展系列科普活动。

强化企业环境信息公开。编制污染源信息公开指南，从企业环境信息的公开主体、内容、时限、方式、平台等多方面规范信息公开工作，完成污染源环境监管信息公开目录及专栏的建设，主动公开 8 大类共计 28 项信息。完善对全省重点污染源基本信息、污染源监测、总量控制、污染防治、排污费征收管理、监察执法、行政处罚及环境应急等信息的查询，将排污企业置于公众监督之下，引导公众更加积极地参与环境保护。推进排污单位自行监测信息公开，实施生活垃圾焚烧发电厂自动监测数据公开。强化污染源企业信用管理，每年公布 21 个地市参评企业环境信用评价结果。出台《广东省促进大数据发展行动计划（2016—2020年）》，并建设广东省政府数据统一开放平台"开放广东"。截至 2023 年，在"开放广东"平台已开放 82 个省级资源环境类的数据集如广东省省级环境信用评价企业名单、政府购买环境监测服务机构信息、污染源企业信用信息、危险废物经营许可证信息、广东省集中式污水处理厂信息、广东省环境影响评价机构信息、广东省机动车排气检测机构信息、广东省环境违法企业黑名单信息、广东省环保机构信息等，和 11 个资源环境类数据应用如广东空气质量实况与预报 APP 等，社会公众可以通过"开放广东"平台浏览、查询、批量下载政府开放数据。

（2）推进生态示范和绿色创建活动

广泛开展生态文明示范创建行动。印发实施《珠三角国家绿色发展示范区实施方案》，推进珠三角生态文明示范城市群建设，全面提升珠三角绿色发展水平。

珠三角 9 市全部印发实施生态文明示范市建设规划，深圳、佛山、惠州等市积极启动国家绿色发展示范区先行区建设。截至 2020 年，全省已有 18 个市县荣获"国家生态文明建设示范市县"称号，分别为珠海市、惠州市、肇庆市、深圳市盐田区、深圳市罗湖区、深圳市坪山区、深圳市大鹏新区、深圳市南山区、深圳市宝安区、深圳市龙岗区、深圳市龙华区、深圳市光明区、佛山市顺德区、惠州市龙门县、广州市黄埔区、韶关市始兴县、清远市连山壮族瑶族自治县、清远市连南瑶族自治县等。广东省加强对"两山"理论实践创新基地工作的指导，创新推进机制，组织开展理论研究和实践探索，截至 2020 年，河源市东源县、深圳市南山区、江门市开平市成功创建"绿水青山就是金山银山"实践创新基地。

积极推进绿色创建及文化建设。推进"绿色学校""绿色社区""环境教育基地"命名，截至 2020 年，全省共计 2581 所学校被评为广东省"绿色学校"，省级环境教育基地超过 180 个，2005～2019 年全省共创建省级绿色社区 327 个。广东省绿色创建工作与构建全链条式的全民环境教育体系相结合，逐步形成了具有广东特色的绿色创建工作新格局。

（3）大力发展绿色交通

加快绿色低碳交通体系建设，全省公交电动化率达 97.5%，新能源车辆应用规模全国领先，在全国率先实现内河港口岸电全覆盖，交通运输行业能耗和碳排放强度持续下降。交通智能化水平不断提升，建成广东省综合运输公共信息服务大数据平台，千吨级以上内河高等级航道实现电子航道图全覆盖，新一代国家交通控制网、智慧公路、车路协同、无人驾驶等新技术试点稳步推进。

（4）倡导绿色生活

大力推动绿色居住、低碳出行、低碳消费等行为，营造绿色低碳生活氛围。广东省深入贯彻落实《绿色建筑行动方案》，不断推进既有建筑节能改造和可再生能源建筑应用工作，2020 年，全省城镇绿色建筑占新建建筑比例达 63%；积极推动公共建筑节能降耗工作，"十三五"期间，广东新建民用建筑 100%执行节能强制性标准，建筑能效比"十二五"期间提高了 20%；全省城镇新建建筑节能面积 7.34 亿 m²，累计形成 662 万 t 标准煤的节能能力。

3.4.3 "三区控制，优化产业布局"任务实施情况评估

1. 三区划定情况

《纲要》以优化空间布局为突破口，根据生态环境敏感性、生态服务功能重要性和区域社会经济发展差异性等，将全省陆域和沿海海域划分为 6 个生态区、23 个生态亚区和 51 个生态功能区。在此基础上结合生态保护、资源合理开发用和社会经济可持续发展的需要，以及近岸海域环境功能区划、水质目标和海洋生

态保护的要求,将全省陆域划分为严格控制区、有限开发区和集约利用区;将近岸海域划分为近岸海域严格控制区、有限开发区和集约利用区,并提出生态分级控制管理要求。

2. 结构变化评估

森林、灌丛、草地和湿地等自然生态系统类型在严格控制区中占主体地位,在保护生态环境方面发挥了重要作用。2020 年,全省严格控制区中自然生态系统占比为 91.8%,较 2005 年下降 2 个百分点,严格控制区内自然生态系统结构总体保持稳定。与非严格控制区相比,2020 年严格控制区中城镇生态系统面积占比为 1.8%,较 2005 年增加 1.2 个百分点,其增幅明显低于非严格控制区内城镇生态系统的 2005~2020 年间的增幅(3.9 个百分点),由此可见,严格控制区管理制度的实施对城镇开发的控制取得了一定的积极作用(图 3-19、图 3-20)。

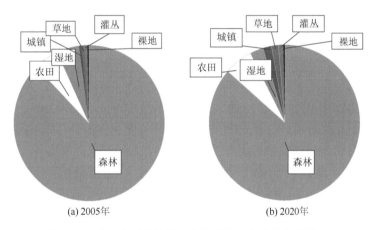

图 3-19 广东省严格控制区生态系统面积占比变化情况

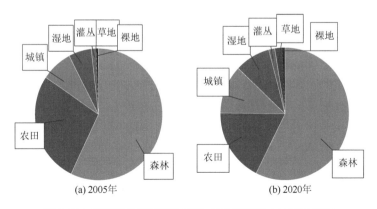

图 3-20 广东省非严格控制区生态系统面积占比变化情况

3.4.4 "五域推进，改善生态环境质量"任务实施情况评估

《纲要》围绕改善区域环境质量，设置系统保护和建设生态环境、水污染综合整治水环境、强化大气污染防治、加强固体废物处理处置及确保核与辐射环境安全等五大领域的建设任务。

1. 系统保护和建设生态环境

（1）构建区域生态安全格局

构建"两屏、一带、一网"生态安全战略格局。2012 年省人民政府发布了《广东省主体功能区规划》，将广东省陆地国土空间划分为优化开发、重点开发、生态发展（即限制开发，下同）和禁止开发四类主体功能区域，并衔接《纲要》提出"建设七个一级结构性生态控制区和'一带五江，四横八纵'的一级生态廊道体系，以及点、线、面结合的二级生态控制体系"，提出了构建以"两屏、一带、一网"为主体的生态安全战略格局。其中，"两屏"分别指广东北部环形生态屏障和珠三角外围生态屏障，广东北部环形生态屏障由粤北南岭山区、粤东凤凰-莲花山区、粤西云雾山区构成，具有重要的水源涵养功能，是保障全省生态安全的重要屏障，珠三角外围生态屏障由珠三角东北部、北部和西北部连绵山地森林构成，对于涵养水源、保护区域生态环境具有重要作用；"一带"指蓝色海岸带，为东南部广阔的近海水域和海岸带，包括大亚湾-稔平半岛区、珠江口河口区、红海湾、广海湾-镇海湾、北津港-英罗港、韩江出海口-南澳岛区等区域，是重要的"蓝色国土"；"一网"指以西江、北江、东江、韩江、鉴江以及区域绿道网为主体的生态廊道网络体系。

划定并严守生态保护红线。根据国家对空间管控相关政策的规定，广东省于 2018 年 4 月启动生态保护红线划定工作，同年 11 月省政府向自然资源部和生态环境部报送了《广东省生态保护红线划定方案（报批稿）》，形成了陆海生态保护红线"一张图"。对生态保护红线实行严格管控，以确保生态红线面积不减、功能不降、性质不改。

（2）完善自然保护区体系

加强自然保护地建设管理。为支持和规范自然保护区建设，广东省先后发布了《广东省环境保护厅关于对市县级自然保护区调整审核下放有关工作的意见》和《广东省人民政府关于印发广东省自然保护区建立和调整管理规定的通知》等政策文件，积极推进自然保护区"一区一法"立法工作，省、市政府制定了相应自然保护区管理办法，完善日常工作管理制度。省政府将自然保护区建设管理工作列入全省森林资源保护和发展目标责任制的考核内容，每年进行考核。制定了自然保护区建设资金和日常管理经费的具体措施，将省级及以上自然保护区日常管理经费纳入省

级财政预算；将原自然保护区建设议案补助资金转为建设专项资金，并从 2011 年起增加资金 1000 万元，使建设专项资金达到每年 2643 万元；市、县级自然保护区建设资金和日常管理经费参照省级及省级以上自然保护区的做法由市、县财政予以保障。同时积极开展自然保护区基础调查，建立了自然保护区监督管理、数据共享平台。在惠州象头山国家级、大亚湾和从化陈禾洞省级自然保护区开展了数字化监测管护平台试点建设。编制了《广东省生物多样性保护战略与行动计划（2013—2020 年）》，完成了广东省生态环境十年变化（2000～2010 年）遥感调查与评估。

开展自然保护地优化调整。2019 年，为贯彻落实国家对建立以国家公园为主体的自然保护地体系的要求，积极解决早期划建的自然保护地方式较为粗放造成的范围交叉重叠、碎片化、集体林地纠纷、保护与利用矛盾等历史遗留问题，广东省组织开展了自然保护地摸底调查和整合优化工作，编制了《广东省自然保护地整合优化预案》。

（3）加强水源涵养区生态保护

大力构建绿色生态水网。出台《关于大力构建湿地生态保护体系　加快珠江三角洲地区绿色生态水网建设的意见》，大力建设以湿地公园为主体的绿色生态水系，初步构建了多类型、多层级、多功能的湿地公园体系。

加强饮用水水源保护。坚持立法先行，夯实饮用水水源保护法律基础。广东省 2007 年出台了《广东省饮用水源水质保护条例》，并根据 2018 年 11 月 29 日广东省第十三届人民代表大会常务委员会第七次会议《关于修改〈广东省环境保护条例〉等十三项地方性法规的决定》修正，明确了饮用水水源保护区的环境管理规定。《广东省水污染防治条例》已由广东省第十三届人民代表大会常务委员会第二十六次会议于 2020 年 11 月 27 日通过，设立了饮用水水源保护专章。推进饮用水水源保护区"划、立、治"。开展重点水库及入库河流水环境状况调查，组织编制了全省饮用水源地环境保护规划，在"十二五"期间完成全省乡镇饮用水源保护区划定工作。"十三五"时期，按照中央环保督察"回头看"反馈意见、全国集中式饮用水水源地环境保护专项行动等工作要求，开展以县级以上水源地为主的饮用水水源保护区优化调整工作，全省 21 个地级以上城市共调整水源保护区 339 个（取消 82 个，调整范围 187 个、新增 70 个），认真按照国家要求开展"千吨万人"饮用水水源保护区划定工作，已全部划定全省 658 个"千吨万人"饮用水源保护区。完成县级以上饮用水源保护区边界矢量化及标准规范化设置工作，规范化设置率达 100%。全面完成 1412 个饮用水水源保护区内环境违法问题清理整治的工作。加强饮用水源监测，实现东江、西江、北江流域干流及重要支流自动预警能力全覆盖，并将"千吨万人"饮用水源地纳入监测体系。

（4）加强近岸和海岸带生态保护

加强海洋资源开发利用。目前广东省已印发《广东省海洋主体功能区规划》

《广东省海岸带综合保护和利用总体规划》《广东省海洋生态文明建设行动计划（2016—2020）》等政策文件，编制完成《广东省海洋生态红线》，进一步加强海洋资源开发利用的规划和管控。在全国率先启动美丽海湾建设，目前汕头青澳湾、惠州考洲洋、茂名水东湾的试点建设取得良好成效；开展国家级海洋生态文明示范区创建工作，珠海横琴新区、湛江徐闻县、汕头南澳县、惠州市和深圳大鹏新区成功列入国家级海洋生态文明示范区。

统筹陆海污染防治。制定实施《广东省近岸海域污染防治实施方案（2018—2020 年）》，将近岸海域污染整治纳入省委省政府印发实施的《广东省打好污染防治攻坚战三年行动计划（2018—2020 年）》，全力开展入海排污口排查工作，开展陆源入海污染源排查核查和核实，截至 2020 年摸清全省各类入海排污口总数为 1436 个，清理整治非法和设置不合理入海排污口 85 个。深化综合执法体制建设，广东省人民政府印发了《关于开展海洋综合执法工作的公告》，整合涉海地区海洋监察、海岛管理、渔政管理、渔港监督、渔船监督检验、海洋环境保护等执法职能，持续强化海洋工程项目执法、加强海砂开采执法监管，严厉打击非法海洋倾废行为，对海洋生态环境保护监管发挥重要作用。

全面推进海洋生态系统修复。实施海洋生态文明建设行动计划，加强海岸线整治修复。加快推进历史遗留围填海项目生态修复，对填海工程开展生态影响评估，制定生态修复方案，落实生态修复措施。加大自然岸线保护和修复力度，积极开展海岸线生态修复。自然岸线保有率为 36.20%，达到国家不低于 35%的管控要求；积极开展红树林及珊瑚礁人工种植工程，全省红树林面积达到 1.2 万 hm²。

（5）加强水土流失重点防治区生态保护

划定水土流失重点预防区和重点治理区。2015 年，广东省水利厅发布了《广东省水利厅关于划分省级水土流失重点预防区和重点治理区的公告》，其中重点预防区由北江上中游和漠阳江上中游 2 个区块组成，涉及韶关、清远、肇庆、阳江和江门 5 个地级市、18 个县（市、区）中的 108 个镇级行政区，镇域总面积合计为 23 613.52 km²，其中需重点预防的面积为 7506.43 km²，分别占广东省总面积的 13.13%和 4.18%；重点治理区由榕江上中游、鉴江上中游和西江下游等 3 个区块组成，涉及揭阳、汕尾、茂名、云浮和肇庆 5 个地级市、10 个县（市、区）中的 58 个镇级行政区，镇域总面积合计为 8211.79 km²，其中需重点治理的面积合计为 2051.81 km²，分别占广东省总面积的 4.57%和 1.14%。

强化水土流失预防与治理。2016 年 9 月，出台《广东省水土保持条例》，提出加强水土流失预防、治理和水土保持监督管理。2017 年 2 月，印发《广东省水土保持规划（2016—2030 年）》，提出对重要水源地、重要江河源头区、岩溶区等实施预防保护，对各类崩岗、坡地、重点区域等实施综合治理。贯彻落实《山区五市中小河流治理实施方案》，对山区五市积水面积在 50～3000 km² 的中小河流进行全面治理。针对水土流失较为严重的梅州地区加强资金补助，支持"五沿"（沿路、沿江、沿水、沿城、沿线）范围崩岗水土流失综合治理项目建设，推进革命老区及原中央苏区崩岗治理一期工程建设。"十三五"期间，广东省共计安排 16 宗国家水土保持重点工程，累计下达中央资金 2.9 亿元，省级资金 2 亿元，治理水土流失面积达到 764 m²，治理崩岗 95 座。

2. 综合整治水环境

（1）优化水环境功能分区

坚持规划先行，不断创新，将调整取排水格局、系统分离取排水河系作为重要任务写入《珠三角环境保护一体化规划（2009—2020 年）》。2011 年印发《广东省地表水环境功能区划》，对全省所有流域面积大于 100 km² 的河流以及小于 100 km² 的重要河流（总长度达 26 779.88 km），所有中型以上水库、重要的小型水库以及主要城市湖泊（总库容达 335.29 亿 m³）划分环境功能区。其中，水质目标为Ⅰ类、Ⅱ类、Ⅲ类、Ⅳ类、Ⅴ类的河流数量占比分别为 1.4%、51.9%、41.4%、5.2%、0.1%；水质目标为Ⅰ类、Ⅱ类、Ⅲ类的水库数量占比分别为 1.3%、93.6%、5.1%。2013 年实施《南粤水更清行动计划（2013—2020 年）》，对供排水通道布局作出详细规定，并对汇入供水通道的支流水质作出要求。统筹推进区域水资源保护，推动解决不同城市取水、排污相互交叉混合问题，努力实现河网地区供排水的协调统一、互通可控，确保区域水源安全。

（2）严格产业污染控制

加大工业水污染治理力度，主要水污染物排放强度大幅下降。印发实施《广东省电镀、印染等重污染行业统一规划统一定点实施意见（试行）》，大力推进电镀、造纸、印染、制革、化工（含石化）、建材、冶金、发酵、一般工业固体废物及危险废物处置等重污染行业入园管理、集中治污工作。在全省范围内推行工业污染源全面达标活动，大力推动清洁生产工作，工业废水排放达标率、工业用水重复利用率大幅提升。印发《广东省水污染防治行动计划实施方案》，依法取缔全部不符合国家或地方产业政策的小型造纸、制革、印染、染料、炼焦、炼硫、炼砷、炼油、电镀、农药等严重污染水环境的工业企业，并推动专项整治工作和清洁化改造工作。2020 年，全省单位 GDP 化学需氧量、氨氮排放量较 2015 年分别下降 36.26% 和 35.14%，主要水污染物排放强度大幅下降。

（3）推进城镇生活污水处理设施建设

以超常规力度加快补齐环境基础设施短板，尤其是 2018 年以来，广东省以超常规力度加快推进环境基础设施建设，创造了广东历史上规模最大的环保基础设施建设潮。2018～2020 年全省累计建成城市（县城）生活污水通水管网 2.3 万 km，管网总长度达 6.8 万 km，比 2015 年增加了 93%，自 2018 年污染防治攻坚战实施

起，位居全国首位；累计新增城市（县城）生活污水处理能力 681.9 万 t/d，已建成
运行城市（县城）生活污水处理设施 386 座，处理能力达到 2767 万 t/d，比 2015 年
增加了 42.6%，处理能力连续多年居全国第一位。2018～2020 年全省新增镇级生
活污水通水管网 11 524.6 km，新建镇级生活污水处理设施 773 座，新增处理能力
265.5 万 t/d，1125 个乡镇生活污水处理设施覆盖率达 100%。图 3-21 显示了广东省
2015 年和 2020 年城市生活污水处理能力、污水通水管网长度对比情况。2020 年
广东省城市生活污水处理能力、污水通水管网长度位列全国首位（图 3-22）。

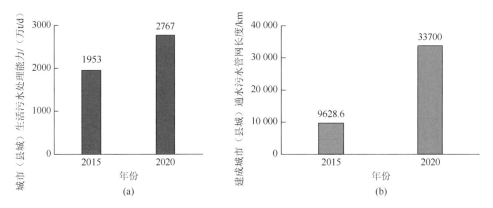

图 3-21　广东省城市生活污水处理能力、污水通水管网长度变化情况

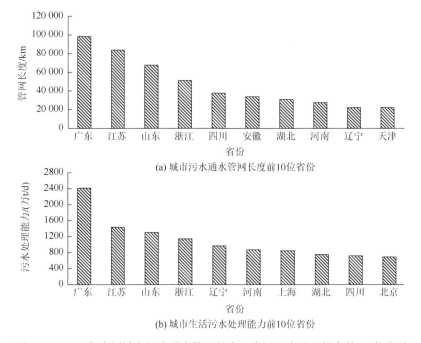

图 3-22　2020 年全国城市污水通水管网长度、生活污水处理能力前 10 位省份

（4）综合整治污染河道

推进珠江综合整治。强化工业水污染防治，省级环保部门先后对水污染严重、水质长期达不到功能区划要求的清远市清城区、四会独水河流域实行了"区域限批"，深圳、河源、惠州、东莞市分别对位于东江中上游地区、西枝江、淡水河、石马河等环境敏感区域实行"行业限批"和"区域限批"。重点推进化学制浆、电镀、印染、鞣革、危险废物处置等重污染行业统一规划统一定点，严肃查处流域环境违法行为，加强流域重点工业污染源监管，建立国控、省控重点污染源监管责任制和月巡查、季核查制度，推进流域 1200 多家企业安装污染源在线监控设备。珠江流域各市实施了珠江防护林工程、东江流域涵养林和林分改造重点生态工程，流域范围内省级生态公益林达 3486 万亩，沿江两侧可视范围采石场已经全部关闭，改善了河流两岸景观。2020 年，珠江流域优良比例在全国七大流域中仅次于长江流域（图 3-23）。

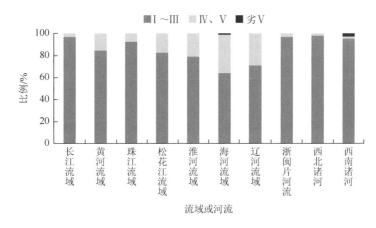

图 3-23　全国七大流域和浙闽片河流、西北诸河、西南诸河水质状况

推进"两河"污染整治。先后出台了《淡水河污染整治工作方案》《石马河污染整治工作方案》《2009 年淡水河污染综合整治目标和任务》等多个文件，明确整治重点和整治措施。对淡水河、石马河等重点跨界流域内新建、改建和扩建建设项目的环评审批进行严格把关，坚决否决重污染和超总量的建设项目，同时，加强项目环评备案制度，严格落实流域限批，对属禁批、限批范围的建设项目一律不予办理，并不断淘汰重污染企业，强力推进养殖业清理。对淡水河、广州西部水源、独水河等流域污染整治进行挂牌督办，并建立了淡水河流域重点污染源月巡查制度，每年组织相关环保部门联合对淡水河和观澜河流域重污染行业进行"地毯式"核查，对公司环境违法行为进行查处。

推进"四河"污染整治。"十二五"期间，广东省出台《南粤水更清行动计划》，以广佛跨界区域、茅洲河、练江和小东江为重点全面推进重点流域的综合整治。将"两河"整治经验推广到"四河"等重点流域，加快改善重点流域水质。科学编制整治方案，逐年制订练江、小东江污染整治方案，印发实施污染整治考核评估指标体系和实施细则，强化重点流域整治方案组织实施。强化督办，省人大将重点流域整治工作列入督办，并开展重点流域整治第三方评估。省政府多次召开重点流域整治现场会和工作座谈会，分流域精细化部署整治工作，省领导带队赴重点流域开展现场专题调研。

开展劣Ⅴ类水体攻坚。"十三五"期间，广东省全面实施"挂图作战、系统治水"，系统推动国考断面达标攻坚。创新推行"大兵团作战、全流域治理"，充分发挥央企、省属国企"大兵团、机械化作战"优势，打破以往分段分片、条块分割、零敲碎打的传统模式，加快补齐环境基础设施短板。综合采取控源截污、垃圾清理、清淤疏浚、洗楼洗管、生态修复等措施系统推进城市黑臭水体治理。高标准高要求全面开展全省入河排污口排查整治专项行动，每年针对水环境违法问题较为突出的练江、茅洲河、东莞运河、淡水河、石马河等流域开展交叉执法、联合执法。习近平总书记2018年视察广东指出的9个劣Ⅴ类国考断面全部消除（图3-24），茅洲河、华阳湖、大鹏湾入选全国创建"美丽河湖""美丽海湾"典型案例（全国8个），韩江潮州段入选全国首批示范河湖。

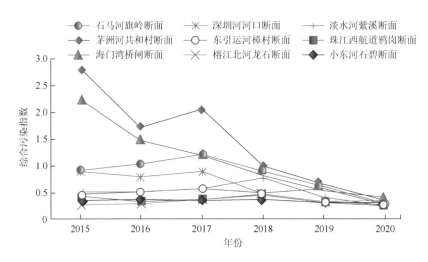

图3-24　2015～2020年广东省9个劣Ⅴ类国考断面综合污染指数变化情况

3. 强化大气污染防治

（1）优化调整能源结构

严格落实能源消费总量与强度双控制度，积极优化能源结构。大力压减珠三角地区燃煤消费，制定《珠三角地区煤炭消费减量替代管理工作方案》，截至 2020 年珠三角地区按照《高污染燃料目录》最严要求管理的禁燃区面积已达 2 万 km²，占陆地面积 35.7%。严格控制煤电发展，推进热电联产分布式能源项目建设，逐步关停分散燃煤锅炉和自备电厂，稳步推进煤改气替代改造工程。2020 年全省煤炭消费总量占一次能源消费总量比重为 31.3%（图 3-25），与 2015 年相比下降 8.9 个百分点，远低于全国平均水平（56.8%）。积极扩大清洁能源利用规模，非化石能源占一次能源消费总量比重达 29.1%，比 2015 年提高了 4.8 个百分点。加强天然气气源保障，实现天然气主干管网"市市通"。

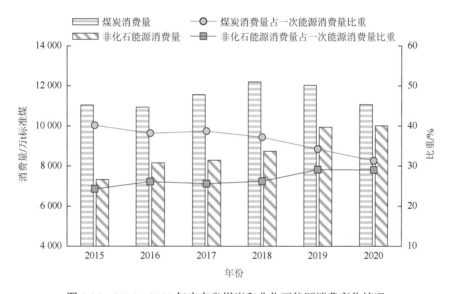

图 3-25　2015～2020 年广东省煤炭和非化石能源消费变化情况

（2）加强工业源污染防治

推进工业源脱硫脱硝。大力推动工业企业按照脱硫脱硝除尘设施，出台《广东省环境保护厅关于钢铁、石化、水泥行业执行大气污染物特别排放限值的公告》《玻璃工业大气污染物排放标准》《陶瓷工业大气污染物排放标准》等地方性标准，全面推进钢铁、石化、水泥等重污染行业治理，截至 2020 年底，全省单机 10 万 kW 以上燃煤火电厂机组全面实行了超低排放，钢铁烧结机和炼焦炉，水泥熟料，平板玻璃、石化催化裂化均配套脱硫脱硝设施。加快推进燃煤锅炉、工业炉窑清洁化改造，贯彻落实《工业炉窑大气污染综合治理方案》的实施意见《广东省涉工业炉窑企业大气分级管控工作指引》，出台广东省《锅炉大气污染物排放标准》。截至 2020 年底，全省共完成 631 台燃煤锅炉淘汰或清洁能源改造任务。

深化重点行业挥发性有机物（VOCs）整治。2018 年 7 月，发布《广东省挥发性有机物（VOCs）整治与减排工作方案（2018—2020 年）》，明确 VOCs 排放总量控制目标。印发实施《广东省挥发性有机物重点监管企业销号式综合整治工作方案》，组织各地利用 APP 等信息化手段，开展重点企业交叉执法帮扶，全面提升各类污染源无组织排放达标率和工业污染源有组织排放综合治理"三率（治污设施收集率、运行率和去除率）"。推进省内大型石油炼化企业深入开展挥发性有机物 LDAR。

（3）强化移动源污染防治

加强机动车环保监管。通过实施黄标车限行、推进油品升级、强化黄标车淘汰等措施，优化在用车队结构。全省淘汰黄标车及老旧车 174.5 万辆，超额完成国家下达的淘汰任务。印发实施《广东省新车大气污染物排放状况监督检查工作指南（试行）》《广东省机动车环保信息公开监督检查工作指南（试行）》等，持续开展新车环保达标监督检查、机动车排放检验机构监督抽查等，大力实施汽车排放检验与维护（I/M）制度。建成机动车定期排放检验监管系统，21 个地市实现国家、省、地市三级联网，推进机动车遥感监测系统建设，21 个地市中共有 118 个遥感监测点建设与省级联网。加强柴油货车遥感监测超标处罚，强化营运柴油车用车大户管理，加强车用尿素质量监督抽测。限制高污染车辆通行，广州、佛山、汕头、东莞、肇庆等市已划定黑烟车限行区，深圳市试行"绿色物流片区"限行，佛山市实施重点区域货车限制通行时间及实施国家第三阶段机动车污染物排放标准柴油货车限制通行交通管理措施。

推进油品和标准升级。全面推广使用国Ⅵ车用柴油、国Ⅵ车用汽油，且车用汽油全年蒸气压不超过 60 kPa，实施车用柴油、普通柴油和内河船舶用柴油"三油并轨"，提前执行轻型汽车国 6b 排放标准和重型燃气车辆国 6a 排放标准。加大车用油品质量抽检力度，将成品油纳入年度全省重点监管产品目录，扩大监督抽查覆盖面。动员全社会力量共同推进油品整治，东莞市加大油库、油站等销售非标油等违法行为举报奖励力度。强化储油库、油罐车、加油站达标排放，在全国率先采取优惠措施鼓励夜间加油，减少燃油挥发影响。

推动非道路移动源污染防治。多措并举推进《船舶大气污染物排放控制区实施方案》实施，建立部门间的沟通协调机制和内部推进实施方案，持续加强对油类记录簿、燃油供应单证、燃油样品及燃油质量的检查。落实交通运输部船型标准化补助政策，加快推进内河船舶液化天然气（LNG）应用，新建 5 艘 LNG 燃料动力船舶。印发《广东省全面推进港口岸电建设和使用工作方案》，明确按照建设一批、审核一批、补贴一批的办法推进全省内河港口岸电建设项目。全省已新建万吨级以上岸电泊位 140 个，超额完成国家建设任务；已建成内河港口岸电设施 566 套，在全国率先实现内河港口岸电省级全覆盖。加强非道路移动机械环保管理，加大发动机和非道路移动机械主要系族的检查工作力度，2020 年共组织抽查本行政区域内生产的车（机）型系族 288 个。指导地市划定非道路移动机械低排放控制区，统一高排放非道路移动机械认定标准，全省 21 个地市均已完成高排放非道路移动机械禁用区划定工作。全省各地市均已开展非道路移动机械摸底调查及编码登记工作。

（4）加强面源污染防治

加强扬尘污染控制。严格落实工地扬尘防治"六个 100%①"要求，全面加强施工工地扬尘治理。将房屋市政建设工程扬尘防治列入日常监管范围，各地市建筑面积 5 万 m² 以上房屋建筑工程均安装出入口视频监控，广州、深圳、佛山、江门、清远、东莞等市积极推动房屋市政工程安装监测设备，设置监测数据屏，数据同步上传至政府监管平台，切实加强对施工现场扬尘、排污等行为的监管。印发《关于进一步加强公路施工便道和取弃土场的设计和施工管理工作的通知》，制定相关工作指引，推进施工工地标准化、标杆示范的"双标管理"，督促参建单位落实好施工现场扬尘污染治理，鼓励使用自动洗车机、除尘雾炮机等设备，积极采取施工便道洒水降尘、运输车辆全封闭运输等措施，有效抑制施工现场扬尘污染。印发《关于进一步加强渣土运输车辆管理的通知》，对出入工地的运输车辆进行登记，建立台账，严格施行"一不准进，三不准出""无证车辆不准进"和"未冲洗干净车辆不准出，不密闭车辆不准出，超装车辆不准出"，督促施工单位落实工地周边保洁制度。加强道路扬尘污染控制，城市建成区已基本实现环卫市场化，大力推广机械化清扫联合作业模式，推行环卫作业车辆密闭化运输，加强环卫作业车辆信息化管理。

加强生物质焚烧污染控制。严格落实秸秆禁烧管控主体责任，印发《关于全面禁止露天焚烧农作物秸秆的紧急通知》《关于进一步做好全面禁止秸秆露天焚烧的通知》，全面压实地方主体责任。稳步推进秸秆综合利用，印发《关于做好农作物秸秆资源台账建设工作的通知》，建成省、市、县三级农作物秸秆资源台账。2019～2020 年，利用中央农业资源及生态保护补助资金 4227 万元，建设秸秆综合利用重点县，覆盖全省 7 个地级以上市。2020 年，全省秸秆可收集量 2283.48 万 t，综合利用量 2085.96 万 t，秸秆综合利用率 91.4%。建立县（市、区）和乡镇政府目标管理责任制，依法处罚露天焚烧工业废弃物、垃圾、秸秆、落叶等产生烟尘污染物质的违法行为。倡导"文明、绿色、环保"的节日活动和宗教活动，推动文明敬香，建设生态寺院、宫观。

---

① 施工现场 100%围蔽，工地砂土、物料 100%覆盖，工地路面 100%硬地化，渣土工程 100%洒水压尘，出工地车辆 100%冲净车轮车身，暂不开放的场地 100%绿化。

4. 加强固体废物处理

（1）提升危险废物和医疗废物处理处置能力

规划一批危险废物安全处理处置工程项目和医疗废物安全处理处置工程项目建设工作，并将危险废物重点项目建设情况纳入环保责任考核内容之一，强化定期督办、信息调度、现场督导等制度，妥善处理"邻避"问题，保障项目顺利实施。推动一批危险废物处置新技术落地，等离子体处置工业危险废物项目在东莞建成投产，水泥窑协同处置项目在河源、江门、阳江等地建成投产；广州造纸集团有限公司、中国石油化工股份有限公司茂名分公司和宝钢湛江钢铁有限公司等危险废物产生量大的企业实施源头减废并自建处置设施。

（2）提高工业固体废物资源化利用水平

积极开展一般固体废物资源化利用工作，污染防治攻坚战谋划了 10 个矿产资源综合利用、电子废物拆解处理等工业固体废物综合利用工程项目，全省累计推进 3 批次 42 个省级工业固废综合利用及示范项目建设。

（3）加强生活垃圾综合处理能力建设

全面推进生活垃圾无害化处理项目建设，截至 2020 年底，全省共建成生活垃圾处理场（厂）147 座，总处理能力 14.1 万 t/d，焚烧占比达 66.7%，生活垃圾无害化处理率达到 99.95%，生活垃圾处理能力大幅超过生活垃圾产生量。全面推动生活垃圾分类，除国家明确的广州、深圳等重点城市外，广东省还扩大全省垃圾分类实施范围，要求其他珠三角城市和韶关、梅州等国家生态文明先行示范区城市到 2020 年率先实施生活垃圾分类。推动机关单位带头实施生活垃圾分类。开展日化行业产品包装增加分类回收标识试点，推动发布《日化行业产品包装分类回收标识规范》，从源头促进生活垃圾分类回收。

5. 确保核与辐射环境安全

（1）强化核与辐射监管能力建设

完善核与辐射法规预案标准体系，组织修订《广东省核应急预案》。健全核安全应急管理体系，健全核安全协调机制，优化成员单位设置，明确部门职责任务，协同做好核安全工作。着力提升核与辐射监管能力，广东省环境辐射监测中心作为全省伴生放射性矿普查的技术支持单位，完成生态环境部组织的伴生放射性矿普查实验室比对。新建粤西核应急指挥中心，加快推进粤东分部建设项目。加强核应急物资储备能力建设，开展广东省核应急物资储备调查统计，购置储备专用碘化钾片。部署开展国家核技术利用辐射安全管理系统数据核查，全面完善系统数据。建立"广东省城市放射性废物（料）收贮台账"，制定放射性废物（料）收贮台账管理制度，实现规范化管理。

（2）加强核与辐射污染源监控

建成高风险移动放射源监控系统，对Ⅲ类以上的非医用移动源实现在线监控管理。完成第二次全国污染源普查伴生放射性矿普查，在运企业全面纳入监管，建立企业信息公开平台，伴生放射性矿开发利用企业周围环境总体良好。持续开展国控点（电磁辐射）监测，创新开展射频电磁辐射选频监测，辐射源周围电磁辐射水平达标，电磁环境质量总体良好，开展省级通信基站监督性监测，通信基站电磁辐射水平总体满足环境管理要求。持续对 741、745 铀矿冶进行监督性监测，两铀矿周围环境空气中氡浓度和 γ 剂量水平维持在本底水平，辐射环境质量总体保持在本底水平。

3.4.5　"两项支撑，加强政策科技保障"任务实施情况评估

《纲要》围绕政策保障、科技保障完善保障体系，其中政策保障包括环境法制、综合决策、环境管理、环境经济政策、环境监管、环境管理效能六大方面。科技保障包括创新基地、科技攻关和环保产业三大方面。

1. 政策保障：强化环境管理

（1）加强环境法制建设

加快制修订全省环境法律法规。2005 年 7 月颁布《广东省环境保护条例》，该条例针对新时期环保的特点，对环境保护规划、污染物集中处理、生态环境保护分别进行专章规定，2015 年 1 月发布《广东省环境保护条例》修订稿，新环保条例围绕加强政府环境责任、强化环境监管、建立重大项目施工期环境监理制度、建立若干环境保护经济政策、拓宽环境保护公众参与渠道、建立环境民事公益诉讼制度、代治理制度和加大处罚力度等重点内容进行了修订，进一步明确了各级政府在环境保护工作中的责任，2018 年 11 月和 2019 年 11 月分别完成第一次和第二次修正。2005 年以来，广东省先后颁布《广东省大气污染防治条例》《广东省机动车排气污染防治条例》《广东省实施〈中华人民共和国环境噪声污染防治法〉办法》《广东省水污染防治条例》《广东省西江水系水质保护条例》《广东省饮用水源水质保护条例》《广东省实施〈中华人民共和国海洋环境保护法〉办法》《广东省土壤污染防治条例（草案）》《广东省固体废物污染环境防治条例》《广东省民用核设施核事故预防和应急管理条例》等 10 余项生态环境保护领域法律法规，并根据形势发展和工作实际完成多次修订和修正，此外有多项法律法规在制订和完善中（图 3-26）。2006 年 9 月颁布《广东省湿地保护条例》，于 2021 年 1 月 1 日起施行新版《广东省湿地保护条例》，理顺湿地保护的管理体制，将红树林湿地保护

纳入规划,为广东红树林湿地保护提供明确的法律依据,有效遏制湿地违法行为,保护湿地资源,维护生态平衡,推进生态文明建设。

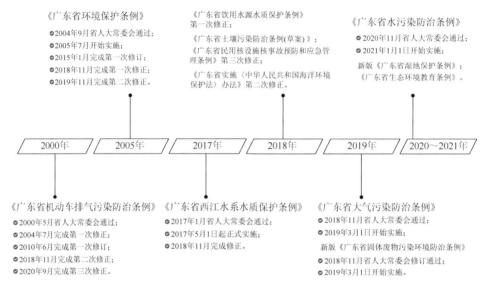

图 3-26　广东省环境保护领域重要法律法规颁布历程

积极推进环境保护地方立法。广东省各地市在立法层面均有较好的实践。在饮用水源保护方面,东莞市出台《东莞市饮用水源水质保护条例》,清远市出台《清远市饮用水源水质保护条例》。在重点流域保护方面,佛山市出台《佛山市河涌水污染防治条例(草案)》、施行《佛山市排水管理条例》,惠州市出台《惠州市西枝江水系水质保护条例》,江门市出台《江门市潭江流域水质保护条例》,潮州市出台《潮州市韩江流域水环境保护条例》《潮州市黄冈河流域水环境保护条例》等。在水环境综合保护方面,中山市出台《中山市水环境保护条例》,汕尾市出台《汕尾市水环境保护条例》,此外在大气污染防治、环境卫生等方面,佛山市出台《佛山市机动车和非道路移动机械排气污染防治条例》《佛山市扬尘污染防治条例》《佛山市城市市容和环境卫生管理规定》,云浮市出台《云浮市农村生活垃圾管理条例》等。

加大生态环境保护执法力度。一是健全环保司法联动机制。加强生态环境行政执法与刑事司法衔接,加大了对涉嫌环境污染犯罪的行政处罚案件的审查力度。建立涉刑环境案件移送机制,明确生态环境部门与司法机关在涉嫌环境污染犯罪案件处理中的职能分工,建立日常联络与信息共享机制。二是全面加强生态环境执法。推进联合执法、交叉执法、区域执法,深圳、东莞等市围绕茅洲河流域开展交叉执法检查,围绕东莞运河、寒溪河流域开展联合执法帮扶,在汕头、潮州、揭阳三市开展粤东片区污染防治执法监督帮扶专项行动。组织各地市加强对涉VOCs排放重点监管企业销号式综合整治，对5650家企业进行执法帮扶。持续推进固体废物执法，严厉打击危险废物环境违法犯罪行为。完善"双随机、一公开"，将建设项目、排污许可、风险源列为随机抽查对象，进一步拓宽抽查范围、规范抽查比例、细化检查表单、实施分类监管。

（2）完善综合决策机制

积极完善各级政府环境综合决策体系。推动各级政府成立污染防治攻坚战指挥部，党政一把手担任指挥部第一总指挥和总指挥。落实党政主要领导双总河长负责制，担任第一总河长和总河长，建立全省统筹、河长主导、部门联动、分级负责的工作机制。推动省市县三级全面建立高规格的生态环境保护委员会，强化对生态环境工作的统筹领导和协调推进。加强对环境与发展重大政策的研究，协调解决重大环境问题。建立由省领导牵头的珠三角大气污染防治联席会议制度，农村环境保护联席会议制度，茅洲河、练江、广佛跨界河流、东江、淡水河等省级层面流域水环境综合整治联席会议及国考断面水质达标攻坚工作调度会制度等多项联席会议制度。

健全环境与发展咨询机制。邀请全国环保领域专家加入广东省环保专家智库，建立由多学科专家组成的环境与发展咨询机制，对经济与社会发展的重大决策、规划实施以及重大开发建设活动可能带来的环境影响进行充分论证，为决策提供科学依据。2017年6月组织成立广东省环境咨询专家委员会，全面提升环境管理决策的精细化和科学化，2018年3月更新专家库并完成环境咨询专家委员会工作规程修订。近年来，多次组织召开环境咨询专家委员会年会、高端论坛、专题会议等，为打好污染防治攻坚战、建设美丽广东展开深入研讨，积极建言献策。

（3）完善环境管理机制

理顺环境管理体制。一是建立统一监管和分工负责的环境管理机制。生态环境保护体制改革持续深化，按照国家和省有关深化机构改革统一部署组建生态环境部门，按时完成生态环境厅挂牌、机关人员编制转隶等相关工作，各地级市生态环境局相继正式挂牌，加快污染防治和生态保护职责统一，实现地上和地下、岸上和水里、陆地和海洋、城市和农村、一氧化碳和二氧化碳的"五个打通"。建立省级生态环境监察体系，省生态环境监测中心正式挂牌，省市县三级全面建立高规格的生态环境保护委员会，率先修订省级生态环境保护责任清单，生态环境管理体制运转更加顺畅。建立统筹协调、各部门齐抓共管的治理机制，省生态环境厅有效发挥牵头抓总、协调各方作用，成立污染防治攻坚战指挥部，"大环保"工作格局有效构建。二是加强各级环保部门建设。加强环境监察队伍建设，制定《广东省环境监察机构标准化建设实施方案》，2014年广东省环境保护厅（现生态环境厅）环境信息中心成为全国首个通过国家一级甲等规范化建设考核验收的环境信息机构。加强执法机构能力建设，各市基本上成立直属的执法支队或内设科室，并积极探索"局队合一"的体制机制，15 个市（地）级环境执法队伍达到二级基本硬件装备标准化建设要求。三是创新环境执法机制。广泛开展执法实战练兵活动，组织参加执法大练兵知识竞赛，开展生态环境执法远程岗位培训，提升环境执法水平。编制广东省生态环境保护综合行政执法事项清单，加快制定《广东省生态环境行政处罚自由裁量权裁量标准》，明确环境行政处罚自由裁量标准，建立重大环境案件集体审理制度，严格环保行政执法监督检查；构建集"问题发现协同、现场指挥调度、规范执法检查、数据分析决策"等功能为一体的环境执法平台，珠海、中山、阳江、清远和汕尾等 5 市已基本完成省执法一体化系统的试点试运行工作；完善环境违法容错纠错机制，推行服务化监管，组织开展送法律、送政策、送技术进企业活动，加大技术帮扶。创新环评管理和环境服务机制，优化环评分级管理和调整环评审批权限，优化程序加快环评审批，将环境影响报告书、报告表审批时限分别压缩至 15 个工作日、7 个工作日内。实施环评审批"正面清单"，推动小微企业环评与排污许可"一次办"（图 3-27）。

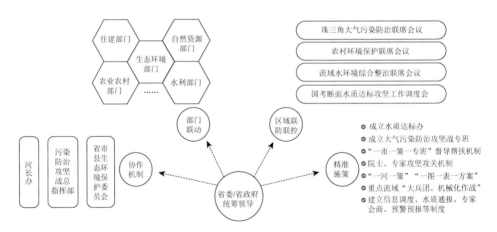

图 3-27 广东省生态环境保护综合管理机制

建立健全区域协调机制。一是建立健全流域系统治水机制。建立茅洲河、练江、广佛跨界河流、东江、淡水河等省级层面流域水环境综合整治联席会议及国考断面水质达标攻坚工作调度会制度，组织召开水污染防治攻坚调度会及跨界流域污染整治协调会，有效协调推动关键性难点问题解决。实施重点流域控制单元管理，建立国考断面达标攻坚群，定期通报重点断面水质自动监测结果，及时协调解决流域城市间突出问题。建立东江流域水环境综合整治联席会议制度，协调流域各市推动东江水质保护。加强西江流域联合治理，成立滇黔桂粤跨省（自治区）水资源保护和水污染防治协作机制，协同开展水污染防治工作。2018 年 5 月召开北江流域河长制湖长制工作联席会议，签订《共建"安全美丽北江"流域合作框架协议》。建立韩江流域河长制湖长制联席会议制度，韩江潮州段成功建成全国示范河湖。2018 年 6 月召开粤西区域河长制湖长制工作联席会议，签订《共建"粤西美丽江河"合作框架协议》。二是积极推进泛珠三角区域环保合作。深化泛珠三角区域环境保护合作联席会议制度，已召开十六次环境保护合作联席会议，在区域大气污染联防联治、珠江流域水污染防治等方面取得明显成效。2013 年分别与广西、湖南、江西、福建省（区）环保部门签署了《跨界河流水污染联防联控协作框架协议》。积极参与泛珠三角环保联络员会议和泛珠三角区域合作行政首长联席会议，协调落实粤桂九洲江、粤闽韩江—汀江、粤赣东江流域上下游横向生态补偿。粤港、粤澳分别签署《2016—2020 年粤港环保合作协议》《2017—2020 年粤澳环保合作协议》，截至 2020 年粤港合作联席会议已经召开 21 次会议，粤港持续发展与环保合作小组已召开 19 次会议，粤港环保及应对气候变化合作小组召开 2 次会议。签署《深化粤港澳合作推进大湾区建设框架协议》，成立粤港澳大湾区机制创新专项小组，积极推进跨界环保合作。

深化和完善环保考核机制。一是加快绿色经济核算研究。深圳市通过建立核算制度体系将生态系统生产总值（GEP）全面应用于政府绩效考核中，提出 GDP 与 GEP 用双核算、双考核、双提升，推动完善生态文明考核与激励机制，2020 年 8 月，深圳开发上线全国首个生态服务价值核算系统，实现了 100 多项核算数据在线填报。珠海自 2015 年以来陆续开展年度 GEP 核算工作，初步建立了符合珠海实际的生态系统服务价值核算体系。广州市花都区依托广东省碳排放权交易市场和碳普惠制试点，选取梯面林场开发公益林碳普惠项目，通过引入第三方机构核算减排量、网上公开竞价等措施，构建生态产品价值实现机制。二是健全生态文明绩效评价考核体系。2018 年 2 月，省委办公厅、省政府办公厅印发《广东省生态文明建设目标评价考核实施办法》，每年度对各市生态文明建设进展总体情况开展评价，每五年对各市生态文明建设重点目标任务完成情况开展考核。完成广东绿色发展指标体系的编制工作，并出台《广东省绿色发展指标体系》和《广东省生态文明建设考核目标体系》，考核结果作为各市党政领导班子和领导干部综合考核评价和奖惩任免的重要依据。三是全面压实生态环境保护责任。印发《广东省直机关有关部门生态环境保护责任清单》，全面明确各级党委、政府及相关部门的生态环境保护责任。按照新时期生态环境保护工作要求，对《广东省环境保护责任考核办法》进行考核对象、内容、指标体系等 6 个方面的修订，完善环境保护责任考核体系。严格生态环境损害责任追究，印发《广东省党政领导干部生态环境损害责任追究实施细则》，在全国率先制定《广东省自然资源资产负债表编制制度》，出台《广东省开展领导干部自然资源资产离任审计试点工作方案》，强化党政领导干部生态环境和资源保护责任。

（4）创新环境经济政策

完善环境经济激励政策。一是完善节水、节电价格机制。出台《广东省发展改革委关于印发贯彻全面深化价格机制改革的实施意见的通知》，提出完善差别（阶梯）电价、环保电价政策。出台《广东发展改革委 广东省经济和信息委关于扩大差别电价实施范围的通知》，将差别电价的实施范围扩大到平板玻璃、造纸、酒精、印染、制革等行业，经认定的淘汰类和限制类企业，其用电价格在原基础上每千瓦时分别加价 0.3 元和 0.1 元。印发《广东省农业水价综合改革实施方案》，逐步推行分类水价和超定额累进加价制度。二是加快资源环境税费改革。印发《广东省人民政府关于实施资源税改革的通知》，实施资源税从价计征改革；2018 年 1 月 1 日起，正式开征环境保护税，不再征收排污费。三是深化排污权有偿使用和交易试点。2013 年，广东省印发实施《关于在我省开展排污权有偿使用和交易试点工作的实施意见》，率先在火电等行业开展二氧化硫排污权有偿使用与交易试点。2014 年印发《广东省排污权有偿使用和交易试点管理办法》《关于试点实行排污权有偿使用和交易价格管理有关问题的通知》等文件。广东省以试点排污权有偿使用与交易管理办法为基础，出台价格管理、有偿使用费收缴管理、交易规则等相关规范性政策文件，并依托广东省环境权益交易所建成较为成熟的统一交易平台。四是大力推行碳排放交易制度。广东省作为全国碳交易体系中率先启动试点的省份。截至 2020 年底，碳市场配额累计成交量 1.72 亿 t，累计成交金额 35.6 亿元，累计成交量及成交金额均稳居全国首位，成为仅次于欧盟、韩国的全球第三大碳市场，与 2014 年相比，2020 年控排企业和配额数量分别增长 27.0% 和 14.0%。积极推动碳普惠试点，累计备案签发碳普惠核证自愿减排量 164 万 t，覆盖全省 100 多个省定贫困村，为项目业主带来直接经济收益近 3000 万元。

建立多元化投融资体系。一是健全绿色金融体制机制。以创建绿色金融改革创新试验区为主要抓手，出台《关于加强环保与金融融合促进绿色发展的实施意见》，召开"全省环保与金融融合促进绿色发展工作推进会"，加快健全绿色金融服务体系。金融机构与环境友好企业签署授信合作涉及金额达到 120 亿元。发布《广东省广州市建设绿色金融改革创新试验区总体方案》，广州花都区获批建设绿色金融改革创新试验区，已进驻广东省绿色金融投资控股集团、广州碳排放权交易中心等多家绿色机构，绿色金融集聚效应逐步显现。二是全面创新绿色金融产品。绿色信贷方面，广州市制定《关于促进广州绿色金融改革创新发展的实施意见》，引导银行机构加大垃圾处理厂、污水处理设备等绿色项目的信贷投放力度。绿色保险方面，出台《关于开展环境污染责任保险试点工作的指导意见》，加快建立环境污染责任保险制度。绿色基金方面，粤科金融集团、平安银行等机构发起设立 63 亿元规模的广东环保基金母基金。绿色债券方面，广州地铁集团成功注册全国首单"三绿"（绿色发展主体、绿色资金用途、绿色基础资产）资产支持票据，额度共 50 亿元。

加快建立生态补偿机制。一是持续完善多元化生态保护补偿机制。2012 年出台《广东省生态保护补偿办法》，2013 年，广东省多部门联合印发《广东省生态保护补偿机制考核办法》，建立生态环境保护补偿考核指标体系，对重点生态功能区、禁止开发区实施横向和纵向两个维度的考核评价。2014 年 10 月，广东省人民政府办公厅修订《广东省生态保护补偿办法》，提出由省财政设立生态保护补偿资金，主要用于《国家主体功能区规划》确定的国家重点生态功能区所属县、国家禁止开发区、《广东省主体功能区规划》确定的省级重点生态功能区所属县的生态保护补偿。2016 年 12 月，印发《广东省人民政府办公厅关于健全生态保护补偿机制的实施意见》，稳步推进不同领域、区域间生态保护补偿机制建设。2019 年 6 月，印发《广东省生态保护区财政补偿转移支付办法》，转移支付范围包括北部生态发展区及适用于北部生态发展区政策的县（市、区）、《广东省生态保护红线划定方案》中划定生态保护红线区的各县（市、区）、145 个国家级和省级禁止开发区、国家批准建立的广东省内 6 个国家级海洋特别保护区，补偿范围逐步扩大。2020 年，广东省共投入生态保护区财政补偿转移支付 73.7 亿元，并完善生态保护补偿负面评价惩罚机制。二是深入开展流域生态补偿试点。深入推进跨省流域生态补偿，2016 年 3 月，福建与广东签署汀江-韩江流域水环境补偿协议，福建、广东两省各出资 1 亿元；同年，广西与广东签订九洲江流域水环境补偿协议，广西、广东两省各出资 3 亿元；2016 年 10 月，江西与广东签订东江流域上下游横向生态补偿协议，江西、广东两省各出资 1 亿元，2019 年 12 月，签署新一轮补偿协议，对水质达标率提出更高要求。在省内生态补偿方面，联合省财政厅、水利厅印发《广东省东江流域省内生态保护补偿试点实施方案》，以东江流域为试点，协调流域各市共同参与、合作共治，2020 年下达韶关、河源、梅州市共 1 亿元补偿资金。

（5）创新环境监管制度

严格环境准入和淘汰制度。印发《关于珠江三角洲地区执行国家排放标准水污染物特别排放限值的通知》《关于钢铁、石化、水泥行业执行大气污染物特别排放限值的公告》等，建立资源价格差别化体系增加高耗能行业环境成本。实施区域差别化生态环境准入，2020 年 12 月，广东省正式印发实施《广东省"三线一单"生态环境分区管控方案》，明确广东将以环境管控单元为基础，实施精细化管理，保护生态环境。继省级方案出台后，全省 21 地市相继发布实施"三线一单"生态环境分区管控方案，一套覆盖全省的生态环境分区管控体系形成。

严格环境监管制度。一是加大对重点行业和重点区域的监管力度。将污染防治等生态环境治理领域事项作为全省十大民生重要事项进行挂牌督办。加大对韶关大宝山、汕头贵屿、清远龙塘石角、河源贝岭、梅州洋塘尾等重点地区突出环境问题的监管力度。推进环境监管重心下沉到镇（街），构建环境监管网格，逐一明确监管责任人。二是完善污染物排放许可制。加快推进以排污许可制度为核心的污染源环境管理制度改革，相继出台《广东省控制污染物排放许可制实施计划》《关于实施国家排污许可制有关事项的公告》等政策文件，依法规范全省的排污许可管理。针对排污许可证申请核发工作技术性强的特点，专门组织三个技术支持单位，对 21 个地市进行"一市一策"帮扶，并对重点地市驻点帮扶。强化排污许可证后监管，实施"一证式"监管执法。三是深化污染源监督管理。推进大气、水环境重点排污单位自动监控安装联网工作，完善自动监控值守工作规则。健全靶向执法智能分析平台，实施靶向执法，提高执法精准度。

完善公众参与制度。一是加强生态环境信息公开。建立环境信息公开制度，在广东省生态环境厅的对外官网公开重点领域信息、污染源监管信息、行政审批信息等，并专门设置广东省环境信息综合发布平台栏目，发布环境空气质量、水环境质量、生态状况等。2008～2020 年依托广东省生态环境厅公众网共发布各类信息超过 68.6 万条，其中环境管理信息超过 9 万条，污染防治信息超过 2 万条等。二是建立企业环保信用管理制度。推进企业环境信用评价体系建设，开展广东省企业环境信用评价改革。三是健全生态环境保护公众参与机制。实行建设项目环境影响评价文件受理公告、审批前公示、审批后公告制度。加强部门、媒体视角对新发布政策的重点解读，针对各项生态环境保护重大事项和政策文件公开征求公众意见。在中央环保督察、省级环保督察期间将公众监督作为重点内容，通过多媒体公开、入户调查、开设专栏、接受举报等方式，接收公众监督，并将核实和处理结果及时反馈给公众。深化新闻发布会机制，通报重点工作，回应热点问题。完善环境投诉举报奖励制度。依托公众网建立网上"信访大厅"，公布信访投诉电话，对人民群众检举反映的问题，及时进行调查核实并依法处理。2020 年全省共受理环境信访举报 25.8 万件，比"十三五"期间数量最多的 2019 年（30.5 万件）下降 16%，是自 2001 年以来首次出现下降。四是支持环保非政府组织规范化发展。加大对环保社会组织的引导和培育，组建广东省环保志愿服务讲师团，深入学校、社区、企业、农村、环境教育基地等开展内容丰富、形式多样的宣教活动，普及环保知识，提升全省环保志愿服务水平。

（6）提升环境管理效能

强化环境监测体系。一是加快建设全要素生态环境质量监测网络。加强环监测机构和队伍建设，省以下环保机构监测监察执法垂直管理改革基本完成。布设覆盖全省所有县（市、区）的空气质量自动监测站点 400 余个，成功打造"天空企""点线面"一体化、立体化、全覆盖的大气污染监测体系；建成了覆盖全部国考省控断面的联网水质自动站，在东江、韩江流域率先建设生态广东视窗，成功搭建广东省水质自动监测预警平台及北江流域饮用水源水质预警监控平台；布设超过 7000 个土壤环境监测点位，覆盖农用地、林地、重金属污染防治重点区域、主要农产品产地、污染行业企业及其周边地区等，在国家网的基础上建设覆盖全省所有县（市、区）的土壤环境监测网络；布设省控以上海水环境质量监测点位约 400 个，开展海洋生态系统健康状况、重点海水浴场、海漂海滩垃圾和海洋微塑料等监测工作；布设覆盖主要区域、功能区和城市道路的环境噪声监测点位 6000 余个。二是强化污染源监测。建立起自动监控数据超标（异常）"事前预警、事中调度、事后处理"三级预警督办工作机制。三是提升环境应急监测能力。挂牌省环境应急管理办公室，印发《广东省重点污染源在线监控系统值守和预警制度》，要求国控重点污染源实行在线监控系统预警制度，加强对重点污染源在线监控系统的监督管理。省、市、县 3 级建立起在线监控系统响应联动机制。在珠海、惠州、茂名等化工基地配置有毒有害气体监测预警系统，提高对重点工业区环境风险隐患的预警响应能力。有毒有害气体预警系统可连续高频实时采集分析环境空气中多种大气有毒有害气体污染物浓度数据，结合设置预警阈值达到监控有毒有害气体及时预警；同时集成大气环境监测监控平台、污染源在线监控平台、固废管理平台、应急指挥系统平台和移动执法平台等，打通各类数据传输和整合分析，实现园区大气环境质量、大气污染形势、大气突发环境事件的及时联合预警发布。三是推进环境监测信息化。构建互联互通高速网络，以"高速、互通、物联、安全"监测数据一张网为统领，整合接入省、市、县三级生态环境监测机构网络，覆盖所有大气、水质与噪声等自动站点信息，接入视频监控 1827 个，依托信息网络、视频监控、视频会商互联互通，支撑生态环境监测的业务协同与指挥调度，实现省、市、县三级业务协同。打造一体化运管平台，实现全省环境监测智能化。统一监测物联网接入规范，建立全省生态立体监测感知网络，全量接入所有自动站的实时监测数据，生成全景视图，实现监测站、监测设备、监测数据"可视、可知、可控"，以监测任务驱动业务运转，强化业务统筹，创新"任务工单"管理模式，实现全省监测任务可跟踪，数据可追溯、责任可落实、绩效可考核。构建生态环境监测大数据平台，全省各类监测数据资源全面汇聚、集中管理、统一评价、开放共享，提高了数据质量，保障了数据安全，实现全省环境监测业务从分散向协同转变、数据从分割向共享转变，全面支撑"粤省事""一网统管"生态环境板块建设。

完善环境监察体系。一是健全省级生态环境保护督察制度。环境治理从督企为主转向督政督企并重。2016 年 2 月，印发《广东省环境保护督察方案（试行）》，广东省环境保护督察制度正式建立，成为全国最早建立省级环保督察制度的省份。2017 年 4 月，省政府成立省环境保护督察领导小组，统一组织领导省级环境保护督察工作。建立由省生态环境保护监察办公室和 4 个区域专员办公室组成的"1＋4"生态环境保护监察体系。制定《广东省生态环境保护督察工作实施办法》，推进督察规范化、制度化，完成对全省 21 个地级以上市的首轮省级环保督察。二是优化环境保护督察方式方法。制定年度省级环境保护督察工作方案，组建省级环境保护督察组长及督察人选库，建立健全沟通联络、转送移交、督办反馈、工作例会、舆论引导等工作机制，从督察、暗访、约谈，再到限批、督办，基本建立起涵盖全过程全链条、较为完整配套的制度体系。注重前期资料收集、线索摸排，形成督察进驻前"一本账"，简化督察形式及程序，压缩规模和进驻时间，切实增强督察的实效性。对于整改进度明显滞后的地市、群众反复投诉举报的老大难问题等，多次组织开展"点穴式""突击式"检查，注重使用无人机、无人船等高科技手段，建立起高效精准的暗访、随机抽查工作模式，对整改不力的典型案例及时予以曝光。建立"一市一策""一案一档"管理模式，实行督察工作台账共建共享共用，避免重复调度和数出多门。通过"数字政府"平台加紧建设生态环境督察系统，为全省生态环境督察工作提供信息化支撑。

建立完善的环境信息体系。一是建设生态环境智慧云平台。印发实施《广东省数字政府改革建设 2020 年工作要点》，统筹研究部署、整体调度推进数字政府改革建设各项任务落实。构建陆海统筹、天空地一体生态环境感知网，起步建设纵向贯通、横向协同、上接国家、覆盖全省的生态环境数据中心，着力打造专业化、智能化生态环境智慧云平台，以智慧监测、智慧决策、智慧监管和智慧政务四大应用体系为统领，推进各业务模块建设。在智慧监测方面建成水、气、土壤、噪声、生态、排污口等环境要素的一体化监测体系；智慧监管方面初步完成固废全流程监管、一体化环境执法、环保督察管理、高风险移动放射源实时监控等应用建设及环评审批系统国垂改造等；智慧政务方面完成绿色发展服务平台建设厅办公自动化（OA）系统及智慧云平台实现与粤政易移动办公平台对接；综合决策方面初步建成蓝天保卫战、碧水攻坚战两大综合应用，启动生态环境"一网统管"专题建设工作。二是优化生态环境政务服务。加快推进一网通办，厅网上审批系统实现与省政务服务网的互联互通，政务服务事项达到 100％网上可办，100％零跑动。事项办事时间和办理流程不断优化，26 个省级行政许可事项，总承诺办理时限压缩比例达到 80％。其中即办事项 11 项，即办程度达到 40％，审批效率服务效能得到进一步提升。

完善环境宣教体系。一是加强环保宣传。省、市生态环境保护微信矩阵基本建立，广东省生态环境厅官方微信公众号"广东生态环境"和佛山、中山、江门、肇庆等市生态环境局官方微信公众号走在全国省、市环保宣传前列。积极推进环境文化橱窗建设工作，2012～2019 年，广东省依托《环境》杂志成功举办八届"广东环境文化节"，开展各类活动数百场，征集各类作品上万件，累计参与人数近百万。二是强化对环保舆论的主动引导。通过召开新闻发布会，通报重点工作，回应热点问题，通过官方政务微信、微博予以及时回应，正确引导舆论。共召开 7 次例行新闻发布会，实行 24 小时全天候舆情监测，及时回应群众关切的环境问题。三是发挥环保新媒体的平台作用。"广东生态环境"（原名"广东环境保护"）微信公众号是广东省生态环境厅主办的官方政务微信，主动向公众推送重点环境信息，2017 年，被评为中国环境政务新媒体省级最受欢迎微信公众号。陆续开通《环境》杂志官方网站、微博、微信，成为宣传环保工作、展示环保形象的重要阵地。

　　构建完善的固体废物管理体系。一是加强固体废物管理能力建设。颁布实施《广东省固体废物污染环境防治条例》，出台固体废物污染防治计划规划，印发《广东省固体废物污染防治"十二五"规划（2011—2015)》《广东省环境保护厅关于固体废物污染防治三年行动计划（2018—2020 年）》，明确固体废物污染防治工作目标、主要任务措施和重点工程项目。开展危险废物规范化检查考核工作，对危险废物产生、经营单位从收集、贮存、处理到处置危险废物的情况进行详细检查，强化危险废物产生、经营单位的责任落实。加强固体废物管理队伍建设，省固体废物和化学品环境管理中心列为正处级事业单位，各地级以上市基本配备专职或兼职固体废物管理人员，广州等 15 个市专门设立固体废物管理机构加强环境监管人员的法制、业务、执法等培训，监管队伍的能力不断提高。二是加强危险废物跨区转移监管。取消危险废物跨市转移行政审批，优化跨市危险废物转移处置。强化危险废物运输管理，完善道路运输危险货物企业及车辆安全生产管理台账，建立重点营运车辆联网联控系统。与广西共同签订《粤桂危险废物跨省转移联防联控合作协议》，联合福建、江西、湖南、广西等省（区）共同签署《福建、江西、湖南、广东、广西五省（区）危险废物跨省非法转移联防联控合作协议》，健全危险废物跨省非法转移联防联控机制。持续部署组织"昆仑""飓风"行动、集中打击非法转移倾倒处置危险废物等专项行动，先后侦破广州特大非法转移倾倒固体废物案、清远佛冈非法倾倒固体废物系列案、江门非法倾倒固体废物系列案等一批重特大案件。三是提升固体废物信息化监管能力。建立完成和持续完善省固体废物环境监管信息平台。设计综合可视化分析界面（又称"驾驶舱"），实现各类危险废物产生、接收、运输的全过程数据清单式管理，实现全省固体废物环境监管核心指标"一图式"展示，进一步提升全省危险废物环境监管的信息化、精细化水平。完成试点单位数字地磅智能化改造和视频联网，实现台账数据自动申报统计和实时远程监控。四是强化危险废物和危险化学品污染事故应急能力建设。

推进危险化学品环境安全综合治理，全面开展固体废弃物调查，建立起以排放重金属、危险废物、持久性有机污染物和生产使用危险化学品的企业为重点的环境风险源数据库、重点监管的危险废物产生单位清单等，对全省 120 家废弃危险品经营企业情况进行排查并建立危险废物处理企业数据库。完善突发环境事件应急预案，加强环境应急救援队伍、物资库和专家库建设，全省第三方环境应急救援单位报名数量达 65 家。积极开展危险化学品道路运输安全管理、港区危险化学品企业安全管理、特种设备安全监察、危险化学品领域安全监察督查以及石油化工企业、石油库和油气装卸码头的安全专项督查行动。强化突发环境事件潜在环境风险分析。

2. 科技保障：构建科技支撑体系

（1）建立省级环保科技创新基地

加快环保重点实验室及工程技术中心建设。在全省联合具有核心技术、团队的企业、机构等建立环保重点实验室、工程技术研发中心，2015 年包括"广东省环境保护固体废物处理与资源化重点实验室"在内的 11 个省环保重点实验室及 9 个省环保工程技术研发中心成为首批广东省环境保护重点实验室和工程中心。"十三五"期间，稳步推进广东省土壤与地下水污染防控及修复重点实验室、广东省河道淤泥处理及资源化利用企业重点实验室等 5 家省重点实验室，广东省水环境综合整治工程技术研究中心、广东省废水污染防治工程技术研究中心等 46 家工程技术研究中心，广东省水生态环境保护与修复产业技术创新联盟、水环境治理产业技术创新战略联盟等 6 家水污染治理领域的产业技术创新联盟建设。2019～2020 年启动粤港澳环境污染过程与控制联合实验室、粤港澳环境质量协同创新联合实验室、粤港澳污染物暴露与健康联合实验室、粤港水安全保障联合实验室等 4 家环保领域联合实验室建设，通过发挥港澳地区的国际化优势和广东改革开放先行先试优势，打造高水平科技创新载体和平台。与广州市政府、黄埔区政府合作推进"粤港澳生态环境科学中心"建设，打造建设区域生态环境智慧决策平台，推进粤港澳生态环境保护科技创新和应用。

加强环保科技机构和人才队伍建设。一是提升科研院所、高校及企业环境科研水平。印发《广东省科技创新平台体系建设方案》，提出以加强基础研究和源头创新、加快产业技术研发和成果转化为抓手，构建具有广东特色的"金字塔"型科技创新平台体系。依托华南理工大学、中山大学、暨南大学、省生态环境厅下属技术单位的科研优势，助力全省生态环境保护科研水平提升。积极组织省内高校、科研院所和企业申报国家重点专项，"十三五"期间，广东省有关单位在绿色低碳相关领域牵头申报的国家科技重大专项、重点研发计划立项项目达 26 项，共获得中央财政经费支持约 3.7 亿元。积极实施生态环境保护科技重大专项, 2016~2017 年组织实施省应用型科技研发专项, 节能环保领域重大（重点）项目立项 44 项, 省级财政立项经费 1.97 亿元; 2019~2020 年组织实施省重点领域研发计划"污染防治与修复"重点专项共计 25 项, 立项经费 2.12 亿元; 组织实施省公益研究与能力建设专项 87 项, 省级财政立项经费 3355 万元。二是加强环保人才体系建设。出台《广东省人才发展条例》等一系列人才发展法规政策, 以人才培养和人才引进为两大重要抓手, 推进人才高地建设。发布《关于强化实施创新驱动发展战略进一步推进大众创业万众创新深入发展的实施意见》, 提出聚焦关键核心领域高层次人才需求, 推进重点产业人才队伍建设, 大力实施"珠江人才计划""广东特支计划"等重点人才工程。大力打造广东环境保护工程职业学院、广东省环境保护职业技术学校等环保人才教育和培养平台。

（2）开展重大环境科技攻关

积极实施臭氧污染攻关和低溶解氧机理研究。将珠三角 $PM_{2.5}$ 和臭氧污染协同防控、珠江三角洲感潮河网区溶解氧调控、臭氧污染快速预警及精准应对等项目列入 2019~2020 年"污染防治与修复"重点专项。整合院士专家建立大气污染防治攻关攻坚中心和决策支撑专家团队, 组建广东省环境咨询专家委员会, 协助各地分析大气污染物排放特征, 完善管控清单, 指导污染天气应对, 形成"预测预判—减排方案—措施制定—落地跟踪—综合评估"的科学闭环工作机制。强化空气质量预警预报技术攻关, 在全国率先建成大气复合污染成分监测网, 开展颗粒物和臭氧污染追因溯源, 建立华南区域空气质量预测预报中心, 实现华南区域、省、市不同空间尺度的空气质量预报, 具备未来 10 天空气质量预报能力, 在全国处于领先水平。2014 年, 时任科技部社会发展科技司司长马燕合表示, 在珠三角建立的大气污染联防联控技术示范区是继美国加利福尼亚州（简称加州）和欧洲之后, 全球第 3 个类似的大气污染联防联控技术示范区。

加强废水、废气、危险废物等重点技术研究开发。组织开展广东省环境保护科学技术奖项目征集评选工作, 2008 年以来, 完成污水反硝化除磷与一体化处理新技术、三相紊流筒脱硫除尘装置、工业窑炉烟气脱硝系统关键设备模块化集成化技术应用、生活垃圾焚烧飞灰 APS 无害化技术、城市流域污染防控集成技术等 290 项技术的广东省环境保护科学技术奖评选工作。积极推进环保实用技术及优秀工程示范, 针对有特色的技术及示范项目, 组织推荐第一批环境保护重点实验室/工程技术研发中心, 公布生活垃圾无害化焚烧处理技术、超净电袋复合除尘技术、六氟化硫气体回收与再生技术及产业化等第一批广东环保示范技术。

加强环境管理政策标准等技术研究。新发布了覆盖大气、水、声、固废、生态和农村等环境要素领域的检测技术、排放限制标准近三十项。重点行业层面，制定广东省地方标准《车用汽油（粤Ⅳ）》、《环境噪声自动监测系统安装、验收、运行与维护技术规范》，自 2018 年 9 月 1 日起对钢铁、石化、水泥行业执行大气污染物特别排放限值，发布实施《集装箱制造业挥发性有机物排放标准》《锅炉大气污染物排放标准》；重点污染物层面，制定《电镀水污染物排放标准》《工业废水铊污染物排放标准》；重点流域层面，发布实施《汾江河流域水污染物排放标准》《淡水河、石马河流域水污染物排放标准》《练江流域水污染物排放标准》《茅洲河流域水污染物排放标准》《小东江流域水污染物排放标准》等（图 3-28）。2012 年成立广东省环境管理标准化技术委员会，委员会工作的专业领域主要包括了地方环境质量标准、地方污染物排放标准、地方环境管理相关技术规范、方法标准的制定与修订。

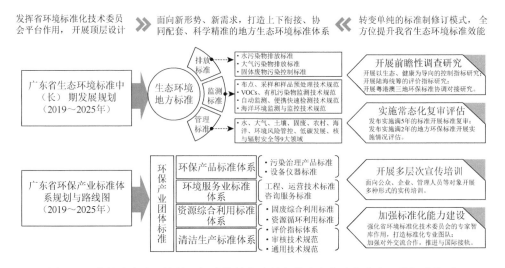

图 3-28　依托广东省环境管理标准化技术委员会推动完善地方生态环境标准体系

（3）大力发展环保产业

着力培育环保骨干企业。一是完善环保产业发展顶层设计。印发《广东省"十二五"节能环保产业发展规划（2011—2015 年）》及《广东省人民政府办公厅关于促进节能环保产业发展的意见》等文件，确定总体思路及发展目标。制定《广东省关于加快推进节能环保产业发展的意见》，提出推动广东省节能环保产业发展的重点任务及具体举措。2020 年 5 月，广东省政府出台《关于培育发展战略性支柱产业集群和战略性新兴产业集群的意见》，提出培育"十大"战略性支柱产业集群和"十大"战略性新兴产业集群的重要任务。其中，安全应急与环保产业便是广东"十大"战略性新兴产业之一。2020 年 5 月，印发《广东省培育发展安全应急与环保产业集群行动计划（2021—2025 年）》，明确环保产业发展的顶层设计，提出发展环保技术装备与服务提升工程、资源综合利用提升工程等重点工程。二是发展壮大环保产业。加强财政专项支持，将节能环保产业列入《广东省降低制造业企业成本支持实体经济发展若干政策措施》确定的万亿级制造业新兴支柱产业予以重点培育；节能环保重点工程示范项目纳入省级技术改造（绿色化改造）专项资金和省产业发展基金支持范围。根据《广东省环保产业发展状况报告（2021）》，报告统计范围内环保产业企业 1607 家，经统计，2020 年，上述统计范围内企业营业收入总额 3625.4 亿元，营业利润总额 491.2 亿元，从业人员超过 22 万人。其中，环保业务营业收入 1598.6 亿元，占比为 44.1%。与 2020 年全国统计范围内 15 556 家企业相比来看，广东省统计范围内企业的从业单位数量、营业收入总额、营业利润总额和环保业务营业收入分别占全国的 10.3%、18.5%、27.4% 和 14.2%，其中，广东省统计范围内企业营业收入总额、营业利润总额、环保业务营业收入均在全国排名第一，企业数量全国排名第二。三是积极推进环保产业集聚。环保龙头企业不断发展壮大，位于佛山市南海区的环境服务业华南集聚区于 2011 年开启建设试点工作，一直坚持创新绿色低碳发展模式，倡导绿色的生产生活方式，持续推进环境服务模式创新高地、环境产业政策高地、环境服务产业高地等"三大高地"建设，印发实施《国家环境服务业华南集聚区发展规划（2018—2022）》，扎实推进华南集聚区建设试点及扶持环保产业发展工作，累计集聚发展环保企业近千家，其中 3 家在主板和创业板上市、4 家在新三板挂牌、10 家在广东省股权交易中心挂牌或注册展示，年产值超 1 亿元的环保企业有 2 家、1000 万元以上 1 亿元以下的有 24 家，整个南海区环保产业的年产值超 100 亿元，税收超 3 亿元，形成国内首个以发展环境服务业为主体的产业集聚区。四是环保产业科技水平持续提升。广东省环保产业多个领域技术水平保持领先，如固废处理技术、环境监测技术以及电镀、线路板、印染、造纸废水处理技术。根据《广东省环保产业发展状况报告（2021）》，2020 年，被调查企业专利授权总数为 5792 项，其中，发明专利 1299 项，占比 22.4%，企业平均专利授权数 6.6 项，平均发明专利授权数 1.5 项，高于全国被调查企业平均专利授权数（2.7 项）、平均发明专利授权数（0.6 项）；被调查企业平均研发经费支出为 579.9 万元，高于全国被调查企业平均研发经费支出（296.1 万元），其中，超亿元以上企业平均研发经费支出为 3142.9 万元。"十三五"期间，全省国家重点环境保护实用技术 26 项，占全国实用技术的 11.2%；国家重点环境保护实用技术示范工程 36 项，占全国示范工程的 19.9%；中国环境保护产品认证 484 个，占全国产品认证的 13.3%。广东省全省环保产业发展情况及环保产业科技创新研发投入情况见图 3-29、图 3-30。

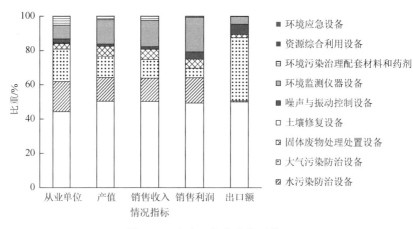

图 3-29　全省环保产业发展情况

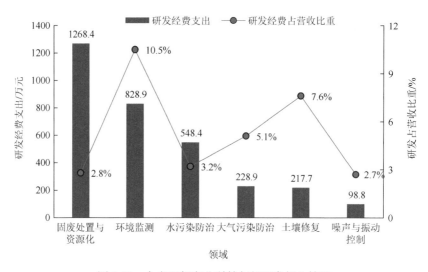

图 3-30　全省环保产业科技创新研发投入情况

3.5　评　估　结　论

3.5.1　实施成效

1. 规划设置的主要目标任务总体完成情况较好，为推进美丽广东建设打下坚实基础

《纲要》实施以来，广东省高度重视生态环境保护工作，持续深化污染减排，抓好环境综合整治，按照国家部署坚决打好污染防治攻坚战，有力保障生态环境质量改善和结构优化调整，不断强化环保监管，创新多项环境管理机制，成效显

著，在经济持续快速发展的情况下，《纲要》确定的多项目标指标、战略任务及重点工程完成较好，规划实施总体完成度较高。

目标指标方面，13 项指标全面完成，占比约 77.8%；3 项指标接近完成，分别是城市区域环境噪声平均值、工业固体废物综合利用率和森林覆盖率，占比达到 16.7%；其他 2 项指标因正在优化调整暂未纳入统计。

战略任务方面，《纲要》提出"三区控制、一线引导、五域推进"的战略任务，具体共有三大类 21 项重点任务，推进工业生态化转型、加强农业生态化建设、强化大气污染防治等 16 项完成较好，完成率接近 80%，系统保护和建设生态环境、环保产业发展等 5 项任务相对滞后。

重点工程方面，《纲要》提出共 6 大类重点工程，具体包含 193 项，其中，181 项工程顺利完成，占比 93.8%，12 项工程进展相对滞后，占比 6.2%，主要是水生态安全建设、区域河道整治工程、尾矿处置场建设等。

2. 生态环境质量实现由局部有所改善向总体改善的历史性跨越，人民群众生态环境获得感不断增强

广东是中国经济和人口的第一大省，污染源量大面广，长期以来大规模、高强度的开发模式对资源环境带来持续压力，进入 21 世纪以来生态环境形势严峻。区域经济发展失衡、资源消耗和污染物排放水平较高、环境污染问题突出、局部地区生态破坏严重、环境管理能力建设滞后等环境问题成为广东省建设和谐社会实现可持续发展的重大制约因素。面对严峻的生态环境保护形势，广东省积极谋划中长期环境保护路线图，2006 年 4 月，印发实施《广东省环境保护规划纲要（2006—2020 年）》，努力走出一条经济持续发展、社会全面进步、资源永续利用、环境不断改善、生态良性循环的发展道路。

《纲要》实施以来，广东省通过大力推进污染物总量减排工作，强化分区控制、分类指导、综合整治，"十一五"时期主要的常规污染物排放总量开始下降。但由于环境治理的力度和速度仍然跟不上经济社会的快速发展，生态环境保护面临的压力不断加大，总体上生态环境质量仍处于"局部有所改善、总体尚未遏制"的局面，排放量仍然超过了区域环境承载力，环境质量未见明显改善。"十三五"时期，改善生态环境质量成为全省生态环境保护工作的主线和核心，特别是 2018 年以来，广东省进入污染防治攻坚阶段，采取超常规措施和手段铁腕推进污染防治工作，治理力度前所未有。经过努力，污染防治攻坚战取得阶段性胜利，一举扭转了生态环境质量恶化趋势，实现了生态环境质量由局部有所改善向总体改善的历史性突破，人民群众生态环境获得感不断增强。

环境空气质量保持领先，2020 年大气环境质量创有监测记录以来最好水平。一是各项主要污染物浓度显著下降。实况下，2006 年以来 SO_2 浓度逐年下降，

2019 年起首次进入个位数时代，2020 年浓度（8 μg/m³）比 2014 年（16 μg/m³）下降 50%，比 2015 年（12 μg/m³）下降 1/3；NO_2 浓度历经 2001～2013 年的平台期，下降速度偏缓，2013 年后稳步下降，2020 年 NO_2 浓度降至 21 μg/m³，比 2014 年的 26 μg/m³ 下降 19.2%，比 2015 年的 24 μg/m³ 下降 12.5%；$PM_{2.5}$ 降至 22 μg/m³，2015 年以来连续六年稳定达标，2020 年首次优于世界卫生组织第二阶段标准（25 μg/m³），比 2014 年（38 μg/m³）下降 42.1%，比 2015 年（31 μg/m³）下降 29.0%；PM_{10} 降至 38 μg/m³，比 2014 年（55 μg/m³）下降了 30.9%，比 2015 年（47 μg/m³）下降 19.1%；2020 年全省 AQI 达标率达 95.5%，比 2015 年提高了 1 个百分点（图 3-31）。二是环境空气质量领跑先行。2020 年，在 GDP 排名前 10 的省份中，广东省 AQI 达标率和 $PM_{2.5}$ 年均浓度仅次于福建省。2015 年，珠三角地区 $PM_{2.5}$ 浓度（32 μg/m³）在全国三大重点区域率先达标，比长三角早五年实现达标，2020 年，珠三角 $PM_{2.5}$ 降低至 21 μg/m³，珠三角全部城市 $PM_{2.5}$ 低于 25 μg/m³，优于全省平均水平；2015～2020 年，珠三角地区城市 AQI 达标率为 81.6%～92.9%，AQI 达标率同期分别高于京津冀地区 22～36 个百分点和长三角地区 6～18 个百分点，珠三角地区空气质量在全国三大重点区域保持标杆。三是各地市空气质量全面改善。2020 年，19 个市 $PM_{2.5}$ 达世卫组织第二阶段过渡期目标（25 μg/m³），20 个市全指标达标；深圳、惠州、珠海、中山、肇庆、东莞 6 个城市空气质量位居全国 168 个重点城市前 20，7 个城市空气质量改善幅度排名居前 20，其中肇庆、东莞、佛山和中山市包揽前 4。与 2015 年相比，各地市 $PM_{2.5}$ 年均浓度降幅在 9.7%～38.9%，12 个地市城市 AQI 达标率均有所提升。

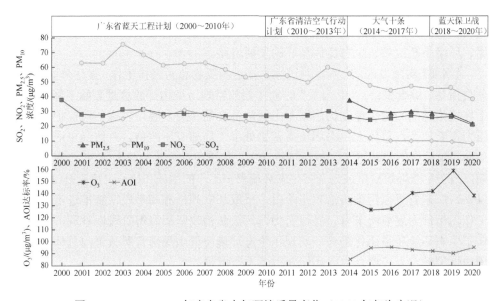

图 3-31　2000～2020 年广东省大气环境质量变化（2014 年起为实况）

　　保好水、治差水，水环境质量实现重大改善。一是高质量完成水环境约束性指标目标任务。从国考断面来看，2020 年，全省 71 个地表水国考断面水质优良率达 87.3%，比 2015 年提升 9.8 个百分点（7 个断面），地表水和入海河流劣Ⅴ类国考断面实现全部清零（图 3-32），列入国家监管平台的 527 条城市建成区黑臭水体消除比例达 100%，高水平完成“十三五”考核目标，珠江流域优良比例在全国七大流域中仅次于长江流域。茂名、东莞、深圳 2020 年初彻底脱离国家水环境质量排名后 30 城市榜单，全年水环境质量改善幅度排名上升至前 30 位，云浮、河源、肇庆水环境质量状况连续 2 年排名全国前 30 位。从省控断面来看，2020 年，全省 168 个省考地表水断面中，145 个断面水质达到或优于Ⅲ类，优良比例达 86.3%（目标为 83.9%），比规划实施的 2006 年（60.3%）提升 26 个百分点，劣Ⅴ类水质断面下降 11.4 个百分点（图 3-32）。17 个地市省考断面水质优良率达到考核要求，珠海、韶关、河源、梅州、汕尾、江门、阳江、肇庆、云浮 9 个地市省考断面优良率达 100%。二是重污染河流水质取得重大改善。习近平总书记2018 年视察广东时指出的 9 个劣Ⅴ类国考断面全部消除，其中深圳河河口断面、淡水河紫溪断面 2 个断面水质提升至Ⅲ类，茅洲河共和村断面、海门湾桥闸断面、珠江西航道鸦岗断面、东引运河樟村断面、石马河旗岭断面 5 个断面水质提升至Ⅳ类，小东江石碧断面、榕江北河龙石断面 2 个断面水质提升至Ⅴ类，除榕江北河龙石断面外其他断面综合污染指数均呈现明显下降趋势（图 3-33）。曾经污染最严重的茅洲河、练江水质实现从普遍性黑臭到国考断面消除劣Ⅴ类再提升至Ⅳ类的重大转折性变化，主要污染物氨氮浓度分别由最高的 33.7 mg/L、8.85 mg/L 稳定至地表水Ⅴ类标准 2 mg/L 以下，分别达到 1992 年、2004 年以来最好水平，实现由“污染典型”蝶变成“治污典范”。淡水河紫溪断面、石马河旗岭断面、珠江西航道鸦岗断面 3 个断面主要污染指标氨氮浓度较 2018 年下降超过 80%，深圳河河口断面、东引运河樟村断面 2 个断面氨氮浓度较 2018 年下降超过 50%。茅洲河、华阳湖、大鹏湾入选全国创建“美丽河湖”“美丽海湾”典型案例（全国 8 个），韩江潮州段入选全国首批示范河湖。广州、深圳、汕头、佛山、惠州、东莞、茂名、清远 8 个地市完成省考断面全面消除劣Ⅴ类水体的工作任务。三是良好水体水质保持优良。全省主要供水通道西江、东江、北江、韩江、鉴江等干流水质长期保持优良，Ⅰ、Ⅱ类优质水占比逐年提升，其中东江、西江、北江、韩江干流长期为Ⅱ类水质。全省 155 个县级以上城市集中式饮用水源水质达标率和保护区规范化设置率均为 100%，市、县级水源地Ⅰ、Ⅱ类优质水占比均超 80%。纳入国控重点湖库范围的新丰江水库、枫树坝水库、高州水库、南水水库、鹤地水库和白盆珠水库等 6 个湖库水质保持优良。承担对香港供水任务的深圳水库水质稳定保持在Ⅱ类，承担对澳门供水任务的竹仙洞水库、竹银水库水质从Ⅲ类提升至Ⅱ类，以上 9 个湖库Ⅱ类及以上水质占比由 2018 年的 66.7%提升至 88.9%。

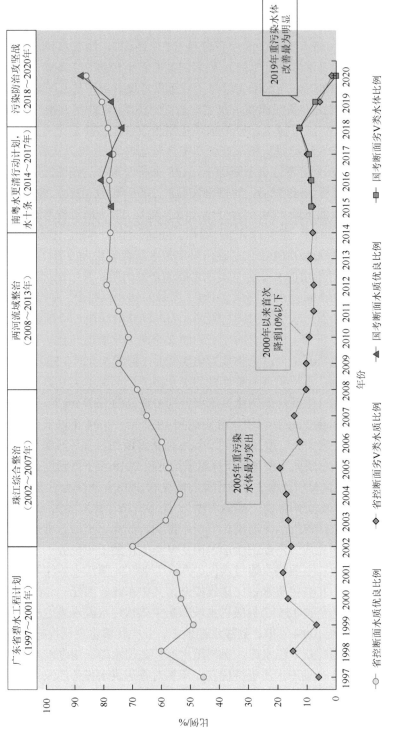

图 3-32　国考、省控断面水质改善情况

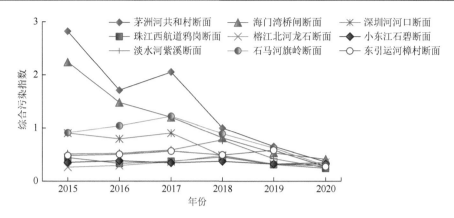

图 3-33　2015～2020 年广东省 9 个劣 V 类国考断面综合污染指数变化情况

生态建设稳步推进，自然生态资源步入质量数量双提升的良性发展轨道。一是自然生态空间得到有效管控。广东率先在全国实施生态环境分级管控，以林业生态省建设、新一轮绿化广东大行动、珠三角国家森林城市群建设等重大生态工程为抓手，不断拓展生态空间，协同推进生态修复，生态建设走在前列。全省"三线一单"共划定陆域环境管控单元 1912 个，其中优先保护单元 727 个、重点管控单元 684 个、一般管控单元 501 个，海域环境管控单元 471 个，其中优先保护单元 279 个、重点管控单元 125 个、一般管控单元 67 个，各地市"三线一单"全部落地，省级"三线一单"数据管理及应用平台上线运行，覆盖全省的生态环境分区管控体系初步建立。二是生态资源实现数量质量双增长。2020 年，全省森林覆盖率和森林蓄积量达 58.66% 和 5.84 亿 m³，分别比 2005 年提高 3.16% 和 2.39 亿 m³。全省红树林总面积约 1.4 万 hm²，占全国红树林总面积的 56.9%，位居全国第一。珠三角建成全国首个森林城市群，在全国率先启动森林小镇建设，推动城乡绿色生态一体化。大力推进自然保护地体系试点省建设，全省县级以上自然保护地共有 1063 个，数量居全国第一。总体来看，2005～2020 年，森林覆盖率、森林蓄积量稳步提升，2014～2020 年，生态状况指数（EI）稳步提升（图 3-34），生态系统服务功能保持稳定。国土空间品质日益提高，在全国率先开展绿道、古驿道等线性游憩体系建设，建成省级绿道 1.8 万 km，修复建设古驿道 1000 多千米，2020 年，建成区绿化覆盖率达 43.39%，比 2005 年提升 9.93 个百分点，城镇人均公共绿地面积达到 18.13 m²，比 2005 年扩大 7.13 m²，人居环境大为改善。

3. 资源能源利用效率和污染物排放绩效全国领先，环境保护与经济发展迈向协调共融

绿色发展水平明显提升。一是绿色经济发展新旧动能加速转换。广东 GDP 突破 12 亿元大关，连续 33 年位列全国第一。现代产业体系初步形成，2020 年三产

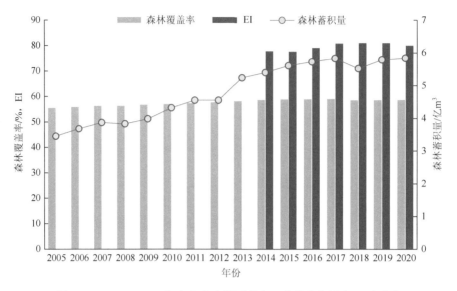

图 3-34　2005～2020 年广东省森林覆盖率、森林蓄积量和 EI 变化①

业比重为 4.3∶39.2∶56.5，第三产业比重比 2005 年提升 13.2 个百分点，规模以上高技术制造业、先进制造业增加值占规模以上工业增加值比重分别达 55.6%和31.8%，分别比 2011 年提升 7.9 个百分点和 9.9 个百分点（图 3-35）。能源结构逐步迈向清洁化，2020 年全省一次能源消费结构中，煤炭、石油、天然气、一次电力及其他能源的比重为 31.3%、27.2%、10.3%和 31.2%，非化石能源消费比重为29%，较 2010 年提高 15 个百分点。交通结构持续优化，全省公交车电动化率达98%，珠三角地区全面实现公交电动化。二是资源能源利用效率持续改善。可比价下，2020 年全省单位 GDP 能耗比 2008 年下降 40.4%，"十一五""十二五""十三五"均超额完成国家下达的节能降耗目标任务。2020 年，万元 GDP 用水量降至 36.6 m³，位居全国第 8 位，约为全国平均水平的 64.0%（57.2 m³），可比价下万元 GDP 用水量比 2008 年下降超过 64%，万元工业增加值用水量比 2008 年下降超过 76%，"十三五"期间全面完成年度最严格水资源管理制度考核各项目标任务（图 3-36），深圳、广州、珠海、佛山等地市单位 GDP 能耗、万元 GDP 用水量均优于全省平均水平。三是主要污染物排放强度大幅下降。2020 年二氧化硫、氮氧化物、化学需氧量和氨氮排放量比 2010 年下降 28.6%、29.4%、29.0%和 26.0%（图 3-37）。从污染物排放绩效来看，2019 年单位 GDP 二氧化硫、氮氧化物、化学需氧量和氨氮排放量较 2015 年下降 31.6%、27.7%、32.9%、31.7%；排放绩效优于全国平均水平，分别比全国平均水平低 60.3%、42.4%、34.4%和 18.3%。

---

① 森林覆盖率、森林蓄积量来自历年广东统计年鉴，EI 来自广东省生态环境厅公众网。

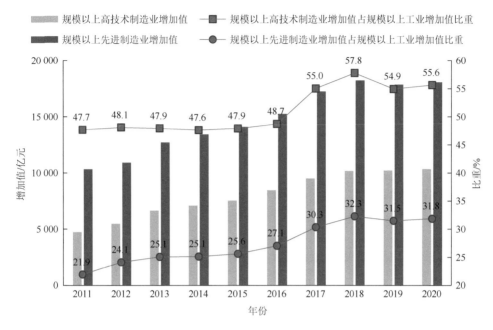

图 3-35 2011～2020 年广东省现代产业发展情况

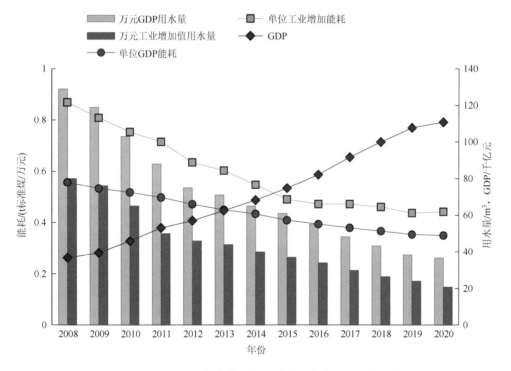

图 3-36 2008～2020 年广东省能源消费、水资源利用变化情况

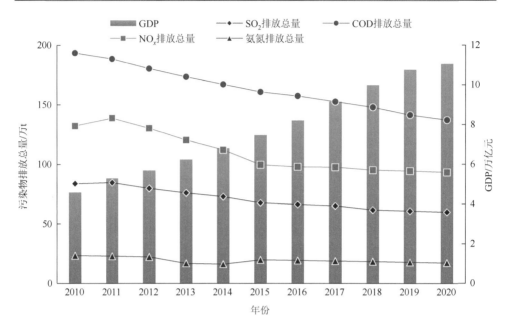

图 3-37　2010～2020 年广东省 GDP 和污染物排放变化情况

发展平衡性协调性有所改善。一是区域不平衡态势有所缓解。从经济总量的增速来看，四大区域 GDP 增速趋势大体一致，"十一五"前阶段各区域 GDP 年度增速差距较大，随后 GDP 增速差距逐年缩小，由 2006 年的 6.0%（北部最高 19.1%，沿海东翼最低 13.1%）下降至 2020 年的 1.1%（北部最高 2.8%，沿海东翼最低 1.7%），与全省平均水平相比，珠三角"十五"到"十三五"以来 GDP 增长分别为 105.3%、92.1%、58.8% 和 32.3%，同期与全省平均水平的领先幅度由"十五"的 21.1 个百分点，下降为"十一五"的 11.7 个百分点，又降至"十三五"以来的 1.3 个百分点。从人均 GDP 增速来看，东西两翼地区和北部生态发展区人均 GDP 增速长期领先于核心区珠三角，"十一五"期间出现较大的领先幅度，与全省平均水平相比，珠三角"十五"到"十三五"期间人均 GDP 增长分别为 88.2%、56.6%、49.8% 和 20.9%，同期与全省平均水平之差由"十五"的领先 18.4 个百分点，到"十一五""十二五""十三五"以来的落后 4.0 个百分点、5.3 个百分点和 2.7 个百分点，"一核一带一区"区域经济已向协调方向发展（图 3-38）。二是环境经济总体呈现脱钩趋势。采用脱钩（解耦）指数（DI）描述经济增长与环境污染、资源消耗的关系，DI＞1 时，表明环境污染和资源消耗速度快于经济发展速度；0＜DI＜1 则说明慢于经济增长速度；DI = 0 即在环境污染、资源消耗保持不变的情况下经济仍能稳定增长；DI＜0 时，表明环境污染和资源消耗有所下降的情况下，经济仍能持续增长。全省传统主要污染物排放已与经济发展呈现脱钩状态，资源能源消耗与经济呈现相对脱钩状态，主要是能源消费总量仍存在刚性增长需求，但增速趋缓，初步形成生态环境与经济发展共赢的积极态势（图 3-39）。

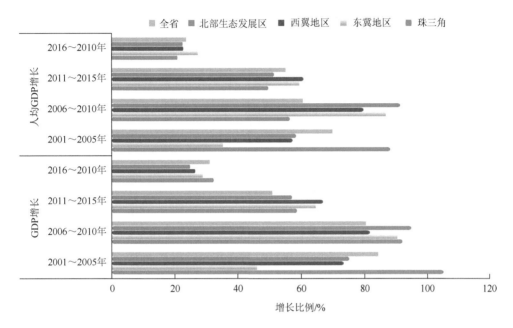

图 3-38　广东省各区域主要发展阶段经济增长指标对比

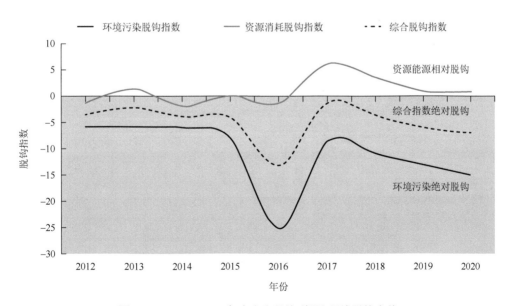

图 3-39　2001～2020 年广东省经济-资源-环境脱钩态势

4. 环境基础设施建设实现前所未有跨越式提升，生态环境现代化治理能力显
著增强

环境基础设施建设取得突破性进展。广东以超常规力度加快推进环保基础设
施建设，创造史上规模最大的环保基础设施建设热潮，环境治理基础能力实现跨
越性提升，为改善生态环境质量提供有力支撑。截至 2020 年底，全省累计建成运
行城市（县城）生活污水处理设施 386 座，处理能力达到 2798 万 t/d，比 2015 年
增加了 42.6%，累计建成城市（县城）生活污水通水管网 6.8 万 km，比 2015 年增
加了 93%，1125 个乡镇生活污水处理设施覆盖率达 100%，全省城市生活污水管
网长度及污水处理能力均连续多年居全国第一。危险废物收集处理设施短板加快
补齐，危险废物处置利用能力为申报产生量的 1.4 倍，基本满足全省危险废物安
全处理处置需求。全省共建有医疗废物集中处置设施 22 座，有效保障全省医疗废
物、医疗垃圾处置需求，疫情医疗废物实现"日收日清"、100%安全无害化处置。
生活垃圾处理能力实现历史性提升，全省共建成运营 147 座生活垃圾处理场（厂），
总处理能力为 14.7 万 t/d，生活垃圾处理设施建设高质量发展，处理能力和水平
实现质的飞跃，焚烧处理能力提升明显，焚烧能力占比从约 34%提升到约 68%。
1125 个乡镇共建成约 1288 个镇级垃圾转运站，基本形成"村收集、镇转运、县
处理"的乡村生活垃圾收运处置模式。

全要素生态环境质量监测网络基本建成。建成涵盖大气、水、土壤、海洋、
噪声、生态、辐射、污染源等要素的生态环境监测基础网络（图 3-40），打造了"天
空企""点线面"一体化、立体化、全覆盖的大气污染监测体系；建成了覆盖全部

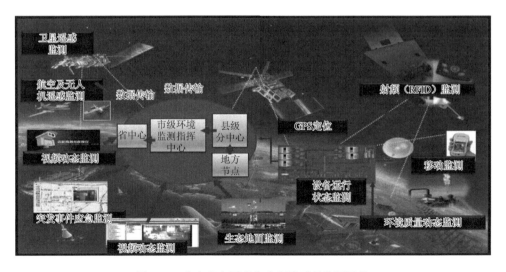

图 3-40　广东省全要素生态环境质量监测网络

国考省考断面的联网水质自动站，在东江、韩江流域率先建设生态广东视窗；在国家网的基础上建设了覆盖全省所有县（市、区）的土壤环境监测网络，布设省控以上海水环境质量监测点，开展海洋生态系统健康状况、重点海水浴场、海漂海滩垃圾和海洋微塑料等监测工作；布设覆盖主要区域、功能区和城市道路的环境噪声监测点；推进"天地一体"协调发展，运用卫星遥感数据开展省、市、县（区）不同尺度生态状况监测与评价。追因溯源监测能力全国领先，在全国率先建成大气复合污染成分监测网，开展颗粒物和臭氧污染动态追因溯源；在主要跨界断面及重点支流建立通量自动监测站，量化各方治理责任；建成华南区域空气质量预测预报中心、土壤样品制备与流转中心和环境监测质量控制中心。

全过程监管能力全面提升。一是加强生态环境监管执法能力建设。省级环境监察机构通过一级标准验收复核。完善各级执法人员前端移动执法终端配备和后台移动执法业务管理支撑系统建设，积极推进在线监控、无人机无人船巡查、走航、用能监控等非现场执法检查手段，提升环境监督执法效能，珠海、中山、阳江、清远和汕尾等 5 市已基本完成省执法一体化系统的试点试运行工作。二是环境执法工作力度居全国前列。推进联合执法、交叉执法、区域执法、专项执法，健全"双随机、一公开"、环境监管网格化全覆盖管理等制度。三是实现固定污染源排污许可全覆盖。按期完成固定污染源排污许可全覆盖工作任务，排污许可发证率和登记率均达 100%，排污许可发证数和登记企业数均列全国第一。四是应急能力建设水平显著提升。建成环境风险源与应急资源信息数据库平台；加快构建生态环境"智慧应急"体系，推进建设广东省环境应急综合管理平台建设；加强预案管理，积极推进政府和部门预案修订，2018～2020 年全省各地政府和部门预案完成新一轮修订。加强环境应急救援队伍和专家队伍建设；强化化工园区环境安全管控，完成广州南沙小虎岛等 8 个化工园区有毒有害气体监测预警体系建设。严格落实领导带班和 24 小时值班制度，加强应急准备，未发生较大以上等级突发环境事件。

生态环境信息化管理水平大幅提升。一是推动数字信息集成共享。加快完成数据资源摸底调查和梳理整合，构建生态环境监测大数据平台，整合接入省、市、县三级生态环境监测机构网络，覆盖所有大气、水质与噪声等自动站点信息，推进信息网络、视频监控、视频会商互联互通，实现各类监测数据资源全面汇聚、集中管理、统一评价、开放共享。完成涵盖固定污染源的统一数据库管理系统建设，实现与各业务系统污染源基础信息的关联匹配，以及与国家固定污染源数据库的上下贯通。初步建成生态环境大数据中心，与省政务大数据中心实现交换共享。启动"一网统管"生态环境专题建设，通过大数据综合应用，有效提升生态环境精细化管理水平。二是加快生态环境智慧云平台建设。大力推动生态环境领域"数字政府"改革，初步构建了包含智慧监测、智慧监管、智慧决策、智慧政务四大应用体系于一体的生态环境智慧云平台（图 3-41 展示的是其中的智慧决策体系）。围绕治污攻坚重点，建成蓝天保卫战、碧水保卫战智慧管控系统，提供重污染来源解析、作战计划、达标分析等一系列决策支撑。

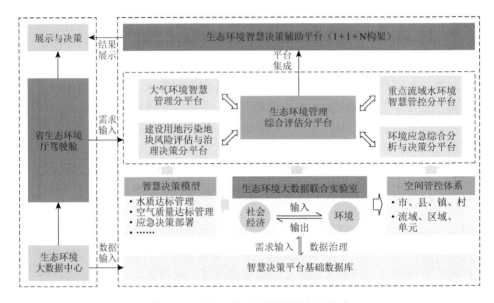

图 3-41　广东省生态环境智慧决策体系

5. 生态文明建设领域改革取得显著成效，现代环境治理体系逐步完善

初步形成具有广东特色的精准治污模式。一是创新大气污染防治科学闭环的攻关攻坚机制。建立行政首长和专家院士"双组长"制的决策管理机制，一方面，成立省生态环境厅主要领导和院士双牵头的大气污染防治攻关攻坚中心和工作团队，另一方面大气治理重点城市也参照建立市生态环境局局长和城市专家组组长的"双组长"负责的工作机制，形成"预测研判—减排方案—措施制定—落地跟踪—综合评估"的科学闭环工作机制，强力推动重点工作落地落实，2020 年圆满完成国家部署的环境空气质量约束性指标。建成全球第三、全国第一大气污染联防联控技术示范区，珠三角基本实现了未来 7 天 AQI 数值短期精准和中长期趋势预报，初步形成了以区域视野城市行动为核心的区域空气质量运行管理体系和机制。二是探索形成可借鉴推广的"挂图作战"水污染治理模式。坚持高位推动，省委书记、省长分别挂点督导茅洲河、练江治理工作；成立水污染防治攻坚战指挥部，建立专题会商制度，定期组织召开现场协调会，实行"一市一策一专班""一河一策"，坚持"一月一督导"，统筹推进整治工作；建立茅洲河、练江、广佛跨界河流等省级层面流域水环境综合整治联席会议及国考断面水质达标攻坚工作

调度会制度，建立健全治水工作体系。坚持系统谋划，印发实施《广东省打好污染防治攻坚战三年行动计划（2018—2020 年）》，每年制定年度水污染防治攻坚战工作方案，协同推进"全要素管控"；全面实施"挂图作战、系统治水"，建立"一张图""一张表"，建立信息调度、水质通报、专家会商、预警预报等制度，动态督导整治工作，实施重点流域控制单元管理。实行"大兵团"作战，超常规补齐历史欠账。坚持依法治污，聚焦源头管控，引导企业入园聚集、创新执法监管形式、采用前沿监测手段，从根本上遏制、精准打击违法排污行为；综合运用约谈、挂牌督办、城市水质排名等手段，强化责任落实。

生态环境保护体制机制持续完善。一是生态环境职能架构加速重建。广东省委、省政府成立省生态环境保护委员会，统筹推进全省生态环境保护工作；生态环境机构改革顺利完成，省以下环保机构监测监察执法垂直管理和生态环境保护综合行政执法改革基本完成。二是构建生态文明建设"四梁八柱"制度体系。省委全面深化改革领导小组专门设立省生态文明体制改革专项小组，牵头推动生态文明体制改革工作，印发实施《关于加快推进广东省生态文明建设的实施意见》，建立"三线一单"生态环境分区管控制度，健全省级生态环境保护督察制度，试行环评豁免、告知承诺制。出台实施生态文明建设目标评价、省级生态环境保护督查、河长制湖长制、生态保护补偿、生态环境损害赔偿、排污许可、水权交易、碳排放权交易、领导干部自然资源资产离任审计、党政领导干部生态环境损害责任追究等一系列涉及生态文明建设的改革方案。三是加快制修订全省环境法律法规和环保标准。多年来，全省制定或修订水污染防治、大气污染防治、城乡生活垃圾管理、绿色建筑、湿地保护等 30 多部生态文明建设领域地方性法规；推进重点行业、重点污染物、重点流域污染物排放标准的制修订，2014 年废止 111 项不适用的省地方标准，2019 年废止 181 项地方标准和终止 228 项地方标准制修订计划项目。四是生态环境损害赔偿制度有效落实。制定《广东省生态环境损害赔偿工作办法（试行）》，开展生态环境损害赔偿调查评估、索赔磋商、损害修复监督管理等，广东省开展生态环境损害赔偿案例实践 121 宗，鉴定评估总金额 5.62 亿元，实现全省 21 个地级以上市案例实践全覆盖。五是流域生态补偿成效显著。积极推动与江西省、福建省、广西壮族自治区合作开展流域上下游横向生态补偿工作，2018 年以来，共协调省财政拨付资金 8 亿元至流域上游省份，推动汀江-韩江、东江、九洲江流域水环境保护，流域水质显著改善。积极探索省内流域生态补偿，印发《广东省东江流域省内生态保护补偿试点实施方案》，建立受益者补偿、保护者受偿的正向引导机制。六是企业环境信用评价制度不断健全。组织对广东省国家重点监控企业开展省级企业环境信用评价，推动有关部门在行政许可、公共采购、评先创优、金融支持、资质等级评定、安排和拨付有关财政补贴专项资金中，充分应用企业环境信用评价结果及修复结果，激励企业增强守法自觉。七是坚持先行先试、创新示范。积极推进广州绿色金融改革创新试验区、深圳气候投融资中心、韶关土壤污染防治先行区、无废城市等试点工作；推进碳排放交易，累计成交碳排放配额稳居全国首位，是全球第三大碳交易市场；成功创建25个国家生态文明建设示范市县、5个"绿水青山就是金山银山"基地，将广东打造成为向世界展示美丽中国建设成就的重要窗口。

共治共享大环保格局初步形成。一是党政领导体系不断完善。推动各级政府成立污染防治攻坚战指挥部，党政一把手担任指挥部第一总指挥和总指挥；全面压实生态环保责任，组织修订《广东省生态环境保护工作责任清单》（后更名为《广东省直机关有关部门生态环境保护责任清单》），完成对全省21个地级以上市的首轮省级环保督察，开展以约束性指标为重点的污染防治攻坚战考核。二是企业环保主体责任意识逐步增强。完善污染物排放许可制，强化排污许可证后监管。组织召开座谈会，深入企业调研，宣贯相关政策，推动各行业企业贯彻落实环保政策，增强守法自觉。三是全民广泛参与环保工作的氛围日益浓厚。加大生态文明和生态环境保护宣传教育力度，组织开展"六·五"广场活动、"环保名人面对面"大讲堂、"爱珠江，保护母亲河"亲子徒步、"最美基层环保人""我是生态环境讲解员"等宣传活动，开展低碳日活动、世界环境日活动、节能宣传周活动、爱粮节粮宣传周活动、垃圾分类启动仪式等活动，组织开展广东省生态环境科普资源征集，拍摄《决战决胜治污攻坚》汇报片和《蓝天之下》大型纪录片，成功打造了"粤环保·粤时尚"公益宣传、环境文化节等多个具有广东特色的环境文化活动品牌，推进环保设施和城市污水垃圾处理设施向公众开放，环境文化的软实力和影响力不断提升。四是绿色低碳健康生活方式逐步形成。大力发展绿色建筑和装配式建筑，全省城镇绿色建筑占新建建筑比例达61%，建成1个国家级、2个省级装配式建筑示范城市。加快推进生活垃圾分类工作，2014年广州市率先实施垃圾分类"定时定点"模式，2018年广州地区高校启动生活垃圾强制分类，全省700余所学校（幼儿园）创建生活垃圾分类教育示范基地，全市8369个居住小区全部完成楼道撤桶，生活垃圾回收利用率达到36%。加快建设节水型社会，2020年，人均综合用水量、城镇居民生活人均用水量、农村居民生活人均用水量分别比2004年下降42.3%、21.5%和12%，居民节水成效明显。引导公众采用步行、自行车、公共交通等绿色出行方式，全省公交电动化率达97.8%，珠三角公交车全面实现电动化。

3.5.2　存在问题

1. 国土开发保护格局有待优化，重要生态空间受到挤占

空间开发保护格局有待优化。一是产业布局性环境问题凸显。珠三角地区

44%的产业集聚区分布在珠江三洲网河区，粤东西北地区近50%产业集聚区和工业园园区分布在饮用水水源保护区上游或Ⅰ、Ⅱ类水体功能区周边。部分地区产业布局不尽合理，工业区与居民区混杂，城市建成区内仍存在一些重污染企业，部分排放集中的工业区布局在城市大气污染传输通道内，对周围空气质量带来较大不利影响。部分城市村级工业园遍地开发，升级改造进展缓慢。二是生态环境分区管控体系仍待深化，精细化管理水平有待提升。长期以来，生态环境管理侧重于末端治理，空间管控等源头治理能力不足。广东在全国率先开展了环境空间管控的探索和实践，建立了生态分级控制体系，将18%的陆域国土面积划为严格控制区，实施严格保护，但受技术条件限制，部分重要生态系统和保护地未纳入严格保护范围，部分严格控制区生态保护价值有限，与城市发展格局存在冲突，需要进行优化升级。水环境方面已建立以控制单元为基础的管理思路，但是控制单元空间尺度需要细化，管理精细化水平亟待提升。生态环境数据空间信息缺失、时效性和准确性不足，部分饮用水源保护区和自然保护地区划不清、边界不明，保护和监管难度大，同时如何协调生态保护红线、"三线一单"、国土空间规划等各项空间管控方案，也是目前面临的重要课题。新时期亟须强化生态环境空间管控能力，探索将环境质量目标、资源承载能力、准入要求落实到空间单元，构建生态环境分区管控体系，提升空间治理能力。

重要生态空间受到挤占，生态保障功能有待提升。一是随着城镇化和工业化快速推进，国土开发对重点生态空间的挤占时有发生。全省自然岸线比例从1982年的67.8%下降至35.86%，接近35%的自然岸线保有率底线（图3-42）。海岸带典型生态系统受损，红树林、珊瑚礁、海草床等特色生态系统有所退化，1973～2013年全省沿海红树林面积总体下降50%左右（图3-43），虽然2013～2019年面积有所上升，但新增红树林质量不高，生态功能有待提升。二是土地利用性质改变，导致生态空间格局完整性和连通性受损。根据粤港澳大湾区城市不透水面的研究成果（林珲等，2018），粤港澳大湾区不透水面的面积增长1.4倍，不透水面在大湾区所占的比例从2.4%提高到6.0%，表明随着城镇建设用地的不断扩张，大湾区生态空间完整性和连通性呈现下降态势。三是国土空间开发强度日益加大，资源集约化利用水平亟须提升。近30年来广东省建设用地面积增加14倍，全省土地开发强度增加至10.01%，其中珠三角近30年建设用地面积增长超过5倍，土地开发强度由0.68%增加至16.82%，尤其是深圳、东莞、中山、佛山等珠三角城市国土开发强度已超过30%的国际警戒线（图3-44），经济发展受资源环境承载的制约日益突出，土地供应偏紧状态长期存在。

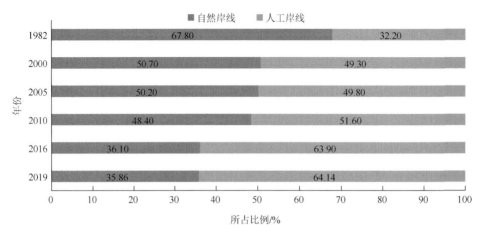

图 3-42 广东省岸线类型比例变化情况

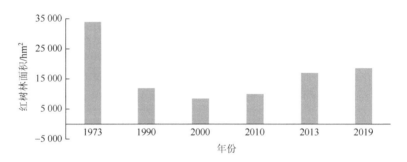

图 3-43 广东省红树林面积变化情况

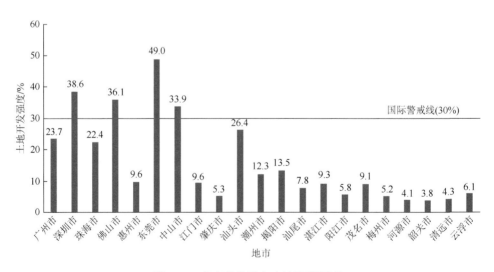

图 3-44 广东省各地市土地开发强度

2. 结构性、区域性等问题仍待破解，源头管控仍需深化

产业、能源、交通三大结构优化调整仍需推进。一是产业结构方面。全省产业层次总体仍处于全球价值链的中低端，面临着创新对结构调整和产业发展的支撑能力不够强等问题。第三产业比重达 56.5%，与美国、法国、英国、日本等存在差距（均保持在 70% 以上）；与江苏、山东相比，广东省高新技术产业发展水平差距明显，2020 年，广东省高技术产业增加值占规模以上工业增加值比重为 31.1%，而江苏、山东分别达到 46.5% 和 35.0%。二是能源结构方面。全省能源消费总量仍存在刚性增长需求，煤炭、石油等传统化石能源占比仍高达七成，煤炭仍占主导地位（34.2%），高于世界平均水平（29%）和经济合作与发展组织（OECD）平均水平（17%），减污降碳面临较大挑战。能源系统整体效率较低，电力、热力、燃气等不同供能系统集成互补、梯级利用程度不高，工业能耗超过 3 t 标准煤/万美元，远高于美国、德国、日本和韩国等发达国家（1.6 t 标准煤/万美元以下）。三是交通结构方面。全省货物运输中公路货运占比达到 64.8%，铁路运输量占比仅 2.2%，比 2005 年和 2010 年下降 11.7 个百分点和 3.7 个百分点，水路运量增长 9.4%，受制于成本、设施等因素，多式联运发展面临困难。四是污染物排放源头管控方面。沿海重大钢铁石化项目陆续落地，新增污染物排放仍居高位，如"十四五"时期新增 NO_x、VOCs、COD 和氨氮排放量占现状排放分别达到 15.4%、6.7%、7.5% 和 13.0%，尤其是湛江四大污染物新增量占现状排放比重接近或超过 100%，生态环境承载压力加大。局部区域工业化城镇化仍将持续快速推进，新增城镇人口将相应增加能耗、用水量、生活污水、生活垃圾。外部环境日趋复杂，广东省作为改革开放前沿，面临的风险更加直接，能源和产业转型升级面临挑战。

较 2000 年的比重扩大 5.5 个百分点，规模以上工业增加值总量占全省比重高达 85.9%；从人均 GDP 来看，东西两翼地区和北部生态发展区的人均 GDP 仅相当于珠三角的三分之一左右（图 3-45），珠三角最高的深圳市人均 GDP 是粤东西北地区最高的韶关市的 4 倍以上，全省 14 个地级以上城市人均 GDP 低于全国平均水平，基本位于粤东西北地区，生态环境保护资金筹措压力较大，对生态环境治理难以形成有效支撑。二是从土地资源利用效率来看。全省单位面积土地产出 GDP 为 5.6 亿元/km^2，是全国平均水平的 2.4 倍，超过浙江（4.3 亿元）和江苏（4.1 亿元）等经济发达省份。其中珠三角单位面积土地产出 GDP 为 8.8 亿元/km^2，是全国平均水平的 3.83 倍，但东西两翼地区和北部生态发展区单位面积土地产出低于全省平均水平，仅为全省水平的 50% 和 28.6%，其中北部生态发展区单位面积土地产出仅为全国水平的 70%。三是从主要污染物排放绩效来看。珠三角经济总量占全省总量超过 80%，排放绩效较高，污染物排放不到 50%，东西两翼地区和北部生态发展区经济总量占比不到 20%，但污染物排放大于 50%，污染物排放绩效较低（图 3-46）。四是从城乡人居环境来看。全省城市生活污水处理能力和生活垃圾处理能力均居全国首位，城市、县城污水处理率分别为 97.6% 和 91.8%，但农村生活污水治理率仅为 42.2%，设施正常运行率仅为 7 成，二元分化态势仍未根本改变。

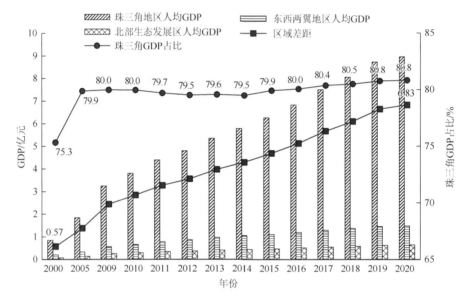

图 3-45　广东省各区域人均 GDP 及珠三角 GDP 占比

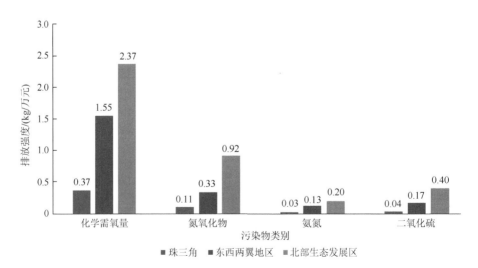

图 3-46　广东省分区域污染物排放强度对比

3. 生态环境质量实现全面改善基础仍不稳固，系统治理仍需加强

生态环境质量尚未实现从量变到质变的根本性转变。一是水环境质量达标基础不牢固，水生态环境持续改善的任务依然艰巨。2020 年，广东省地表水国考断面水质优良率为 87.3%，仅排在全国第 19 位（全国有 6 个省份地表水国考断面水质优良率达 100%、17 个省份超过 90%，图 3-47）。河涌水体"微容量、重负荷"现象仍然存在，部分流域水质稳定达标基础仍不牢固，9 个已消除劣Ⅴ类的重点国考断面一级支流约 40% 水质为劣Ⅴ类，其中东莞运河、榕江江北河、石马河的劣Ⅴ类支流占比超过 50%（图 3-48）。感潮河段溶解氧偏低、重点断面雨季总磷超标等突出，部分河湖水生态功能退化严重，实现长治久清的任务仍然艰巨。部分地市城市黑臭水体治理效果仍不稳固，10 个地市入河排污口排查工作滞后。存量污水管网缺陷问题较多，部分区域污水管网贯通组网不到位，"重建设、轻维护"现象突出，粤东西北地区污水收集处理设施欠账较大。二是臭氧污染问题日益突出，空气质量领先优势不断缩小。2015～2019 年，全省 O_3 浓度上升 25.4%，2020 年通过集中攻坚，同时受新冠疫情等影响，O_3 浓度出现下降，但评价浓度仍比 2015 年上升 12 $\mu g/m^3$。自 2016 年开始，O_3 已超过 $PM_{2.5}$ 成为广东省首要污染物，2015～2020 年，O_3 作为首要污染物的比例从 37.5% 增加到 68.7%（图 3-49），在全省各地市超标天中，O_3 作为首要污染物的比例从 45.5% 增加到 92.2%，成为影响空气质量达标的最主要因素。与长三角和京津冀相比，珠三角空气质量领先优势不断缩小，2014～2020 年，珠三角地区 AQI 达标率与京津冀地区、长三角地区的领先优势分别缩小 16 个百分点和 5.8 个百分点（图 3-50），且 O_3 仍未进入稳定下降通道。三是污染防治攻坚领域不断拓展，海洋、农村、地下水等领域短板明显。近岸海域水体污染防治工作基础相对薄弱，珠江口邻近海域水质亟待提升。全省土壤污染状况总体不容乐观，部分地区超筛选值点位比例高，珠三角区域、粤北矿冶集中区域等局部地区土壤重金属污染问题突出。铝灰渣等部分危险废物利用处置能力缺口较大。农村污水设施运行维护不到位，近 6 成已建的治理设施存在未正常使用问题，农村生活污水治理率仅 42.2%，远低于浙江 90% 的水平。农业面源防治工作仍较为薄弱，单位耕地面积化肥和农药施用强度较高，人居环境水平"脏乱差"问题尚未得到根本改善。地下水环境监管体系尚不完善，现有考核点位监测井数量少、代表性不强且权属复杂，地下水环境状况底数不清，水质变化波动大。此外，新领域新业态下带来的固废污染防治、新污染物等问题有待关注。

生态环境改善空间潜力有所收窄，生产生活与自然生态系统的良性循环尚不相适应。基于对广东省美丽建设 42 个重要指标进行国际国内对标分析，达到国内、国际先进水平的有 10 项，接近达到国内、国际先进水平的有 13 项，19 项指标相比于国内、国际先进水平存在一定差距。比如，地表水环境、海洋环境、工业绿

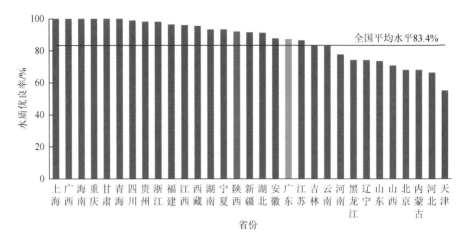

图 3-47　2020 年部分省份地表水国考断面水质优良率对比情况

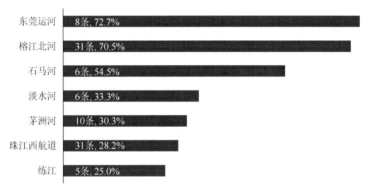

图 3-48　2020 年部分重点流域控制单元内一级支流为劣 V 类水质比例

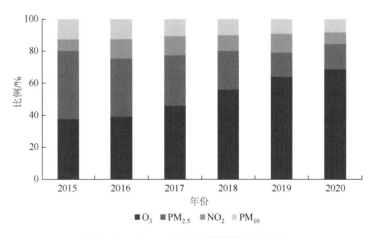

图 3-49　2015～2020 年首要污染物占比

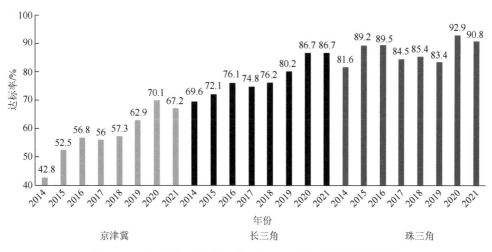

图 3-50　珠三角与京津冀、长三角 AQI 达标率领先情况变化

色发展等领域均有提升空间，农业面源污染仍处高位。对标国际，大湾区 $PM_{2.5}$ 为 20 $μg/m^3$ 左右，明显高于东京、旧金山、纽约湾区水平。环境空气质量优良天数、城乡生活污水处理等领域的 12 项改善幅度小于全国平均水平，生态环境质量改善提升潜力呈缩窄趋势。随着污染防治攻坚战的深入，流域与区域自然因素影响的环境质量问题时有显现，大气环境质量受气象条件因素影响较大，部分城市天然源 VOCs 排放贡献较大，河口海湾多、开阔海域少，近岸海域受水文条件影响波动较大，部分区域土壤环境背景值较高，需深入考虑地质、气候、水资源、生态变化等自然因素对污染指标的影响。随着气候变化影响加深，极端灾害性天气频发，广东省作为经济大省，人口高度密集，提升城市和自然生态系统的安全和韧性至关重要。

污染治理、生态保护与应对气候变化系统性推进不足。从"十一五"一控双达标、"十二五"总量减排、"十三五"质量改善再到"十四五"持续改善，加之国家层面上先后制定的"碳达峰碳中和"目标、2035 年生态环境根本好转、美丽中国基本建成的远景目标，生态环境保护逐步拓展到应对全球气候变化、生物多样性保护等更为广泛的领域，更加关注人体健康和生态系统服务功能。"十四五"时期是推进生态环境质量改善由量变到质变的关键时期，要以减污降碳协同增效为总抓手，坚持山水林田湖草是生命共同体，注重系统观念在生态环境保护工作中的科学应用和实践深化。广东需充分认识实现"双碳"目标的重要性，把系统观念贯穿"双碳"工作全过程，坚持统筹降碳、减污、扩绿、增长协同推进，推动经济社会与生态环境实现全面协调可持续发展。同时基于广东山海相连的地域禀赋，争取国家对南岭国家公园、珠江口国家公园的支持，立足自然保护地数量全国第一的生态优势，发挥在生物多样性保护领域的领军作用。

4. 多元化市场化激励约束机制体系仍需健全，改革创新仍待深入

生态环境政策体系和长效机制仍存在短板与挑战。落实生态环境体制机制改革的配套政策有待完善，省以下环保垂直改革与综合执法改革的配套政策与机制尚未全面建立；部门间、不同层级间生态环保职责有待进一步明晰，区域生态环境保护监察专员办公室、派出机构与地方环境执法之间的分工、协调联动机制有待进一步完善。全省的生态文明体制改革主要以深圳、珠海、惠州等市先行探索示范为主，缺乏全省层面的实践。例如深圳市在自然资源资产负债表、承载力监测预警、GEP核算等方面取得较多经验，后续亟须总结经验做法，在全省复制推广，形成"全面开花"的生态文明体制机制创新局面。生态环境污染治理推进机制亟待优化，部门间统筹协调机制不够完善、污染治理系统性不足等问题导致污染治理监管不力、行政效率较低、治理效果不佳等。生态文明建设重点领域改革和保障政策措施仍待完善，新能源与传统能源利益共享、协同运营机制有待完善，碳排放权交易市场体系有待健全，用能权交易制度尚未建立。环境质量管理政策体系仍不完善，污染物排放管理政策与环境质量管理政策间衔接不足；固定源排污许可制度许可浓度与许可排放总量主要参考排放标准、总量指标，与环境质量目标及改善路径衔接需加强；精细化生态环境监管执法尚未实现常态化，生态环境行政主导化倾向依然存在，自由裁量权规范不够；人体健康、生态健康、环境风险等领域标准制定与监管仍处于起步阶段。促进绿色低碳发展的财税、金融、价格、贸易、生态补偿等经济政策亟须完善，市场导向的生态环境经济政策效用尚未充分发挥，全社会环保投入力度仍然不足；与地区发展权相匹配的省内生态补偿机制需加快建立和完善；绿色税制不健全，环境保护税和消费税调控、征收范围较窄，资源税收费标准过低，对消费行为的调控作用有限。健全自然资源资产管理和自然生态监管体制的工作推进相对滞后，自然资源资产管理机构改革方案仍未出台，国有自然资源资产管理和自然生态监管机构尚未设立。企业和社会生态环境治理作用有待进一步激发，企业环境信息披露、信用评价、联合惩戒机制不健全，违法成本低导致一些地方企业宁愿罚款也不愿参与环境治理；社会组织和公众参与的诉求表达、心理干预、矛盾调处、权益保障机制等有待探索实施，重点信访问题矛盾化解能力仍需进一步提升。评价考核制度、奖惩和责任追究制度有待细化。针对生态环境损害赔偿和责任追究制度，生态环境损害评估技术体系、赔偿权利人磋商和诉讼程序、损害后恢复标准和损害赔偿资金管理等相关具体规定仍缺位，对生态环境损害赔偿和追责的司法确认和执行造成困难。

生态环境监管服务质量仍需提升。一是排污许可证发证质量和证后管理有待加强。广东省固定污染源数量大，摸排数量全国最多，约占六分之一以上，历史积压问题多，同时排污许可制度仍在不断健全完善过程中，工作中仍存在一些问题和短板。排污许可证质量有待提高，许可证核发质量参差不齐，存在遗漏许可事项、自行监测不符合规范要求等问题。排污许可证执行情况有待加强，由于前期发证工作量较大，个别地区一定程度上存在重发证轻证后监管的现象，持证排污单位的排污许可证执行情况，尤其是排污许可证执行报告提交、执行报告填报规范性等情况并不乐观。固定污染源"一证式"监管合力尚未形成，排污许可核发、环境监测、环境执法的协调联动机制尚未真正建立，部门联动尚未形成有效合力，依证执法监管工作还需大力加强。二是重点信访问题矛盾化解能力仍需进一步提升。近年来，广东省各污染类型生态环境信访投诉数量实现稳中有降，由 2018 年 30.4 万宗降至 2020 年 25.8 万宗（图 3-51），但全省环境信访举报量仍处于高位运行，生态环境信访矛盾化解成效不牢固，面临不少挑战。其中大气扰民和噪声扰民问题占比超过 80%，主要集中于广州、深圳等珠三角发达地区。由于规划不协调等历史原因，楼企相邻、楼路相近造成的环境矛盾突出，加上涉及责任主体多、责任区分难、治理周期长，信访情况复杂、诉求多元等因素，要从根本上解决问题面临的矛盾困难突出。此外，在妥善解决"达标扰民"、"诉""访"衔接、跨区域信访合作以及信访信息化管理等方面还存在短板弱项。

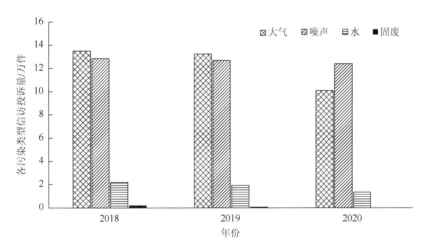

图 3-51　2018～2020 年广东省各污染类型生态环境信访投诉量变化情况

环保产业核心竞争力有待提升。一是环保中小型企业偏多，整体实力有待提升。广东省环保产业从业单位以内资的中小企业为主，根据《广东省环保产业发展状况报告（2021）》，列入统计范围的 1607 家企业以小、微企业为主，其数量占比合计达 66.8%（图 3-52），接近七成，但仅贡献 1.7% 的营业收入、5.8% 的环保业务营业收入和 0.1% 的营业利润。大型企业数量占比仅 4.2%，却贡献了 87.6% 的营业收入、76.9% 的环保业务营业收入和 90.6% 的营业利润，表明广东省环保大型企业占比偏小，但产出贡献大，而中小型企业占比偏大，但总体规模偏小，综合发展能力较弱，未形成规模和品牌效应。图 3-53 显示了 2020 年列入统计的不同营业规模的企业环保业务营业收入占比。与 2019 年相比，2020 年，统计范围内相同样本企业营业收入总额、环保业务营业收入、营业利润、从业人员均同比增长了 8.4%、15.8%、18.4%、1.0%。大型企业营业收入、营业利润同比实现双增长，中、小、微型企业的营业收入、营业利润同比则出现双下滑，表明广东省中小微型环保企业生存较为艰难。此外，全省环保产业营业收入超过 3000 亿元，全国排名第二，仅次于北京市，但与全省超过 10 万亿的经济总量相比，环保产业所占的比重依然偏低。二是环保产业区域发展不均衡，自主创新能力不足。从地域分布看，列入统计的 1607 家企业主要集中分布在广州、佛山、深圳、东莞、中山和惠州等 6 个地市，其企业数量之和在全省占比为 73.2%；其中，深圳和广州 2 个地市的营业收入、环保业务营业收入占比合计分别达 81.4%、72.3%。另外，由于企业规模小，普遍缺乏人才和资金，以环保企业为主体的技术开发和创新体系力量又相当薄弱，无法构成强大的环保技术创新体系，环保产业未来发展原动力有待加强。

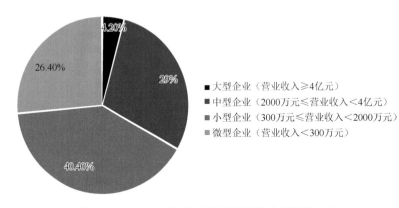

图 3-52　2020 年列入统计的不同规模企业数量占比

　　党委领导、政府主导、企业主体、社会组织、公众参与的多元共治治理体系尚未全面建立。部分排污单位"自证守法"意识不强、企业治污主体责任落实不到位，垃圾分类、绿色消费、节水节电等绿色生活方式尚未完全转化为公众的自觉行动，"要我环保"向"我要环保"转变的社会共识尚未全面形成，全民生态环境素养有待提升。生态环境宣教能力需持续提升，生态环境科普和科研工作有待加强，环境舆情管理与风险防控体系有待健全。

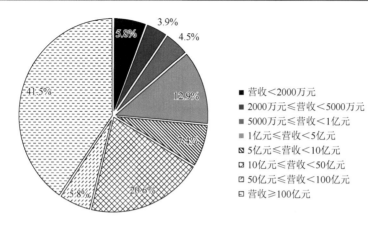

图 3-53　2020 年列入统计的不同营收规模的企业环保业务营业收入占比①

5. 科技创新与数字技术对生态环保赋能不足，科学治污仍待发力

生态环境治理能力建设有待加强。生态环境监测能力建设有待进一步强化，结构改革新划转的农业农村、地下水、入河（海）排污口、海洋的监测职能、支撑力量较为薄弱，精准溯源监测能力仍有不足；空气质量精细化和中长期预测程度不够，地表水环境和饮用水源地环境监测指标不齐备，土壤污染监测数据难以归集，海洋、生态、土壤环境预警预报能力薄弱，污染源在线监控普及率不够，化工园区环境安全预警功能不足，应急监测能力发展不平衡；部分驻市监测机构和县级监测机构站房条件落后，地级以上市所属的县（区）执法监测能力不足问题较为突显；遥感监测与常规监测业务尚未实现有机融合。基层生态环境保护执法力量仍然不足，环境监察机构能力建设进展滞后，环保机构尚未延伸到乡镇一级，执法设备相对落后，信息化水平不高。环境基础设施短板有待补齐，污水处理设施及配套管网、固体废物安全利用处置能力。环保科教人才体系亟须完善，环保科技市场与技术未能有效对接；企业自身的技术创新研发投入不足，产学研结合不够紧密，作为节能环保科技成果主要供给方的高校和科研院所对市场信息、科研成果价值、应用前景等方面的分析判断与作为应用实体的企业相比存在着明显差异；缺乏有效的信息沟通渠道，造成大量的科研成果不能转化为应用技术；环保科技人才需求激增，但企业在人才培养上缺乏行动力和足够的经验，以致全省仍缺少大量专业素质高且富有经验的环保技术和运营管理人才，环保科技的创新能力受限。随着生态环境保护涉及领域的拓展、治理范围的延伸以及改善目标的进阶，生态环境治理能力对生态环境保护工作的有效支撑亟待全面增强。对广东而言，生态环境保护科技支撑能力仍有欠缺，臭氧防控等成因仍待深入研究，

---

① 因数值修约，饼状图各数值之和与 100% 稍有偏差。

陆海协同治理仍处于摸索阶段，飞灰资源化、重金属修复等传统难题仍缺乏关键适用性技术，绿色低碳领域技术储备和创新能力不足。大数据、人工智能、区块链等信息技术手段在生态环境保护领域的应用尚处于起步阶段，科技创新的支撑作用亟待加强。智慧环保体系亟待加快建设和完善，环境大数据平台、"互联网+"环保云平台尚在推进中，各类环境数据多头采集、难以共享的问题普遍存在，在环境风险防控领域，信息化水平不足。环境监管仍临多重挑战，执法力量亟待加强。亟须聚焦治理主体的多元共治、良性互动，治理机制的均衡有效、长效激励和治理能力的统筹联动、精准科学，积极争取国家政策支持，突出先进区域的示范带动作用，推动环境治理体系建设向纵深推进。

第4章 美丽广东建设进程分析

每一代人有每一代人的长征路，每一代人都要走好自己的长征路。《广东省环境保护规划纲要（2006—2020年）》已经翻过华章，当前在美丽中国战略引领下，全国各地迈入以昂扬奋斗的姿态开展美丽建设的新征程。新征程新气象，有必要采用科学的理论和方法摸清广东在全球、全国的历史方位，剖析省内区域发展面临的矛盾和问题，基于全球视角积极吸纳不同尺度美丽建设的有益经验，进而为美丽广东的建设打下坚实的基础。

4.1 基于全球视角的环境经济对比分析

4.1.1 广东与部分发达国家环境经济发展进程对比

1. 首次迈入高收入经济体行列，但发展质量与部分发达国家存在差距

"十三五"时期，广东省经济总量实现新突破，地区生产总值实现从7万亿元到11万亿元的跨越，2020年达11.08万亿元，连续32年位居全国第一。2020年，广东人均GDP达8.82万元，按当年平均汇率计算达1.28万美元，超过世界银行高收入经济体标准（2020年人均GDP达到1.2536万美元），广东首次跨入高收入经济体行列，标志着广东省经济社会发展进入新的阶段。

深圳、广州等部分城市已出现创新型经济特征，但珠三角大部分地区制造业比较发达，处于工业经济向服务经济转型的过程中，同时工业经济和港口经济依然存在，经济发展的梯度差异明显。2020年珠三角地区人均GDP为2.16万美元，与部分发达国家和国际一流湾区仍存在一定的差距。

2. 生态环境质量改善取得显著成就，但仍有改善空间

"十三五"期间，广东省深入推进蓝天、碧水、净土保卫战和七大标志性重大战役，生态环境保护取得历史性成就。2020年全省空气质量优良天数比例（以AQI达标率衡量）达95.5%（目标95.5%），$PM_{2.5}$年均浓度达22 $\mu g/m^3$（目标33 $\mu g/m^3$）；地表水优良水质断面比例提高到87.3%（目标84.5%），劣Ⅴ类断面全部消除；受污染耕地安全利用率、污染地块安全利用率分别达87.3%、100%（目

标分别为 87%、90%）；SO$_2$、NO$_x$、COD、氨氮排放量的下降幅度均超过既定目标，挥发性有机物排放量比 2015 年明显下降。目前，广东省生态环境质量虽然在全国处于领先水平，但与部分发达国家生态环境质量相比，仍有改善空间。

（1）空气环境质量

空气环境质量方面，2020 年全省 AQI 达标率为 95.5%，PM$_{2.5}$ 年均浓度为 22 μg/m^3，与克罗地亚、智利、罗马尼亚等人均 GDP 相近国家接近，但高于英国、美国、日本、德国等发达国家。与世界三大湾区空气质量相比，三大湾区臭氧浓度于 2000 年以后基本开始进入下降通道，广东尚未遏制上升趋势。

（2）水环境质量

水环境质量方面，根据 OECD 统计署数据库提供的 OECD 各国主要河流生化需氧量（BOD）浓度数据，结合主要发达国家经济对标年份，选取 OECD 数据库中相应河流进行分析，按照我国《地表水环境质量标准》（GB 3838—2002）的 BOD 浓度标准对 OECD 河流进行分类，BOD 浓度不超过 4 mg/L 的河流认为是好 III 类河流，BOD 浓度为 4～6 mg/L（不含 4 mg/L）的为 IV 类河流，BOD 浓度为 6～10 mg/L（不含 6 mg/L）的为 V 类河流，BOD 浓度超过 10 mg/L 的为劣 V 类河流。对比人均 GDP1.8 万美元的发达国家历史同期水质（图 4-1），除美国以外，广东省优良水体比例与发达国家当年水平基本相当甚至略好，但 V 类河流比例较高，消除差水是广东省水环境治理重点。

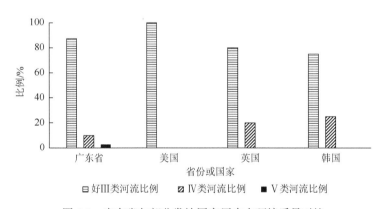

图 4-1　广东省与部分发达国家历史水环境质量对比

3. 碳排放强度落后于部分发达国家，资源能源利用效率有待提升

广东省全省单位 GDP 能耗为 0.263 kg 石油/美元，单位 GDP 碳排放强度为 0.388 kg 二氧化碳/美元，与世界三大湾区存在一定差距（图 4-2）。全省单位 GDP 用水量约为 264m^3/万美元，水资源利用效率与美国平均水平较为接近，但距离日本平均水平仍有一定差距，高出日本 30 个百分点。资源能源利用水平差距主要来源于珠三角地区产业发展的结构性特征，广东省整体服务业在国民经济结构中占比较低，产业结构短期内难以得到根本性转变，绿色发展水平提升任务艰巨。

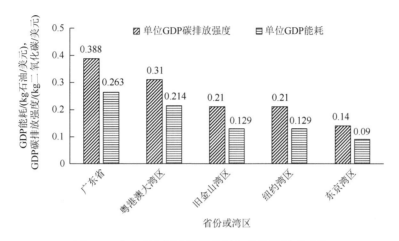

图 4-2　广东省与四大湾区能耗和碳排放强度对比

国际三大湾区数据来源：IEA（International Energy Agency）数据库，折算了 2016 年区域 GDP

从人均碳排放强度来看，全球人均碳排放量在逐步增加，2019 年全球人均碳排放量为 4.7 t，近 30 年发达国家的人均碳排放趋势平稳。目前全球人均二氧化碳排放量最大的三个国家分别是澳大利亚、美国、加拿大。虽然中国的碳排放总量全球第一（约占总量的 25%），人均碳排放发展迅速，但与全球人均碳排放相比，广东省人均碳排放与全球平均水平（4.7 t/人）持平，远低于澳大利亚（16.3 t/人）、美国（16.0 t/人）、加拿大（15.4 t/人）等发达国家，但高于瑞士（4.3 t/人）等国家（图 4-3）。

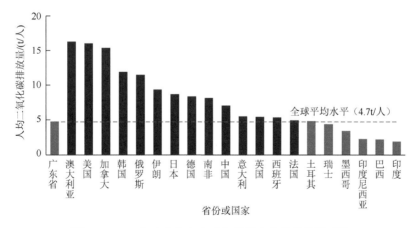

图 4-3　2019 年广东省与全球部分国家人均碳排放对比

数据来源：世界银行数据库

4.1.2　国际三大湾区环境经济发展进程分析

1. 美国纽约湾区

（1）经济社会概况

纽约湾区，又称为纽约大都市区，地处美国东北部大西洋西岸，以纽约市为中心，由纽约州东南部、康涅狄格州（简称"康州"）西南部、新泽西州北部等 31 个县联合组成，面积达 33 670 km²。纽约湾区因其发达的金融和制造业、便利的交通、整体水平极高的教育和环境成为美国甚至全球最有吸引力的地区之一。2015 年纽约湾区 GDP 近 1.5 万亿美元），人口达到 2285 万，人均 GDP 约为 6.5 万美元，城市化水平达到 90% 以上，制造业产值占全美的 30% 以上，被视为国际湾区之首。纽约湾区各城市分工明确，形成了分别以曼哈顿地区、康涅狄格州与新泽西州为中心进行错位发展的良好格局。

曼哈顿地区位于纽约州东南部哈得孙河口，临大西洋，是纽约湾区的核心，总面积 57.91 km²，采用以金融商务服务业为主导产业集群发展的模式，是纽约市五个区中面积最小却是经济最发达的区域，全球银行、保险公司、交易所及大公司总部云集，集中了百老汇、华尔街、帝国大厦、格林威治、中央公园、联合国总部、大都会艺术博物馆、第五大道等标志性建筑，是世界上就业密度最高的城市，也是公交系统最繁忙的城市，每日旅客量近 3000 万。

康州地区位于纽约湾区东北部，为美国传统工业重镇，制造业历史悠久，种类多样，是全美最重要的制造业中心之一。该州军事工业发达，素有"美国兵工厂"之称，曾诞生出美国的第一艘潜水艇和第一架直升机，在金属制造、电子及塑料工艺等方面也处于技术领先水平，吸引了大量企业来此投资。此外，全球对冲基金之都格林威治（174 km² 内汇集 50 余家顶级对冲基金）也坐落于此，体现了康州地区不俗的金融地位。整体而言，康州是美国较为富裕的地区之一，多年以来人均 GDP 位居美国各州排名前列。

新泽西州位于纽约湾区西北部，制药业非常发达，在全美名列第一，拥有世界上最大的 21 家制药和医疗技术公司总部或中心，销售额约占全球制药业销售总额的一半，以及各类制药企业 270 余家，生产的药品占全美的 25%。此外，依托普林斯顿大学和贝尔实验室等高端人才和技术支撑，该州在高科技研发方面也具备领先优势。

（2）生态环境状况

纽约湾区是全球最强有力的经济核心区，其良好的城市生态环境也是湾经济形成的重要因素。自 20 世纪 60 年代，纽约湾区伴随着工业化和城市化的发展，曾面临大气污染、水污染、绿色空间不足等环境问题。通过具有前瞻性的规划布局及长期性的环境治理，整体湾区生态环境得到了极大的改善，目前整体区域生态环境优良，大气、水环境质量处于近年来最优状态，湾区总体空间格局更加人性化、绿色化和便捷化，区域整体生态环境得到显著提高。

区域大气环境质量方面，大气污染治理卓越，主要污染物浓度下降趋势显著，1990～2016 年 SO_2 日最大小时浓度下降率高达 93.6%，CO-8h 浓度、PM_{10} 日均浓度、NO_2 年均浓度、$PM_{2.5}$ 年均浓度和 O_3-8h 浓度分别下降 75%、57%、53%、44% 和 24%，在以上大气污染物中，除了 NO_2 年均浓度下降率与同期美国平均下降率基本持平外，其他污染物下降率在过去 26 年间均超过美国总体下降幅度。当前，纽约湾区大气质量优良，主要大气污染物浓度全部达到美国环境空气质量一级标准（NAAQ），其中 2016 年 $PM_{2.5}$ 年均浓度（$7\mu g/m^3$）与 PM_{10} 24 小时平均浓度（$31\mu g/m^3$）均达到世界卫生组织空气质量准则值（AQG）标准，2016 年 SO_2 日最大小时浓度、NO_2 年均浓度、CO-8 h 与 O_3-8h 浓度分别为 5 ppb[①]、11.5 ppb、2 ppm[②]和 0.07 ppm，空气质量得到持续改善（图 4-4）。

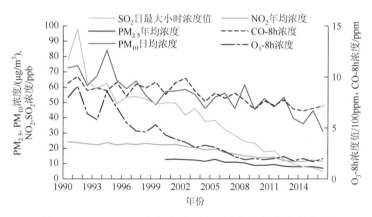

图 4-4　1990～2016 年纽约湾区主要大气污染物变化趋势
原始数据来源于美国环境保护署大气数据库

区域水环境质量方面，水环境质量长期呈现良好的改善态势。现阶段，纽约区域饮用水水质已达到美国国家一级饮用水标准，且处于美国前列，以我国饮用水标准来看，也已达标。湾区地表水水质整体状况优良，从水生态服务功能来看，区域没有受威胁水体[③]，河流、湖泊和水库、入海河口、近岸海域等四类地表水的

---

① ppb，parts per billion，表示十亿分之几。

② ppm，parts per million，表示百万分之几。

③ 受威胁水体参照美国环境保护署的定义，具体指水体的一个或多个所在州指定生态服务功能有潜在危险，在不采取污染控制措施的情况下，水质可能会持续恶化，导致水体生态服务功能丧失。

优良水体①占比均大幅度高于美国相应类别的优良率（表4-1）。具体表现而言，湾区河流生态服务功能整体保持良好，2014年河流优良水体占比为71.6%。湖泊和水库、入海河口以及近岸海域的受损水体②均超过50%，越靠近大西洋海域，地表水水质生态服务功能削减越严重，其中近岸海域水体生态服务功能受损率最高。若以我国地表水环境质量标准计量，美国优良水体标准相当于我国二类水体标准，也就是说纽约湾区河流水质整体已达到二类水体标准，湖泊和水库、入海河口以及近岸海域的受损水体率虽高，但大部分水体只是少量生态服务功能受损，且处在改善阶段，以我国水质标准，整体水质则为良或一般，区域完全消除黑臭水体。

表4-1　2014年纽约湾区与美国地表水水质情况

水质		河流	湖泊、水库	入海河口	近岸海域
优良水体占比/%	纽约湾区	71.6	42.8	33.5	18.3
	美国	46.8	29.1	20.5	9.0
受威胁水体占比/%	纽约湾区	0.0	0.0	0.0	0.0
	美国	0.4	0.2	0.0	0.0
受损水体占比/%	纽约湾区	28.4	57.2	66.5	81.7
	美国	52.8	70.7	79.5	91.0

注：数据通过美国环境保护署水质数据库计算得到。

在城市生态环境与空间布局方面，纽约湾区作为美国人口密度最高、经济发展程度最高的区域之一，着眼于经济、社会与环境并重的可持续发展理念。湾区内的城市绿化覆盖率超过北美平均水平，城市内部包括街道、广场、居住区户外场地、公共绿地及公园等用途的开放空间面积保持在国际较好水平，城市绿色基础设施处于快速发展阶段，其中区域范围内的非机动车道包括自行车道、登山道和步行道的建设也在加快进行，2017年湾区已建成的非机动车道路长达1308.6 km，在建非机动车道699.9 km，未来规划仍继续要建606.2 km。湾区人居环境及公共空间建设已由单一元素可持续性发展向一个跨尺度、多层次的绿色网络结构路线进行转变，城市可持续性发展得到了较大提高。

2. 美国旧金山湾区

（1）经济社会概况

旧金山湾区地处加州北部，位于沙加缅度河下游出海口的旧金山湾四周，包

---

① 优良水质参照美国环境保护署的定义，具体指水体的所有所在州指定生态服务功能都保持良好，包括部分生态功能曾遭损害，但已修复的水质情况。

② 受损水体参照美国环境保护署的定义，具体指水体一个或多个所在州指定生态服务功能已丧失的情况。

括 9 个县和百余个大小城镇, 可分为北湾、东湾、南湾和半岛四个区域, 总人口约 765 万, 陆地面积 1.8 万 km²。旧金山湾区是全球最重要的高科技研发中心之一, 拥有全美第二多的世界 500 强企业 (仅次于纽约), 是包括谷歌、苹果、脸书等互联网巨头和特斯拉等创新科技企业的全球总部, 科技经济占比超过了区域 GDP 的 50%。2015 年旧金山湾区总 GDP 高达 7855 亿美元, 超越纽约市, 仅次于世界 18 个国家。旧金山湾区有 3 个中心城市, 分别是位于半岛北端的旧金山、位于南湾的圣何塞以及位于东湾的奥克兰, 形成各具特色、优势互补的三大区域中心。

旧金山市区位于半岛北部, 是湾区主要人口聚居地, 城市人口密度是美国第二高。旧金山市以旅游业、服务业和金融业为主要产业, 是美国西部最大的金融中心。由于打车软件运营商优步、社交媒体推特等知名技术公司总部的设立, 旧金山市也成为了全球互联网初创公司与新兴社交媒体的大本营。同时, 依托医学和生物技术出类拔萃的加利福尼亚大学旧金山分校, 大量尖端生物医药公司也落户旧金山。

北湾位于金门大桥北部, 是美国著名的酒乡和美食之都。由于人口密度小、缺少大规模人口聚居区, 北湾是湾区唯一没有通勤轨道交通的地区, 金门大桥是此区往旧金山唯一的道路。除了一小部分地区外, 北湾是一个极为富有的区域, 马林县经常被列为全国最富有的行政区。

东湾位于旧金山湾区东部, 主要包括旧金山湾和圣巴勃罗湾沿岸东部的城市。奥克兰是东湾最大的城市, 也是湾区第三大城市, 是美国西海岸主要交通枢纽, 以港口经济为主, 作为美国第五大集装箱货运港口, 拥有湾区最大海港。另外, 美国顶尖高校加利福尼亚大学伯克利分校也坐落在东湾, 为经济发展提供科技支撑。

半岛是指介于旧金山市和南湾之间的地区, 由圣马特奥县的数个中小型城市和近郊社区和圣塔克拉拉县西北部所组成。旧金山港是世界三大天然良港之一, 主要经营散货装卸、渡轮服务和船舶修理业务。

南湾以硅谷地区为主, 集中大量世界知名大型高新科技企业, 涉及计算机、通信、互联网、新能源等多个产业, 包括全球市值前列的苹果公司、"字母表" 公司 (谷歌母公司)、脸书公司, 老牌科技巨头惠普、思科、英特尔等。主要城市以圣何塞为代表的, 电子工业发达, 集中了电子计算机、电子仪表以及宇航设备等制造业。

（2）生态环境状况

旧金山湾区目前是全球环境质量标准最为严格的区域, 也是自然生态环境保护得最好的区域, 是国际公认的生态宜居湾区。2017 年 10 月旧金山北湾爆发的山火, 湾区大气环境质量产生较大波动, 大气颗粒物浓度迅速上升, 目前加州地区已采取积极的大气治理措施，逐步控制污染态势。从长期变化态势来看，近十年来旧金山湾区大气、水环境质量持续稳定达到加州标准，生态环境整体状况保持优良。

区域大气环境质量方面，旧金山湾区大气环境质量良好，常规大气污染物长期稳定保持在较低水平。2005～2014 年旧金山湾区 NO_2、PM_{10}、$PM_{2.5}$ 和 O_3 等主要大气污染年均浓度呈逐步下降趋势，持续稳定达到加州标准，其中 NO_2、PM_{10}、$PM_{2.5}$ 年均浓度和 O_3-8h 浓度分别下降 26%、14%、9% 和 11%，$PM_{2.5}$ 年均浓度（$9\mu g/m^3$）与 PM_{10} 年均浓度（$16\mu g/m^3$）均达到 AQG 标准，2014 年 O_3-8h 浓度仅 10 天超过加州标准（0.070 ppm），5 天超过美国联邦标准（0.075 ppm）。2014 年 SO_2 日均浓度自 2008 年有小幅度上升，但已稳定控制在 4 ppb，达到加州标准（图 4-5）。其他常规大气污染物浓度也持续保持在较低水平，2014 年湾区 CO-8 h 浓度全年均达到加州（9 ppm）与联邦标准（9 ppm）。

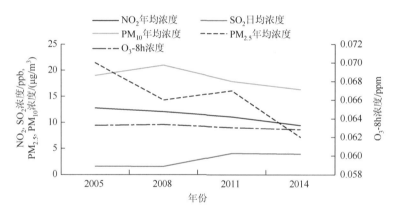

图 4-5　2005～2014 年旧金山湾区主要大气污染物变化趋势

原始数据来源于湾区空气质量管理区数据库

区域水环境质量方面，自 20 世纪 60 年代，旧金山湾区开展水环境治理，整体水质有了极大改善，但水质状况仍不乐观。从整个加州区域来看，加州地表水水质受损水体占比大，河流、湖泊和水库、入海河口和近岸海域四大水体的受损水体占比均高于美国同类水体平均水平。对于旧金山湾区而言，对区域内的旧金山湾、圣巴勃罗湾和野狼溪三大水体进行统计，以加州水质标准，地表水湖泊和水库受损水体占比高达 100%，水体污染程度较高，水生态服务功能削减（表 4-2）。湾区饮用水水质达到加州和美国联邦标准，相当于也达到国内饮用水标准，饮用水水质良好。整体看旧金山湾区水质情况评估较差的主要原因，是加州执行的是美国甚至全球最严的水质标准，其优良水体标准超过我国地表水 II 类标准，接近 I 类，因此，尽管湾区地表水水体受损率较高，但其执行的水质标准高、标准项

目多，以国内水质标准计量，区域完全消除黑臭水体，整体地表水水质依然处于
一般或良好以上。

表 4-2　2012 年加州地区与美国地表水水质情况

水质		河流	湖泊、水库	入海河口	近岸海域
优良水体占比/%	旧金山湾区	26.4	0.0	8.3	6.9
	美国	46.8	29.1	20.5	9.0
受威胁水体占比/%	旧金山湾区	0.0	0.0	0.0	0.0
	美国	0.4	0.2	0.0	0.0
受损水体占比/%	旧金山湾区	73.6	100.0	91.7	93.1
	美国	52.8	70.7	79.5	91.0

注：数据通过美国环境保护署水质数据库计算得到。

区域生态环境质量方面，旧金山湾区自然生态环境优越，拥有七个国家野生
生物保护区，和丰富的滨海湿地资源，自然生态环境有较大优势。在城市生态环
境中，旧金山湾区城市绿色化高达 30%，最大化保留并充分利用公园与绿地资源，
在城郊和中心城区注重公共空间建设，合理规划城市空间布局，人性化的城市规
划设计是全球城市空间布局的优秀范例。

3. 日本东京湾区

（1）经济社会概况

东京湾区位于日本本州岛中部太平洋海岸，是优良的深水港湾，由东京都、
埼玉县、千叶县、神奈川县共同组成，总面积为 1.34 万 km²，占全国面积的 3.5%，
人口则多达 4000 多万人，占全国人口的三分之一以上。东京湾区 2015 年 GDP 达
12.39 千亿美元，经济体量约占日本的三分之一，集中了日本的钢铁、有色冶金、
炼油、石化、机械、电子、汽车、造船等主要工业部门，是日本最大的重化工业
基地和能源基地、国际贸易和物流中心，也是全球最大的工业产业地带。东京湾
区共拥有横滨港、东京港、千叶港、川崎港、横须贺港和木更津港等六大港口，
年吞吐量超过 5 亿 t，并构成了鲜明的功能分工体系。

东京都位于日本列岛中央的关东地区南部，以对外贸易、金融服务、精密机械、
高新技术等高端产业为主，是日本最大的金融、商业、管理、政治、文化中心。全
日本 30% 以上的银行总部、50% 销售额超过 100 亿日元的大公司总部都设在东京。

神奈川县位于东京西南部，拥有日本最大的贸易港，人口数仅次于东京和大
阪、平均人口密度超过 3000 人/km²，工农业总产值仅次于爱知县居日本第二。主
要城市以横滨为代表，横滨是仅次于东京的日本第二大城市，工业以重化工为主，

炼油、电器、食品、机械、金属制品等工业产值占工业总产值的80%，在国际市场上极具竞争力。

千叶县位于日本关东平原东南部，由北部的关东平原和中南部的房总半岛组成，是日本开发成就最为显著的地区之一，也是为数不多的农业、水产业、工业县。

埼玉县是位于日本关东地区中部的内陆县，交通网络稠密，两条新干线构成交通运输主动脉，是日本东部最重要的交通中心之一。拥有丰富的土地资源和森林资源，以工业、文化、艺术闻名，是东京北部最重要的工业区。

（2）生态环境状况

东京湾区曾在20世纪六七十年代遭遇了严重的环境污染，并造成了危及居民健康的环境公害事件。自此之后，日本开始强力治理环境污染，以东京湾区为典型，全面铺开环境整治措施，进行污染修复工作。时至今日，东京湾区成为全球环境治理最成功的区域之一，环境质量状况得到了显著变化，生态环境保护意识深入人心，城市绿化覆盖率居于全球一线城市前列。

区域大气环境质量方面，东京湾区主要污染物浓度变化已步入平稳态势，用国内环境空气质量标准计量，东京湾区大气环境主要大气污染物（SO_2、NO_2、$PM_{2.5}$、SPM、CO）已稳定达到一级标准。从2009到2016年，东京湾区主要大气污染物 NO_2、SO_2、$PM_{2.5}$、SPM、CO年均浓度处于稳步下降的趋势，下降率分别为33%、35%、23%、34%和26%，多年来 O_x 年均浓度下降趋势不明显，已基本稳定在0.035 ppm左右（图4-6）。与世界卫生组织空气质量标准相比，东京湾区 $PM_{2.5}$ 已达到过渡时期目标3（15 $\mu g/m^3$）的标准，正在逐步向AQG标准（10 $\mu g/m^3$）迈进。整体而言，目前东京湾区大气环境质量良好，并持续保持各大气污染物浓度逐步下降的积极态势。

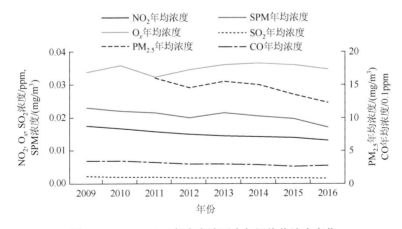

图4-6　2009~2016年东京湾区大气污染物浓度变化

原始数据来源于日本环境省大气环境数据库

区域水环境质量方面，东京湾区近年来地表水水质得到显著改善，湾区河流水质以 BOD 为标准计量，2015 年总达标率较 2005 年提高了 16%，与国内地表水水质 BOD_5 标准比较，2015 年湾区已有 94% 河流达到 III 类水质标准，其中 57% 达 I 类水质标准（表 4-3）。对于东京湾区湖泊、水库水质情况，2015 年 COD 总达标率比 2005 年总达标率提高了 6%，且在这十年间，持续保持 100% 达到国内 I 类水质的 COD 标准，湾区湖泊、水库的总磷浓度达标率从 2005 年到 2015 年有 2% 的小幅度下降（表 4-4），其原因主要是区域纳入监测的湖泊、水库数量增多，达标标准提高，以致达标率下降，实际上湾区达标的湖泊、水库水体的数量是增加的，总体水质仍呈积极态势。对于东京湾区近岸海域，水质总体保持稳定，水体的 COD 与总磷浓度总达标率 2005～2015 年分别稳定保持在 50% 和 60%，但与国内海水水质标准相比，2015 年东京湾区近岸海域 COD 达到国内 III 类水质标准占比较 2005 年提高了 18%，整体水质在逐步改善（表 4-5）。

表 4-3　2005 年与 2015 年东京湾区河流 BOD 达标情况

BOD 类型		AA	A	B	C	D	E
基准值/(mg/L)		1	2	3	5	8	10
2005 年	达标率/%	100	76	73	78	88	83
	总达标率/%	78					
	达到国内 III 类水质标准占比/%	76					
2015 年	达标率/%	100	89	92	97	100	100
	总达标率/%	94					
	达到国内 III 类水质标准占比/%	94（57% 达到 I 类水质标准）					

注：数据根据日本环境省公共水域数据库计算所得。国内地表水 III 类水质 BOD_5 标准为 4 mg/L，I 类水质 BOD_5 标准为 3 mg/L。

表 4-4　2005 年与 2015 年东京湾区湖泊、水库 COD 和总磷浓度达标情况

类型		COD			总磷浓度			
		AA	A	B	I	II	III	V
基准值/(mg/L)		1	3	5	0.005	0.01	0.03	0.1
2005 年	达标率/%	0	57	0	0	0	67	0
	总达标率/%	40			40			
	达到国内 III 类水质标准占比/%	100（且达到 I 类水质标准）			60			
2015 年	达标率/%	0	60	0	0	0	75	0
	总达标率/%	46			38			
	达到国内 III 类水质标准占比/%	100（且达到 I 类水质标准）			50			

注：数据根据日本环境省公共水域数据库计算所得。国内地表水 I 类水质 COD 标准为 15 mg/L，地表水 III 类水质总磷浓度（湖、库）标准为 0.05 mg/L。

表 4-5　2005 年与 2015 年东京湾区近岸海域 COD 和总磷浓度达标情况

近岸海域		COD			总磷浓度		
类型		A	B	C	II	III	IV
基准值/(mg/L)		2	3	8	0.03	0.05	0.09
2005 年	达标率/%	33	23	100	0	0	100
	总达标率/%	50			60		
	达到国内III类水质标准占比/%	68			—		
2015 年	达标率/%	33	23	100	0	0	100
	总达标率/%	50			60		
	达到国内III类水质标准占比/%	86			—		

注：数据根据日本环境省公共水域数据库计算所得，国内海水 III 类水质 COD 标准为 4 mg/L。

区域生态环境质量方面，自 20 世纪五六十年代，以东京湾区代表的工业区域遭到严重的生态破坏之后，日本政府开始大力度整治，强化国家生态环境保护。据相关资料统计，日本全国绿地覆盖率达 66%，位列全球第三，在 1972 年日本颁布《都市公园整备紧急措施法》后，仅以东京都计算，绿地面积每年以大概 10% 的速度递增，如今东京公园绿地总面积达 1969 hm²，数量达 2795 处，在寸土寸金的东京，人均绿地面积达 3.01 m²，城市绿化率在世界大都市也名列前茅。从湾区全域来说，自然保护区面积近 14 万 hm²，占湾区总面积 1.04%，超过日本自然保护区的国土面积占比，为 0.2%。整体而言，区域自然生态环境优势较大，生态环境质量优良。

4. 四大湾区对比分析

粤港澳大湾区在人口、经济总量、单位 GDP 用水量等社会经济指标方面，已与世界一流湾区水平相当，2018 年粤港澳大湾区 GDP 达到 1.68 万亿美元，人均 GDP 达到 2.32 万美元，经济总量已超旧金山湾区（0.78 万亿美元），与纽约湾区（1.77 万亿美元）、东京湾区（1.8 万亿美元）差距逐步减小，人均 GDP 已达中等发达国家水平。此外，粤港澳大湾区产业结构、人均 GDP 和资源能源利用效率等指标处在上升趋势，第三产业占比已达 65%，单位 GDP 用水量已超美国平均水平，但单位 GDP 能耗相对较高，经济产业结构转型空间较大。

生态环境方面，粤港澳大湾区主要江河水质总体较好，珠江流域水质处在全国七大水系前列，地表水黑臭水体占比也处国内各大湾区较低水平，但与国际三大湾区全面消除地表黑臭水体的现状相比，黑臭水体整治工作仍需加强；大气环境质量与国际三大湾区相比有一定差距，但总体稳中向好，深圳、惠州、珠海、中山等城市长期位于全国重点城市空气质量排名前 10 位；大湾区城市生态环境良好，经济与环境协调发展态势显现。

　　粤港澳大湾区生态环境治理与保护工作在过去几年取得积极成效，与世界先进水平差距正加速缩小，但环境形势依然严峻，黑臭水体、雾霾等环境问题突出，有必要借鉴国际一流湾区环境保护有效经验，走出具有粤港澳大湾区实际特色的绿色发展之路。

4.2　基于全国视角的美丽建设进程分析

4.2.1　指标体系

　　2020 年 2 月，国家发展改革委印发《美丽中国建设评估指标体系及实施方案》，制定了美丽中国建设评估指标体系。该体系面向 2035 年"美丽中国目标基本实现"的愿景，按照体现通用性、阶段性、不同区域特性的要求，聚焦生态环境良好、人居环境整洁等方面，包括空气清新、水体洁净、土壤安全、生态良好、人居整洁 5 类指标，分类细化提出 22 项具体指标。

　　综合考虑各类数据的可得性，结合最新形势和各省份美丽中国建设需求，基于人民群众关注的重点问题，对美丽中国建设评估指标体系进行保留、替换等调整，建立了包含空气清新、水体洁净、海清岸净、土壤安全、生态良好、人居整洁、绿色发展等 7 个领域、20 项指标的美丽中国建设优化指标体系（表 4-6）。

表 4-6　美丽中国建设指标优化体系

评估指标	序号	具体指标（单位）
空气清新	1	地级及以上城市空气质量优良天数比例（%）
	2	地级及以上城市细颗粒物（$PM_{2.5}$）浓度（$\mu g/m^3$）
	3	地级及以上城市可吸入颗粒物（PM_{10}）浓度（$\mu g/m^3$）
	4	臭氧（O_3）年评价浓度（$\mu g/m^3$）
水体洁净	5	地表水水质优良（达到或好于Ⅲ类）比例（%）
	6	地表水劣Ⅴ类水体比例（%）
海清岸净	7	近岸海域水质优良（一、二类）面积比例（%）
土壤安全	8	受污染耕地安全利用率（%）
	9	污染地块安全利用率（%）
	10	一般工业固体废物综合利用率（%）
生态良好	11	森林覆盖率（%）
	12	陆域生态保护红线占国土空间面积的比例（%）
	13	自然保护地面积占陆域国土面积比例（%）
	14	生态环境状况指数
	15	人均公园绿地面积（m^2）

评估指标	序号	具体指标（单位）
人居整洁	16	农村生活污水治理率（%）
	17	城市生活垃圾无害化处理率（%）
绿色发展	18	人均 GDP（元）
	19	单位 GDP 能耗（t 标准煤/万元）
	20	万元 GDP 用水量（m³）

1. 增加指标

为突出对"美丽中国"的全方位评价，在《美丽中国建设评估指标体系及实施方案》原有 5 类一级指标的基础上，增加"海清岸净"和"绿色发展"两项一级指标，具体包括"近岸海域水质优良（一、二类）面积比例""人均 GDP""单位 GDP 能耗""万元 GDP 用水量"等指标，用来衡量各省份近岸海域污染治理、经济发展水平、资源能源利用效率以及绿色发展水平。

为聚焦广东省突出环境问题，空气清新领域增加"臭氧年评价浓度"指标，用来衡量各省份臭氧浓度水平格局。土壤安全领域增加"一般工业固体废物综合利用率"，衡量各省份固体废物综合利用水平，进而体现土壤环境安全维护程度。为适应生态文明建设的新趋势新要求，生态良好领域增加"陆域生态保护红线占国土空间面积的比例""生态环境状况指数""人均公园绿地面积"几项指标，衡量各省份生态空间维护、生态系统稳定性以及城乡居民优美生态环境需要是否得到满足，进而全面体现生态文明建设状况。人居整洁领域增加城市生活垃圾无害化处理率。

广东省 21 个地市受污染耕地安全利用率因数据不易获取，采用优先保护类耕地面积占耕地总面积比例代替，用于衡量各市耕地质量，优先保护类耕地占比越大，污染程度越小，耕地质量越好。

2. 删减指标

基于各指标对生态环境质量的影响程度，删除"地级及以上城市集中式饮用水水源地水质达标率""重点生物物种种数保护率"指标，使指标体系集中于对生态环境质量有突出影响的要素。基于数据可得性考虑，删除"农膜回收率""化肥利用率""农药利用率""湿地保护率""水土保持率""城镇生活污水集中收集率""农村生活垃圾无害化处理率""城市公园绿地 500 米服务半径覆盖率""农村卫生厕所普及率"等 9 项来源于非生态环境部门的指标，避免缺项、数据空白的情况，从而便于对指标体系进行系统综合评估。

4.2.2　研究方法

由于各指标层量纲存在差异，且部分为负向指标，需要对统计指标进行标准化处理。设 x_{ij} 为第 i 个省份第 j 项指标的值，U_{ij} 为 x_{ij} 标准化处理后的值，设 $\max x_{ij} = 100$，$\min x_{ij} = 50$，则标准化处理公式为：对于正向指标，$U_{ij} = 50 + \dfrac{x_{ij} - \min x_{ij}}{\max x_{ij} - \min x_{ij}} \times 50$；对于负向指标，$U_{ij} = 50 + \dfrac{\max x_{ij} - x_{ij}}{\max x_{ij} - \min x_{ij}} \times 50$。指标采用等权重方法进行综合评价，每个指标权重（$w_{ij}$）分别确定为 5%。将指标数据标准化结果与其权重按 $I = \sum\limits_{i=1}^{20} U_{ij} w_{ij}$ 计算，得到美丽建设综合指数（I）。

4.2.3　评价结果

通过优化后的美丽建设指标对 2020 年数据进行核算评价，得到 2020 年全国 GDP 排名前十的省份美丽建设综合指数。总体来看，广东省美丽建设进程成效显著，但具体领域、个别指标仍需进一步强化。从综合指数看，广东省美丽建设综合指数为 84.6，排名第 3，落后浙江省（87.8）和福建省（86.2），与排名第 4、第 5 的四川省、上海市差距较小（图 4-7）。通过各省份分指标评估结果可以看出，广东省空气清新、生态良好、绿色发展等指标优势显著，在全国排名靠前，但水体洁净、海清岸净和人居整洁等指标仍存在短板，由此可见美丽广东建设存在不平衡不充分的问题。

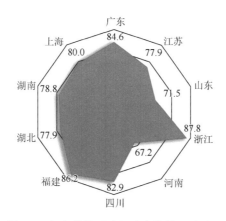

图 4-7　各省份美丽建设综合指数评价结果

1. 空气清新、生态良好、绿色发展指标全国领先

广东省城市环境空气质量在全国位居前列，2020年AQI达标率为95.5%，在全国31个省份中排名第8，细颗粒物（$PM_{2.5}$）年均浓度为22 $\mu g/m^3$，全国位列第5。2020年在GDP前10的省份中，广东省地级及上城市环境空气质量达标天数比例、地级及以上城市$PM_{2.5}$浓度、地级及以上城市PM_{10}浓度3项指标仅次于福建省，相较其他省份优势明显（图4-8）。2020年珠三角地区AQI达标率92.9%，$PM_{2.5}$年均浓度为21 $\mu g/m^3$，空气质量在全国三大重点区域保持标杆（图4-9）。2020年广东省臭氧年评价浓度为138 $\mu g/m^3$，高于福建（128 $\mu g/m^3$）、湖南（126 $\mu g/m^3$）、四川（135 $\mu g/m^3$），臭氧成为影响广东省空气质量达标的最主要因素（图4-10）。

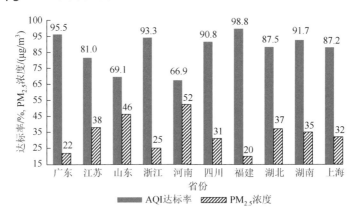

图4-8 2020年GDP前十省份空气清新指标对比

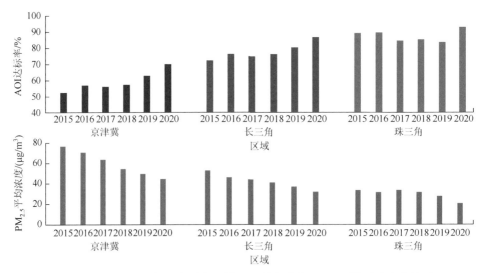

图4-9 2015～2020年三大重点区域AQI达标率与$PM_{2.5}$平均浓度变化情况

2015～2018年为标况数据，2019年和2020年为实况数据。

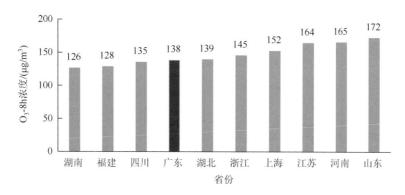

图 4-10　2020 年 GDP 排名前 10 的省份臭氧浓度

广东省生态状况良好，城市绿化基础扎实，生态良好指标位居前列。自然保护地面积占陆域国土面积比例、生态环境状况指数和人均公园绿地面积 3 项指标排名靠前，但森林覆盖率、陆域生态保护红线占国土空间面积的比例排名中等，分别排名第 4 和第 5。广东省自然保护地面积占陆域国土面积比例与人均公园绿地面积分别为 6.04% 和 18.1 m²，在 GDP 排名前 10 的省份中排名第一，较好地满足了生态安全维护以及城乡居民优美生态环境需要。广东省生态环境状况指数为 81，生态质量级别为优，植被覆盖率高，生物多样性丰富，生态系统稳定，在 GDP 排名前 10 的省份中位居第一。2020 年广东省森林覆盖率为 58.66%，在 GDP 排名前 10 的省份中排名第 4，仅次于福建省（66.8%）、浙江省（61.15%）和湖南省（59.96%），远高于全国平均水平。广东省陆域生态保护红线面积为 36 194.35 km²[①]，占全省陆域面积的 20.13%，低于四川、福建、浙江、湖北等省份（图 4-11）。

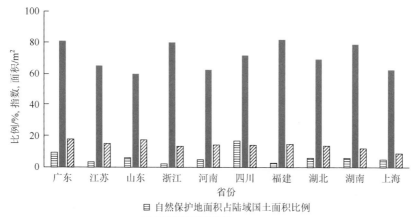

① 广东省生态保护红线暂采用 2020 年 9 月广东省人民政府报送自然资源部、生态环境部的版本。

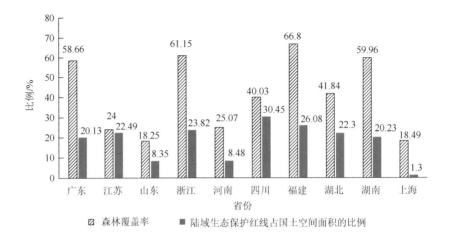

图 4-11　2020 年 GDP 前 10 省份生态良好指标对比

广东省在保持经济增长的同时，绿色发展进程也走在全国前列。经济社会发展规模在全国保持首位，2020 年广东省地区生产总值为 10.77 万亿元，比上年增长 2.3%，连续 32 年保持全国第一。人均 GDP 为 9.42 万元，排名全国第 6，是全国平均水平的 1.3 倍，次于北京（16.42 万元）、上海（15.73 万元）、江苏（12.36 万元）、浙江（10.76 万元）、福建（10.71 万元）（图 4-12）。广东省资源能源利用效率优势明显，在全国走在前列。2019 年全省单位 GDP 能耗为 0.32 t 标准煤/万元，在 GDP 前 10 的省份中，仅次于上海（0.31 t 标准煤/万元）；单位 GDP 用水量为 38.3 m^3/万元，在 GDP 前 10 省份中排名第 4，次于上海（26.4 m^3/万元）、浙江（26.6 m^3/万元）和山东（31.7 m^3/万元），仅为全国平均水平的 63.0%（图 4-13）。

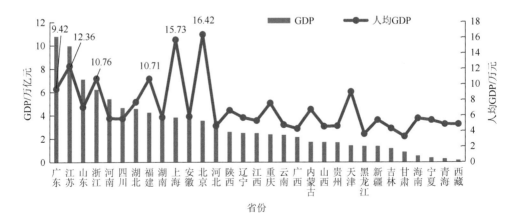

图 4-12　2020 年全国部分省份 GDP 和人均 GDP 对比

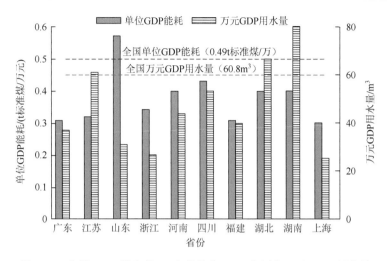

图 4-13 全国 GDP 排名前 10 省份单位 GDP 能耗和万元 GDP 用水量

2. 水体洁净、土壤安全指标处于中游水平

水体洁净指标优势不显著，2020 年广东省地表水国考断面水质优良率为 87.3%，在全国 31 个省份中排名第 19，地表水劣 V 类水体比例为 0，与北京、山西等 25 个省份并列第 1。珠江流域优良比例在全国七大流域中仅次于长江流域（图 4-14）。在 GDP 排名前 10 的省份中，广东省地表水国考断面水质优良率落后于其他省份，排名倒数第 4，与上海（100%）、四川（98.9%）、浙江（98.1%）、福建（96.4%）等省份差距较大（图 4-15），实现水质"长治久清"依然艰巨。GDP 排名前 10 的省份中，地表水劣 V 类水体比例均为 0。

土壤安全是广东省美丽建设的薄弱环节，农用地安全利用水平有待巩固提升。2020 年广东省受污染耕地安全利用率为 87.3%，在 GDP 排名前 10 的省份中排名

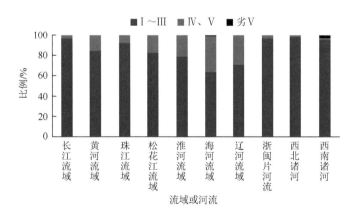

图 4-14 2020 年七大流域和浙闽片河流、西北诸河、西南诸河水质状况

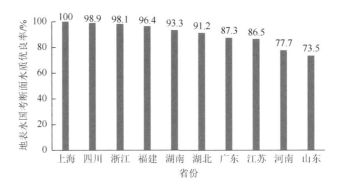

图 4-15　2020 年 GDP 前十省份地表水国考断面水质优良率

倒数，污染地块安全利用率为 100%，与山东、浙江等 5 个省份并列第 1。广东省一般工业固体废物回收利用体系亟待完善，部分收运体系和无害化处置能力不足，2020 年一般工业固体废物综合利用率为 81.1%，排名第 4，与江苏、浙江、上海差距明显。

3. 海清岸净、人居整洁指标排名相对落后

海清岸净、人居整洁领域是广东省的突出短板。广东省近岸海域水质较差，尤其是珠江口地区。2020 年近岸海域水质优良（一、二类）面积比例为 65.4%，在全国 11 个沿海省份中排名倒数第 4（图 4-16），是全国唯一一个入海河流尚未实现消劣的省份。在 GDP 排名前 10 的省份中，与山东（90.2%）、福建（82.9%）等省份差距较大。广东省农村量大面广、居住分散，农村生活污水治理难度比较大。与其他发达省份相比，广东省农村生活污水处理能力不足，治理任务非常繁重。2020 年广东省农村生活污水治理率仅为 42.2%，与浙江（90%）、上海（88%）、江苏（70%）、福建（70%）、四川（61.7%）等发达省份相比有明显差距。城市生活垃圾无害化处理率仅广东未达到 100%。

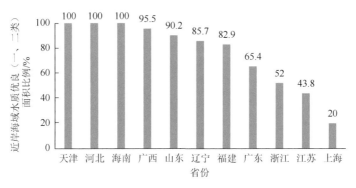

图 4-16　2020 年沿海省份近岸海域水质优良（一、二类）面积比例

4.3 基于全省视角的美丽建设进程分析

4.3.1 美丽建设综合指数分析

1. 数据处理

根据 4.2 节构建的美丽中国建设优化指标体系以及研究方法，对广东省 21 个地市的各项指标进行标准化处理，进而得到各地市的美丽建设综合指数。

2. 评价结果

采用各地市 2020 年数据进行评价，结果显示：各地市美丽建设进程存在差异，呈现两极分化的态势。区域内部差异较大，珠三角和粤东西北地区均有优劣城市。珠三角地区深圳、惠州、珠海、肇庆 4 个市成功创建国家生态文明建设示范市，生态基础良好，绿色发展水平较高，美丽建设进程领先全省。深圳市综合指数全省最高，达到 86.8，惠州、珠海、肇庆 3 市综合指数均超过 85。珠三角地区的东莞、佛山、中山综合指数在全省排名倒数，这 3 市虽然人均 GDP 较高，但是生态环境质量有待提高。粤东地区汕尾、汕头综合指数全省排名第 3 和第 11，空气清新、水体洁净、土壤安全等指标均排名靠前，揭阳、潮州综合指数相对较低。粤西地区阳江、茂名综合指数排名第 6、第 8，湛江综合指数排名倒数第 2，主要受生态良好、人居环境、绿色发展等指标落后影响。粤北地区内部综合指数差异相对较小，除清远综合指数较低外（77.6），梅州、云浮、韶关、河源综合指数均达 80 以上。

（1）空气清新指标

空气清新指标总体呈现向粤东、粤西倾斜的态势（图 4-17）。从地级及以上城市空气质量优良天数比例看，粤东西北地区明显高于珠三角地区，汕头、河源、梅州、茂名、云浮 5 市达到 98% 以上；珠三角地区深圳、惠州、肇庆地级及以上城市空气质量优良天数比例较高，其他城市普遍低于 94%，江门全省最低，仅 88%。珠三角、粤西地区地级以上城市 $PM_{2.5}$、PM_{10} 浓度较低。汕尾 $PM_{2.5}$、PM_{10} 年均浓度全省最低，为 18 $\mu g/m^3$ 和 29 $\mu g/m^3$；深圳和珠海 $PM_{2.5}$、PM_{10} 年均浓度较优，在经济发展水平领先的情况下较好地实现了颗粒物有效治理。清远和揭阳 $PM_{2.5}$ 年均浓度达到 28 $\mu g/m^3$，PM_{10} 年均浓度分别达 46 $\mu g/m^3$ 和 44 $\mu g/m^3$，大幅高于全省平均水平，大气污染防治重心仍未从颗粒物转变。臭氧年评价浓度分布格局受气候等因素影响，整体呈现珠三角地区高、东西两翼低的态势。粤东、粤西普遍不高于 140 $\mu g/m^3$，茂名最优，仅 116 $\mu g/m^3$；珠三角地区臭氧污染问题较为明显，江门臭氧年评价浓度最高，达到 173 $\mu g/m^3$，超出国家二级标准（160 $\mu g/m^3$），广州压线达标，佛山、中山为 154 μg/m³，表明珠三角地区大气污染格局已经从细颗粒物污染为主转向臭氧污染为主。

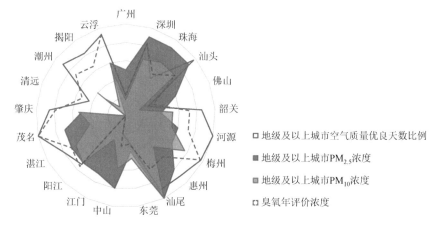

图 4-17　各地市空气清新指标评价结果

（2）水体洁净指标

地表水水质优良比例区域差距明显，粤北地区水体清洁程度最高，韶关、梅州、河源等大江大河上游城市地表水水质全部达到或好于Ⅲ类，有效保障了全省水源涵养和饮水安全；珠海、江门、肇庆、阳江、云浮以及汕尾水质较好，地表水水质优良比例均达到 100%（图 4-18）。东莞、揭阳 2 市处于茅洲河、练江重污染流域地区，地表水水质优良比例全省最低，仅 42.9%，未达 2020 年考核目标。2020 年潮州市枫江深坑、揭阳市练江青阳山桥两个断面水质仍为劣Ⅴ类，两市地表水劣Ⅴ类水体比例分别为 16.7%、14.3%。

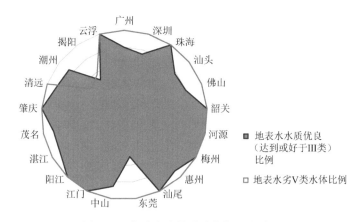

图 4-18　各地市水体洁净指标评价结果

（3）海清岸净指标

珠三角地区海清岸净指标明显低于其他地区。汕尾、茂名、揭阳等近岸海域水质优良（一、二类）面积比例为100%，深圳、江门、潮州、中山近岸海域水质优良（一、二类）面积比例低于 50%。广东省近岸海域未达优良区域主要分布在珠江口等河口海湾，广州、深圳、东莞等珠江口城市无机氮年均浓度均超标。

（4）土壤安全指标

各市土壤安全利用水平除广州外基本相当（图 4-19）。在实际评价中，以优先保护类耕地面积占比代替受污染耕地安全利用率指标。从优先保护类耕地面积占比看，粤东西北地区耕地质量明显好于珠三角地区，茂名绝大部分耕地属于优先保护类，河源、汕尾、阳江也均处于较高水平。佛山、中山、珠海等市优先保护类耕地面积占比较小，中山最低，属于耕地保护重点攻坚城市。全省固体废物综合利用水平存在青黄不接、两极分化严重的情况。揭阳、梅州、湛江一般工业固体废物综合利用率较高，是全省一般工业固体废物利用处置的主要承接地区。河源一般工业固体废物综合利用率最低，远低于其他地市。

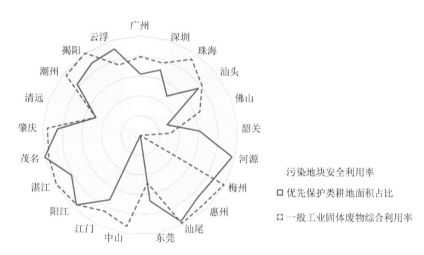

图 4-19　各地市土壤安全指标评价结果

（5）生态良好指标

生态良好指标明显向本底优良、生态资源丰富的粤北地区倾斜（图 4-20）。粤北地区韶关、梅州、河源 3 市生态良好指标全省领先，粤北作为生态发展区，对全省水土保持、水源涵养、防风固沙、生物多样性维护起到至关重要的作用。粤西地区内部生态良好指标差异较大，阳江生态环境状况指数和人均公园绿地面积指标排名靠前，湛江陆域生态保护红线占国土空间面积的比例（1.98%）和人均公园绿地面积（10.3 m²）全省排名垫底。珠三角地区除肇庆生态良好指标较优外，其余城市生态优势并不凸显。中山森林覆盖率仅为 23.1%，是全省森林资源最少的地区；佛山自然保护地面积占陆域国土面积比例仅为 0.3%，东莞生态环境状况指数仅为 60.9，全省排名最低。但珠三角地区人均公园绿地面积普遍高于其他地区，广州、珠海、佛山、东莞、江门、肇庆人均公园绿地面积均超过 19 m²，同时广州、深圳、惠州、肇庆陆域生态保护红线占国土空间面积的 18% 以上，能够较好地满足生态安全维护以及城乡居民优美生态环境需要，在经济社会发展水平较高的基础上提供更多优质生态产品。

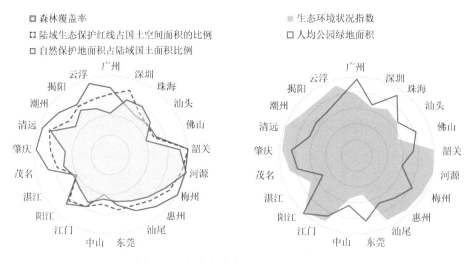

图 4-20　各地市生态良好指标评价结果

（6）人居整洁指标

珠三角地区人居整洁指标明显领先于粤东西北地区，主要受益于较高的经济发展和财政支撑水平（图 4-21）。从农村生活污水治理率看，全省 21 个地市农村生活污水治理率差距较大，东莞全省最高，达 94.2%；茂名、韶关、河源、汕尾农村生活污水治理率低于 30%。珠三角地区农村生活污水治理率基本高于 70%，粤东西北地区大多低于 40%。城市生活垃圾无害化处理率除河源外，其余城市均达到 100%。

（7）绿色发展指标

绿色发展指标明显向珠三角倾斜，是差异幅度最大的指标类别（图 4-22）。从人均 GDP 看，珠三角地区人均 GDP 较高，深圳达到 15.9 万元，领先上海、杭州等经济发达城市。粤东西北地区较为落后，梅州人均 GDP 最低，仅为 3.1 万元，不足深圳的 20%，除茂名、阳江外，粤东西北其余城市均低于 5 万元，与珠三角中最低的肇庆仍存在一定差距, 全省经济发展不平衡不充分问题较为明显, 广深等经济发展引擎的辐射作用不甚明显。粤北地区韶关、河源、梅州 3 市资源能源利用效率普遍较低, 单位 GDP 能耗分别达 1.1 t 标准煤/万元、0.51 t 标准煤/万元和 0.864 t 标准煤/万元, 万元 GDP 用水量分别达 136 m³、144 m³ 和 165 m³, 在全省处于前列。广州、深圳资源能源利用效率最高, 单位 GDP 能耗仅为韶关的 33.8% 和 30%, 万元 GDP 用水量仅为梅州的 14.5% 和 4.5%。由此可见, 落后地区由于发展本底缺陷和开发限制问题, 加上生态文明意识缺乏, 短时间内难以提升绿色发展水平 (图 4-22)。

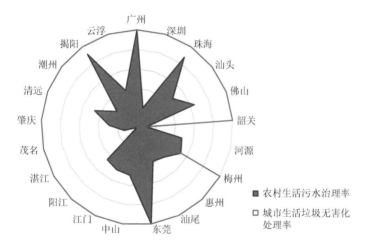

图 4-21　各地市人居整洁指标评价结果

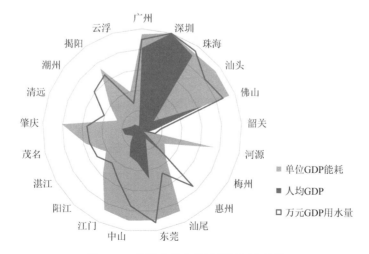

图 4-22　各地市绿色发展指标评价结果

4.3.2 环境经济协调发展水平评估

1. 评价方法

全省各市环境经济协调发展水平评估通过将经济发展与环境质量指标进行协同模拟实现。运用经济发展和环境质量 2 类指标进行综合测算，其中，采用 GDP 增速和人均 GDP 作为经济发展类评价指标，采用地级以上城市空气质量优良天数比例、地表水水质优良比例作为生态环境质量类评价指标，将 2 类指标分别按 4.2 节方法进行数据标准化和等权重加权平均，得到经济发展和环境质量 2 个指标指数值，从而通过制作散点图，得到全省各市环境经济协调发展情况梯队划分图，将 21 地市划分为 4 个梯队。在此基础上，运用 GIS 空间分析工具，对各市环境经济协调发展水平进行空间表达，得到全省各市环境经济协调发展空间分异图。

2. 评价结果

全省 21 市环境经济协调发展情况可分为 4 个象限（图 4-23）。

象限Ⅰ：属于经济发展水平较高，环境质量较好的梯队。主要为深圳、珠海 2 市，人均 GDP 在全国排名前 10 位，空气质量优良天数比例在全国 168 个城市中名列前茅，PM$_{2.5}$ 浓度已经达到世界卫生组织第二阶段目标值（25 μg/m^3），两类指标均在全省 21 地市处于领先水平，是广东向世界展示美丽中国建设成就的重要窗口。

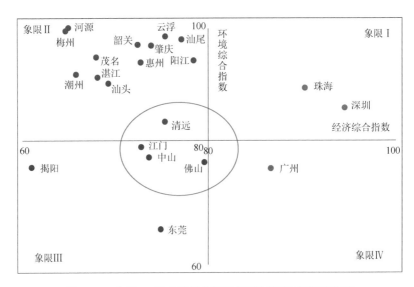

图 4-23　全省 21 地市环境经济协调发展情况象限划分图

象限 II：属于经济发展水平落后，但环境质量较好的梯队。主要为惠州、汕头、湛江、肇庆、茂名、潮州、阳江、韶关、汕尾、云浮、河源、梅州 12 个城市，其中包括 2 个珠三角城市，是 4 个梯队中城市数量最多的一组。该梯队城市 GDP 和人均 GDP 落后于广州、深圳这两个发展引擎，梅州人均 GDP 处于全省最低的位置，但是该类城市生态环境质量优良，空气清新、水体清洁、土壤安全、生态良好等方面领先全省大部分城市，特别是粤北韶关、梅州、河源等市生态资源禀赋优良，污染密集型产业数量不多，对资源环境的压力不大，能够为当地和全省提供优质生态产品。该类城市要贯彻落实全省"一核一带一区"区域发展新格局战略路线，坚持走生态优先、绿色发展的道路，努力在生态环境质量保持优良的基础上推动经济高质量发展。

象限 III：属于经济发展水平落后，同时环境质量较差的梯队。主要为东莞、揭阳 2 个城市。该类城市环境和经济发展水平均处于落后地位。东莞作为制造业大市，在新冠肺炎疫情常态化控制下实现了制造业迅速扩张，经济率先复苏。但是，东莞水环境质量处于刚刚消劣状态，2020 年水质优良比例仅为 42.9%（计溶解氧）；2020 年揭阳仍未消除劣 V 类（劣 V 类断面比例为 14.3%），地表水水质优良比例在计溶解氧的情况下为 42.9%，全省最低。这两个城市有待进一步夯实水污染防治基础，提升水生态系统整体质量。

象限 IV：属于经济发展水平较高，但环境质量较差的梯队。仅有广州一个城市，作为全国经济总量和人均 GDP 领先的城市，发展动能强劲，但是环境质量有待提高。2020 年广州市 AQI 达标率为 90.4%（目标为 90%），臭氧污染问题突出，2020 年臭氧年评价浓度为 160 $\mu g/m^3$，臭氧作为首要污染物占比为 66.2%，空气达标压力仍然较大，需要进一步加强多污染物协同控制和区域协同治理，大力推进挥发性有机物和氮氧化物减排，推动臭氧浓度尽快进入下降通道。

佛山、中山、清远、江门 4 个城市经济综合指数和环境综合指数相差不大，属于经济和环境都不突出的区域，未将其划分进各个象限中。佛山虽然为广东省内经济总量第三大的城市，但是水环境质量不高，2020 年佛山地表水水质优良比例为 76.9%，未达标。中山经济指标和环境指标在全省都不突出，大气和水环境虽然 2020 年达标，但环境质量有待提高，森林覆盖率全省最低。江门 2020 年 AQI 达标率为 88%（目标为 90%），全省最低。清远 2020 年 AQI 未达标，$PM_{2.5}$ 浓度全省最高。4 个城市要在深入打好污染防治攻坚战中下大力气补齐生态环境质量短板，力争尽快达到全省平均水平，要在经济社会发展中更加注重绿色低碳循环发展，从源头上严格管控"两高"项目建设，大力引进战略性新兴产业，提高经济发展新动能，争取早日在环境经济协同发展中实现新突破。

第5章　国内外优秀案例与实践经验

他山之石，可以攻玉。广东在世界发展大局中仍然处于快步前进、努力赶超的阶段，国外发达国家和国内先进地区的美丽建设经验能够为美丽广东建设提供良好的参考借鉴。本章基于国际和国内、城镇和乡村等不同角度，选取美丽建设典型案例进行剖析，以期挖掘精髓、总结经验。

5.1　国际案例与实践经验

5.1.1　联合国及部分国家地区中长期尺度规划案例

1. 联合国 2030 年可持续发展目标案例

2015 年 9 月联合国发展峰会一致通过由联合国大会第六十九届会议提交的决议草案——《变革我们的世界：2030 年可持续发展议程》。从 2016 年 1 月起，联合国 2030 议程中的"可持续发展目标"（sustainable development goals，SDGs）将取代 21 世纪初联合国确立的"千年发展目标"（millennium development goals，MDGs）成为世界各国领导人与各国人民之间达成的社会契约。

联合国可持续发展目标（SDGs）是对联合国千年发展目标（MDGs）的继承、延续和深化。SDGs 不仅注重传统的发展问题，如消灭贫困和饥饿、保障卫生健康、实现两性平等、提供优质教育等人的发展与社会发展问题，而且将诸如水、能源、基础设施、城市与人类居住区、可持续的经济增长、可持续消费和生产模型、国家内部和国家之间的平等、全球气候变化、海洋和陆地的生态平衡等一系列与经济和环境相关的可持续发展问题融入可持续发展目标之中。其核心内容主要集中于粮食和食品安全、疾病防控及社会公平与人权、水安全、能源安全、土地安全及生态环境安全等方面，其 17 个发展目标与"美丽中国"的发展方向一致，涵盖了"天蓝、地绿、水清、人和"等各个维度。

联合国可持续发展目标是以具体的、可考量指标和完成期限为导向，在资源、环境、经济等多个维度实现全球共同可持续发展的全世界总体发展框架。SDGs 包括 17 个可持续发展目标（goal）和 129 个具体目标（target）（表 5-1），300 多个技术指标，是联合国历史上通过的规模最为宏大和最具雄心的发展议程。

表 5-1　联合国 2030 年可持续发展目标

主要目标	具体发展目标
1.无贫穷	1.1 到 2030 年，在全球所有人口中消除极端贫困。 1.2 到 2030 年，按各国标准界定的陷入各种形式贫困的各年龄段男女和儿童至少减半。 1.3 到 2030 年，全民社会保障制度和措施在较大程度上覆盖穷人和弱势群体。 1.4 到 2030 年，确保所有男女，享有平等获取经济资源的权利，享有基本服务。 1.5 到 2030 年，增强穷人和弱势群体的抵御灾害能力，降低其遭受极端天气事件和其他经济、社会、环境冲击和灾害的概率和易受影响程度。
2.零饥饿	2.1 到 2030 年，消除饥饿，确保所有人全年都有安全、营养和充足的食物。 2.2 到 2030 年，消除一切形式的营养不良，解决各类人群的营养需求。 2.3 到 2030 年，实现农业生产力翻倍和小规模粮食生产者收入翻番。 2.4 到 2030 年，确保建立可持续粮食生产体系并执行具有抗灾能力的农作方法，加强适应气候变化、极端天气、干旱、洪涝和其他灾害的能力，逐步改善土地和土壤质量。 2.5 到 2020 年，保持种子、种植作物、养殖和驯养的动物及与之相关的野生物种的遗传多样性；根据国际商定原则获取及公正、公平地分享利用遗传资源和相关传统知识产生的惠益。
3.良好健康与福祉	3.1 到 2030 年，全球孕产妇每 10 万例活产的死亡率降至 70 人以下。 3.2 到 2030 年，消除新生儿和 5 岁以下儿童可预防的死亡。 3.3 到 2030 年，消除艾滋病、结核病、疟疾和被忽视的热带病等流行病，抗击肝炎、水传播疾病和其他传染病。 3.4 到 2030 年，将非传染性疾病导致的过早死亡减少三分之一。 3.5 加强对滥用药物包括滥用麻醉药品和有害使用酒精的预防和治疗。 3.6 到 2020 年，全球道路交通事故造成的死伤人数减半。 3.7 到 2030 年，确保普及性健康和生殖健康保健服务。 3.8 实现全民健康保障，人人享有优质的基本保健服务。 3.9 到 2030 年，大幅减少危险化学品以及空气、水和土壤污染导致的死亡和患病人数。
4.优质教育	4.1 到 2030 年，确保所有男女童完成免费、公平和优质的中小学教育。 4.2 到 2030 年，确保所有男女童获得优质幼儿发展、看护和学前教育。 4.3 到 2030 年，确保所有男女平等获得负担得起的优质技术、职业和高等教育。 4.4 到 2030 年，大幅增加掌握就业、体面工作和创业所需相关技能。 4.5 到 2030 年，消除教育中的性别差距，确保弱势群体平等获得各级教育和职业培训。 4.6 到 2030 年，确保所有青年和大部分成年男女具有识字和计算能力。 4.7 到 2030 年，确保所有进行学习的人都掌握可持续发展所需的知识和技能。
5.性别平等	5.1 在全球消除对妇女和女童一切形式的歧视。 5.2 消除公共和私营部门针对妇女和女童一切形式的暴力行为。 5.3 消除童婚、早婚、逼婚及割礼等一切伤害行为。 5.4 认可和尊重无偿护理和家务。 5.5 确保妇女全面有效参与各级政治、经济和公共生活的决策，并享有进入以上各级决策领导层的平等机会。 5.6 确保普遍享有性和生殖健康以及生殖权利。 5.7 根据各国法律进行改革，给予妇女平等获取经济资源的权利，以及享有对土地和其他形式财产的所有权和控制权，获取金融服务、遗产和自然资源。 5.8 加强技术特别是信息和通信技术的应用，以增强妇女权能。 5.9 采用和加强合理的政策和有执行力的立法，促进性别平等，在各级增强妇女和女童权能。
6.清洁饮水和卫生设施	6.1 到 2030 年，人人普遍和公平获得安全和负担得起的饮用水。 6.2 到 2030 年，人人享有适当和公平的环境卫生和个人卫生，杜绝露天排便，特别注意满足妇女、女童和弱势群体在此方面的需求。 6.3 到 2030 年，通过以下方式改善水质：减少污染，消除倾倒废物现象，把危险化学品和材料的排放减少到最低限度，将未经处理废水比例减半，大幅增加全球废物回收和安全再利用。 6.4 到 2030 年，所有行业大幅提高用水效率，确保可持续取用和供应淡水。 6.5 到 2030 年，在各级进行水资源综合管理，包括酌情开展跨境合作。 6.6 到 2020 年，保护和恢复与水有关的生态系统。

主要目标	具体发展目标
7.经济适用的清洁能源	7.1 到 2030 年，确保人人都能获得负担得起的、可靠的现代能源服务。 7.2 到 2030 年，大幅增加可再生能源在全球能源结构中的比例。 7.3 到 2030 年，全球能效改善率提高一倍。
8.体面工作和经济增长	8.1 维持人均经济增长，特别是将最不发达国家国内生产总值年增长率至少维持在 7%。 8.2 通过多样化经营、技术升级和创新，实现更高水平的经济生产力。 8.3 推行以发展为导向的政策，支持生产性活动、体面就业、创业精神、创造力和创新；鼓励微型和中小型企业通过获取金融服务等方式实现正规化并成长壮大。 8.4 到 2030 年，逐步改善全球消费和生产的资源使用效率。 8.5 到 2030 年，所有男女实现充分和生产性就业，有体面工作，并做到同工同酬。 8.6 到 2020 年，大幅减少未就业和未受教育或培训的青年人比例。 8.7 根除强制劳动、现代奴隶制和贩卖人口，禁止和消除最恶劣形式的童工，包括招募和利用童兵，到 2025 年终止一切形式的童工。 8.8 保护劳工权利，推动为所有工人创造安全和有保障的工作环境。 8.9 到 2030 年，制定和执行推广可持续旅游的政策，以创造就业机会，促进地方文化和产品。 8.10 加强国内金融机构的能力，鼓励并扩大全民获得银行、保险和金融服务的机会。
9.产业、创新和基础设施	9.1 发展优质、可靠、可持续和有抵御灾害能力的基础设施。 9.2 到 2030 年，大幅提高工业在就业和国内生产总值中的比例。 9.3 增加小型工业和其他企业，特别是发展中国家的这些企业获得金融服务，将上述企业纳入价值链和市场。 9.4 到 2030 年，所有国家根据自身能力采取行动，升级基础设施，改进工业以提升其可持续性，提高资源使用效率，更多采用清洁和环保技术及产业流程。 9.5 到 2030 年，大幅增加每 100 万人口中的研发人员数量，并增加公共和私人研发支出。
10.减少不平等	10.1 到 2030 年，逐步实现和维持最底层 40%人口的收入增长，并确保其增长率高于全国平均水平。 10.2 到 2030 年，增强所有人的权能，促进他们融入社会、经济和政治生活。 10.3 确保机会均等，减少结果不平等现象。 10.4 采取政策，特别是财政、薪资和社会保障政策，逐步实现更大的平等。 10.5 改善对全球金融市场和金融机构的监管和监测，并加强上述监管措施的执行。 10.6 确保发展中国家在国际经济和金融机构决策过程中有更大的代表性和发言权。 10.7 促进有序、安全、正常和负责的移民和人口流动。
11.可持续城市和社区	11.1 到 2030 年，确保人人获得适当、安全和负担得起的住房和基本服务，并改造贫民窟。 11.2 到 2030 年，向所有人提供安全、负担得起的、易于利用、可持续的交通运输系统，改善道路安全。 11.3 到 2030 年，在所有国家加强包容和可持续的城市建设，加强参与性、综合性、可持续的人类住区规划和管理能力。 11.4 进一步努力保护和捍卫世界文化和自然遗产。 11.5 到 2030 年，大幅减少包括水灾在内的各种灾害造成的死亡人数和受灾人数，大幅减少上述灾害造成的与全球国内生产总值有关的直接经济损失，重点保护穷人和处境脆弱群体。 11.6 到 2030 年，减少城市的人均负面环境影响。 11.7 到 2030 年，向所有人普遍提供安全、包容、无障碍、绿色的公共空间。
12.负责任消费和生产	12.1 落实《可持续消费和生产模式十年方案框架》，发达国家在此方面要做出表率。 12.2 到 2030 年，实现自然资源的可持续管理和高效利用。 12.3 到 2030 年，将零售和消费环节的全球人均粮食浪费减半，减少生产和供应环节的粮食损失，包括收获后的损失。 12.4 到 2020 年，实现化学品和所有废物在整个存在周期的无害环境管理，并大幅减少它们排入大气以及渗漏到水和土壤的机率，尽可能降低它们对人类健康和环境造成的负面影响。 12.5 到 2030 年，通过预防、减排、回收和再利用，大幅减少废物的产生。 12.6 鼓励各个企业，采用可持续的做法，并将可持续性信息纳入各自报告周期。 12.7 根据国家政策和优先事项，推行可持续的公共采购做法。 12.8 到 2030 年，确保各国人民都能获取关于可持续发展以及与自然和谐的生活方式的信息并具有上述意识。

续表

主要目标	具体发展目标
13.气候行动	13.1 加强各国抵御和适应气候相关的灾害和自然灾害的能力。 13.2 将应对气候变化的举措纳入国家政策、战略和规划。 13.3 加强气候变化的教育和宣传，加强人员和机构在此方面的能力。
14.水下生物	14.1 到 2025 年，预防和大幅减少各类海洋污染。 14.2 到 2020 年，可持续管理和保护海洋和沿海生态系统，并采取行动帮助它们恢复原状。 14.3 通过在各层级加强科学合作等方式，减少和应对海洋酸化的影响。 14.4 到 2020 年，有效规范捕捞活动，终止过度捕捞、非法、未报告和无管制的捕捞活动以及破坏性捕捞做法，执行科学的管理计划。 14.5 到 2020 年，保护至少 10%的沿海和海洋区域。 14.6 到 2020 年，禁止某些助长过剩产能和过度捕捞的渔业补贴，取消助长非法、未报告和无管制捕捞活动的补贴，避免出台新的这类补贴，同时承认给予发展中国家和最不发达国家合理、有效的特殊和差别待遇应是世界贸易组织渔业补贴谈判的一个不可或缺的组成部分。 14.7 到 2030 年，增加小岛屿发展中国家和最不发达国家通过可持续利用海洋资源获得的经济收益。
15.陆地生物	15.1 到 2020 年，保护、恢复和可持续利用陆地和内陆的淡水生态系统及其服务。 15.2 到 2020 年，推动对所有类型森林进行可持续管理。 15.3 到 2030 年，防治荒漠化，恢复退化的土地和土壤。 15.4 到 2030 年，保护山地生态系统，以便加强山地生态系统的能力。 15.5 到 2020 年，保护受威胁物种，防止其灭绝。 15.6 根据国际共识，公正和公平地分享利用遗传资源产生的利益，促进适当获取这类资源。 15.7 终止偷猎和贩卖受保护的动植物物种，处理非法野生动植物产品的供求问题。 15.8 到 2020 年，防止引入外来入侵物种并大幅减少其对土地和水域生态系统的影响，控制或消灭其中的重点物种。 15.9 到 2020 年，把生态系统和生物多样性价值观纳入国家和地方规划。
16.和平、正义与强大机构	16.1 在全球大幅减少一切形式的暴力和相关的死亡率。 16.2 制止对儿童进行虐待、剥削、贩卖以及一切形式的暴力和酷刑。 16.3 在国家和国际层面促进法治，确保所有人都有平等诉诸司法的机会。 16.4 到 2030 年，大幅减少非法资金和武器流动，加强追赃和被盗资产返还力度，打击一切形式的有组织犯罪。 16.5 大幅减少一切形式的腐败和贿赂行为。 16.6 在各级建立有效、负责和透明的机构。 16.7 确保各级的决策反应迅速，具有包容性、参与性和代表性。 16.8 扩大和加强发展中国家对全球治理机构的参与。 16.9 到 2030 年，为所有人提供法律身份，包括出生登记。 16.10 根据国家立法和国际协议，确保公众获得各种信息，保障基本自由。
17.促进目标实现的伙伴关系	具体包括了筹资、技术、能力建设、贸易、系统性问题等方面 19 个具体目标

注：具体发展目标进行了一定程度的精简。

目标 1～5 分别是无贫穷、零饥饿、良好健康与福祉、优质教育、性别平等，反映人类生存和发展的基本需求和保障，体现以人民为中心理念。这些目标涵盖了千年发展目标 1～6 内容，消除贫穷仍然是可持续发展的总目标，同时更加强调消除各种形式的贫困与饥饿，注重粮食安全、营养健康、教育公平与质量，关注弱势群体、社会保障和实现平等。

目标 6、7、13、14、15 分别是清洁饮水和卫生设施、经济适用的清洁能源、气候行动、水下生物、陆地生物，反映人类应对气候变化、利用现代能源、开展海洋资源和生物多样性保护等全球环境可持续发展能力，体现地球生态安全理念。相比于千年发展目标 7，保留了清洁饮水和卫生设施等具体目标，增加了清洁能源利用目标，扩充了海洋和陆地生物多样性、资源可持续利用等保护和管理地球自然资源的内容。

目标 8、9、11、12 分别是体面工作和经济增长，产业、创新和基础设施，可持续城市和社区，负责任消费和生产，反映经济增长的包容、持久和可持续，让所有人分享经济繁荣成果并拥有体面工作，体现经济持续繁荣理念。与千年发展目标相比，大幅度扩充了可持续工业化、城市化、促进就业，技术创新，基础设施，以及可持续的生产和消费等内容。

目标 10、16 分别为减少不平等，和平、正义与强大机构，反映构建包容、公平正义与法治的社会环境对可持续发展的保障作用，体现社会公正和谐理念。这两项目标是可持续发展新设置内容，减少国家内部和国家之间的不平等，有利于促进全球经济社会的可持续发展；明晰和平与可持续发展的关系，促进和平与安全，建立没有恐惧与暴力的和平、公正、包容、民主、法治和良政的社会，对实现可持续发展至关重要。

目标 17 是促进目标实现的伙伴关系，反映全球团结一致、同舟共济，调动现有一切资源激发全球伙伴关系活力，协助实现可持续发展目标的能力，体现提升伙伴关系理念。它是千年发展目标 8 的延续，并从筹资、技术、能力建设、贸易、系统性问题等多个方面进行全面扩充，与每一个可持续发展目标下关于执行手段的具体目标一道，成为实现可持续发展目标的关键。

联合国可持续发展目标基本涵盖了全球在发展领域的各个方面。SDGs 复杂而庞大的指标系统覆盖了从资源环境到经济发展、社会公平等主要领域。总体来看，土地安全、水资源安全、粮食安全、能源安全等资源和生态环境安全构成了在行星边界（planetary boundary）内的人类生存基础与安全保障系统。技术进步、就业、经济发展及活力则构成了全球经济繁荣的基本保证，处于可持续发展的中间层。在这 2 个层次的基础上，作为人类发展的重要度量，健康、生活水平及福利、社会公平等则构成了人类社会发展最高目的及需求的最高层次，处于可持续发展金字塔的最顶层。图 5-1 显示了 17 个 SDGs 具体指标在各领域层的分布及与4 个主题层的关系。从整个可持续发展框架上来看，其涵盖的经济、社会和环境3 个方面是一个整体，不可分割。另外议程还承诺建立更加和平和包容性更强的社会，相较于 MDGs，提出了目标的执行手段。从各个领域的核心内容来看，这与党的十八大报告第一次提出的"五位一体"中的生态文明建设，以及社会主义"新农村"建设、"美丽乡村"建设、"健康中国"及"美丽中国"建设等目标相一致。

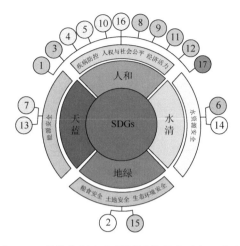

图 5-1　17 个 SDGs 具体指标在各领域层的分布及与 4 个主题层的关系

　　联合国可持续发展目标的设计理念主要体现全面覆盖、普遍适用、维度拓展、以人为本和强化执行五个方面。一是全面覆盖。千年发展目标着重强调减贫等传统增长模式，可持续发展目标则以经济增长、社会正义和环境管理三者的统筹兼顾作为指导原则和行动标准，强调综合考虑和全面涵盖经济、社会、环境三大发展领域。二是普遍适用。千年发展目标旨在减少极端贫困，改善世界最贫穷和最脆弱人群的生活，满足他们的基本需求，主要针对发展中国家。可持续发展目标则是全球性的行动纲领，适用于包括发达国家在内的所有国家，同时也考虑到各国的不同情况和发展水平。三是维度拓展。超越传统可持续发展的经济、社会、环境三维认知，增加了公正保障和执行手段，上升至"5P"，即人类（people）、地球（planet）、繁荣（prosperity）、和平（peace）、伙伴关系（partnership），从发展理念上创新丰富了可持续发展的维度。四是以人为本。可持续发展坚持以人为中心，无论性别、年龄、种族、国籍、收入、身体状况，不让任何人掉队，特别关注弱势群体，实现人人过上有尊严的生活。五是强化执行。可持续发展目标规模宏大，雄心勃勃，需要同样具有雄心的执行手段，保障实现这些目标。

　　2. "美国 2050" 战略规划案例

　　"美国 2050"（America 2050）战略规划是由美国联邦政府提议的，旨在研究和构建美国未来 40~50 年空间发展的基本框架，以应对 21 世纪面临的各种挑战的战略规划。"美国 2050" 战略规划制定的基本动因包括全球化与新的全球贸易格局、人口的快速增加和人口结构的变化、低效的土地利用模式、区域间和区域内的不均衡发展、能源危机和全球气候变化、大都市区基础设施系统容量趋于饱和、巨型都市区域出现等。"美国 2050" 战略规划主要包括基础设施规划、巨型都市区域规划、发展滞后地区规划和大型景观保护规划四个方面的内容。

①基础设施规划——国家的重塑与复兴。为了优化与经济发展不适应且日益恶化的基础设施系统,提高未来人口和经济可持续发展能力,基础设施规划——国家的重塑与复兴成为"美国2050"战略规划的重要内容之一。基础设施规划既包括传统的交通运输、水资源和能源的生产与供应等,也包括宽带通信、智能网建设等现代基础设施网络建设。

②巨型都市区域规划——提高国际竞争力。作为未来新的全球经济竞争单元,巨型都市区域规划是"美国2050"战略规划的重要内容。确定巨型都市区域的主要依据是:具有共享的资源与生态系统、一体化的基础设施系统、密切的经济联系、相似的居住方式和土地利用模式以及共同的文化和历史。巨型都市区域内各大都市之间的界限模糊,是一个更具全球竞争力的综合区域,是政府投资和政策制定的新的空间单元。"美国2050"战略规划设定了一套科学的量化指标进行巨型都市区域的界定,并确定了11个巨型都市区域:东北地区、五大湖地区、南加利福尼亚、南佛罗里达、北加利福尼亚、皮德蒙特地区、亚利桑那阳光走廊、卡斯凯迪亚、落基山脉山前地带、沿海海湾地区和得克萨斯三角地带。巨型都市区域已成为美国空间战略规划的一个基本区域单元,各区域相继开展了相应的规划工作。

③发展滞后地区规划——促进相对均衡的经济发展。为了实现地区相对均衡和可持续的增长目标,2009年美国区域规划协会和林肯土地研究所联合发布了针对发展滞后地区的《区域经济发展战略》。该战略借鉴了欧盟国土凝聚计划的理念,提出了确定发展滞后地区范围的指标,包括1970~2006年的人口变化、1970~2006年的就业变化、1970~2006年的工资变化和2006年的平均工资。确定了发展相对滞后地区的划分标准,即若在以上4个指标中至少有3个指标排序在全国倒数三分之一的位次,就可认定为发展滞后地区。发展滞后地区的确定包括两个空间尺度,一个是以县为单位的面状区域,另一个是以城市为单位划分的点状区域,划分标准相同。针对这些发展滞后地区提出国家投资战略和经济发展空间战略,以促进该区域的发展。

④大型景观保护规划——政策与行动的战略框架。针对大型景观保护规划,"美国2050"战略规划提出了以下政策建议:一是收集并共享信息。建设共享科学数据库,编制已有项目的分析图集,对大型景观进行科学评估,确定保护的优先领域和目前存在的差距。二是鼓励建立保护案例网络。由于大型景观保护区分布分散,通过网络联系,有利于认识大型景观保护的多样性,检验不同的管制政策效果,进行高效的信息传播并分享成功的保护经验。三是建立竞争性国家资助计划。大型景观保护需要以地方特色方式进行。竞争性国家资助计划通过促进协作支持有前途的保护活动和多样性的大型景观保护实践。四是提供必要的政策工

具。如激励土地所有者进行景观保护的政策体系，加强联邦政府参与的政策体系等。五是创新资金管理。包括提供多年份、多机构的资金资助，将水土保护资金转换成托管基金，改革景观保护开销类型等。

针对关键问题，瞄准重点领域。"美国 2050"战略规划并非覆盖全部国土，而是针对美国当前及未来面临的关键问题和挑战，瞄准重点区域进行规划，包括巨型都市区域、发展滞后地区和大型景观保护区。通过这三大类型的区域规划，实现增强国家竞争力、可持续发展和区域相对均衡发展的核心目标。

重视区域协调，强调跨行政区域合作。"美国 2050"战略规划的一个突出特点是规划的区域单元范围跨越行政区划界限，特别强调空间战略规划中的跨行政区域合作。无论是巨型都市区域规划还是大型景观保护规划都是跨越多个行政管辖区来制定，以满足规划的科学性和区域间的协调性。

突出大型景观保护，关注可持续发展。"美国 2050"战略规划对环境景观、绿色空间、自然遗产等给予了特别的关注，提出了生态环境保护中"大型景观保护"的新模式。强调生态环境保护的基础地理尺度以及保护的跨区域性和综合性。为保护型空间单元的管治提供了一个新的视角。

广泛的公众参与和制度创新，保障规划顺利实施。规划能否有效实施不仅与规划方案制定的科学性有关，而且也与相关利益主体对规划的接纳和执行程度有关。广泛的公众参与是确保规划有效实施的基本条件。"美国 2050"战略规划无论是在规划制定阶段还是规划实施阶段都确保吸纳不同利益相关者的意见和广泛的公众参与。规划制定的过程不仅包括物质设施和环境空间的安排，还包括不同利益相关者的矛盾冲突和关系的协调。规划通过后，为了鼓励不同利益相关者在规划实施中的广泛参与，"美国 2050"战略规划还提出了相应的激励政策体系和管理制度。

3. 美国纽约大都市地区规划案例

美国纽约大都市地区是美国最重要的社会经济区域之一，包括纽约州、康州与新泽西州的一部分。

纽约区域规划协会（Regional Plan Association，RPA）分别于 1929 年、1968 年、1996 年、2017 年对纽约大都市地区开展了四次中长期区域规划。1929 年第一次区域规划的核心是"再中心化"（recentralization），制定了建立开放空间、缓解交通拥堵、集中与疏散、放弃高层建筑、预留机场用地、细化设计、减少财产税、建设卫星城等 10 项政策。1968 年第二次区域规划的核心是通过"再集中"（reconcentration），将就业集中于卫星城，恢复区域公共交通体系，以解决郊区蔓延和城区衰落问题。1996 年 RPA 发布第三次区域规划——《危机挑战区域发展》（A Region at Risk），规划的核心是凭借投资与政策来重建 3E，即经济、公平和环境。通过整合经济、公平和环境推动区域发展，从而增加区域的全球竞争力。规划提出植被、中心、机动性、劳动力和管理 5 大战役来整合 3E，提高居民生活质量。总体看来，纽约大都市地区的前三次规划取得了一定的成效，但是气候变化、基础设施落后与恶化、公共机构负债制约管理等问题仍然威胁着市民生活，环境、旅游模式和商业活动需要跨越行政边界进行区域合作，失业、住房成本、物业税和自然灾害等问题受到居民的普遍关注。

以"区域转型"为重点，规划目标从"以物质空间为主"转变为"以人为本"。为了应对纽约大都市地区目前最紧迫的气候变化、财政不确定性和经济机会下降等挑战，第四次纽约大都市地区规划提出了"经济、包容性和宜居性"目标，强调增强抵抗自然灾害的能力，培育更多具有经济性和可持续性的社区，注重解决低收入人群和少数族群的就业、生存问题和社会隔离问题。第四次纽约大都市地区规划确定"经济机会、宜居性、可持续性、治理和财政"四方面议题，旨在创造就业，改善商业环境，促进经济增长，减少家庭的住房开支，解决贫穷，为居民提供更加富裕的生活和更多、更便利的社会服务设施（交通、教育）；为居民营建更加安全、健康和活力的社区；从区域视野解决气候、基础设施等问题；在区域层面进行改革，提供更好的决策和更有效的治理。

以弹性规划应对区域发展的威胁与不确定性。针对区域发展的威胁与不确定性，RPA 提出了"弹性"（resilience）的概念，旨在提升从最近的冲击和压力中快速恢复并且减少未来产生风险漏洞的能力。RPA 分析 2050 年纽约大都市地区洪水风险和社会脆弱性，提出弹性规划需要基于不同的时间框架、制度、政治能力、财政、社会和环境成本等因素，综合成本和效益、限制和协同效应，组合 5R 策略解决问题，并形成社会共识。

增加区域弹性的 5R 策略为：重建（rebuilding）——更好、更安全的标准；抵抗（resisting）——通过工程措施抵抗洪水；保留（retaining）——通过绿色基础设施保留风道和雨水；恢复（restroring）——恢复和增强保护性与生产性自然系统；撤退（retreating）——从洪泛区和高风险的风浪地区撤退。

开展不同发展思路主导下的多情景发展模拟。RPA 设计了保护自然模式、强化核心模式、城镇中心复苏模式、郊区改造模式四种不同的情景模式，并针对不同发展情景利用不同指标对发展预期做出对比分析。RPA 分别用可达性指标（包括交通、机会、公园绿地、食品供应可达性）、韧性指标（包括洪灾易损性、城市热岛效应程度、碳足迹、污水处理量以及绿地消耗量）、通勤流指标来量化评估、对比分析不同情景模式的利弊。其中保护自然模式具有较高的交通、公园绿地、食品供应可达性，而且具有良好的生态环境效应和较高的区域韧性，但是会导致城市中心区过度开发，加剧城市热岛效应。而强化核心模式也强调中心区的高强度发展，同样能提供良好的可达性和便捷的公共服务以及更多的发展机会，但是会导致曼哈顿中心区过高的交通负荷，导致职住空间失衡，提高通勤成本，同时相较于保护自然模式它会带来更多的绿地消耗量和生态环境污染。城镇中心复苏模式则是偏重大中小城市、小城镇的均衡发展，属于核心化垂直发展与郊区化水平发展之间的中和道路，它的优势在于均衡各亚区间的交通负荷，从而达到整个都市区域交通系统的帕累托改进。郊区改造模式具有较低的交通和食品供应可达性，会为更广阔的郊区提供更多的发展机会，同时有利于提升区域韧性和均衡交通负荷。

5.1.2　全球部分国家和城市生态环境治理经验

1. 新加坡倾力打造花园城市

新加坡是东南亚的一个岛国，国土面积为 733.2 km² （2022 年），人口超过 550 万（2022 年），是世界上人口密度最高的城市之一，也是全球最为富裕和生活水平最高的城市之一。仅仅四十余年，成功地将一个市中心拥挤不堪、住房短缺、基础设施严重缺乏的城市改造成为一个环境优美、充满活力、繁荣兴旺的国际商业中心。根据世界经济论坛《2016—2017 年全球竞争力报告》"世界主要国家和地区全球竞争力指数排名"，2016 年新加坡全球综合排名第二，其中在基础设施方面居于全球首位，效率增强方面位居全球第二。新加坡与中国大城市人口规模和文化习俗相似，作为世界上为数不多成功实现保持经济发展和环境改善平衡的国际大都市，新加坡"专业且富有远见"的城市规划理念、发展历程中积累的经验、保持经济增长和环境改善平衡的发展模式对中国大城市可持续发展具有借鉴意义。

专栏 5-1　新加坡生态环境保护建设历程

随着人口增长及经济规模不断扩大，新加坡有限的资源如何满足住宅、工业、商业等方面的需求成为不可忽视的重要问题。20 世纪 60 年代，当地基础设施落后、交通拥挤，约 160 万人集中居住在占国土面积 1.2%的市中心区域，环境状况极其恶劣。此后开展的市区重建工作，着重清除贫民窟、改善市中心生态环境，是新加坡生态治理工作的发端，但这一小范围的环境改善工作不能改变全国环境污染和生态破坏状况，生态问题依旧严峻。

新加坡独立后经济高速增长，加重了原本已存在的诸多环境问题，如任意排放的工农业废弃物由于缺乏污水处理设施而对海域、河流产生严重污染，危害公共健康，工业废气排放和汽车过度使用加重环境污染，棚户区杂乱密集阻碍交通等。独立初期新加坡发展的经济利益优先于生态利益，亟须开展生态保护。

新加坡建国后数十年间，实现了从贫穷落后的第三世界国家发展成为当今全球新兴发达经济体之一，其在工业化进程中走的是"先污染后治理"的道路，推动经济结构转型升级，改善经济发展与环境保护关系，减轻人口增长、社会发展对生态环境的压力，并将城市绿化作为国家治理的有机组成部分。

20 世纪七八十年代，制造业快速发展，就业水平提升，但环境污染日益加重。面对严峻的环境形势，新加坡于 1972 年成立环境发展部，加强环保领域立法与监督工作；1977 年，新加坡政府推出"清洁河流"十年计划，宣布将在 10 年时间内治理污水沟，耗资约 2 亿美元搬迁大量贫民窟，关闭河流附近的养殖场，以设施完善的食品中心取代临街摊贩，修整河岸使得新加坡河、加冷河流域生态环境明显改善。这一时期，政府更加认识到环境保护工作的重要性。

经过 20 年的发展建设，新加坡经济社会形势逐渐稳定，环保工作力度加强。20 世纪八九十年代，生态环境问题成为政府规划的重要领域，这一时期建立了有效的环境管理制度、兴建了现代化的环境基础设施，环境卫生标准明显提高。1989 年新加坡政府相继签订《保护臭氧层维也纳公约》和《关于消耗臭氧层物质的蒙特利尔议定书》等国际环境公约，意义重大。到 20 世纪 90 年代末，其经济发展和环境保护工作已进入良性循环阶段。

进入 21 世纪，依托雄厚的经济保障，新加坡环保领域成就更加显著，政府通过积极立法、严格执法等手段使城市环境更加清洁，整个社会的精神风貌随之提升。随着世界范围内生态和文化遗产旅游升温，环境作为一种潜在商品具有可盈利性，包含生态旅游业的服务业成为新加坡经济发展的重要动力。新加坡生态环保工作大致发展历程见图 5-2。

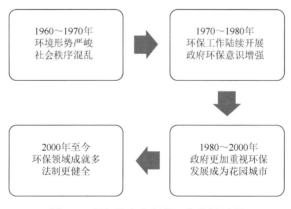

图 5-2　新加坡生态环保工作发展历程

规划先行,"花园城市"理念创新探索。受限于土地稀缺,新加坡按照"可持续新加坡"的总体目标、"环保优先"的理念,重视通过城市规划处理工业发展与居住面积矛盾,在经济增长、人口规模扩大的背景下推动低碳生态城市建设。1958 年,诞生了第一个总体规划,针对性解决中心城区拥挤不堪、居住环境糟糕和基础设施严重匮乏的城市问题。该规划强调要通过土地规划来实现合理的土地利用,标志着全方位持续改造时代的到来。1971 年,第一个概念规划在联合国的帮助下,得以高起点、高标准地顺利完成,并长期指导城市开发。1971 年的概念规划首先用于指导城市基础设施的开发,促进经济增长,满足住房需求以及人们的基本社会需要,并以公共交通为主导实施"去中心化"。1991 年,原概念规划的基础设施基本完成,关注点转为为 400 万人提供优质生活环境,强调品质、身份和多元化,并由此诞生了新的概念规划。1991 年的概念规划追求经济发展和环境保护的平衡,有序营建区域中心。2001 年的概念规划的愿景是将新加坡发展为 21 世纪欣欣向荣的城市。其主要的建议包括:打造空中城市景观生活,打造环球商业中心,提供广泛的铁路网络,提供更多康乐设施,提供灵活性的营商环境和注重对本土身份的认同,将新加坡打造成为独特的、宜人的热带城市。

专栏 5-2　新加坡的城市规划原则和主题

"不仅解决城市面临的现存问题,而且预见到未来城市发展可能出现的问题并预留解决方案;同时,随着经济和城市发展保持更新,与时俱进。"

从 20 世纪 60 年代开始,政府制定总体规划,每十年一个主题:从"居者有其屋""建设现代化基础设施""提供优质生活环境""更多住房和工作选择",到"成为一个工作、生活和娱乐的卓越城市",从满足基本需求,提供品质生活,到追求卓越生活,按照规划分阶段分重点有序实施,稳步从"花园城市"向"花园里的城市"的新愿景前进。

自然开发模式,让区域自然生长,让建筑与环境融为一体。新加坡的规划和开发非常注重自然生长,绿地开敞空间系统与河流水体有机联系,将自然环境引入城市空间,整个城市实际上是生长在一个森林公园中。好的规划不是一次画满,而是留有余地,让区域自然生长,区域在自然生长中才能充分体现其价值。清晰全面的规划和设计方案合并成为投标者的竞标条件,竞标并非简单的价高者得,设计方案非常重要。突出的设计赋予开发者竞争优势,尽管价格并非最高,依然可以获得土地。土地出让程序保证开发商必须在产品设计质量上竞争,以保证建

造高品质建筑物，并营造一道美丽的城市风景。①在市中心，项目必须符合实现美丽都市风景的城市规划目的。为了改善销售地点周围的整体环境，开发商还需要提供宽大的景观和广场空间。适当的时候，建筑物将让出边界线以保护开发区周围的宜人环境。②在郊区，功能区和新市镇之间留有空间，使城市自然生长，保持可成长性。沿着中央水湖流域环形开发了一系列新的高密度卫星城镇，每一个城镇由绿色空间和一系列公园和公共空间隔开；低密度和中密度的私人住宅建在这些城镇的旁边，并为工业园区预留土地。

　　交通建设，以公共轨道交通为主导。20 世纪 50 年代末，新加坡的城市问题已到了难以忍受的地步。四分之一的人口挤在岛上百分之一的南部地区，市中心极度拥挤，满是贫民窟。20 世纪 60 年代新加坡开始实施"居者有其屋计划"，通过以地铁和轻轨等轨道交通为主导，建立几条"城市走廊"，将中心区居住人口和工业人口从南部中心向全岛疏散，实现"去中心化"有序疏导；同时结合卫星城镇和交通枢纽的开发，营造区域中心，通过商业和服务设施来吸引人流，部分卫星城镇还在区域交通枢纽通过内部支线轨道交通将人流向各个方向离散。新加坡通过地铁、轻轨和普通公路、快速公路的无缝连接，实现了有效的四级交通体系。所有城市快速路和干道都向中心城区和商业中心集中，所有主次干道都长线连贯；城市中心道路大多都是单行道，设置人行天桥，减少人车交叉，极大地提高了交通流的速度；政府扶持轨道交通和公交系统无缝连接，并且对私家车进行限制，对道路交通进行合理设置，更多地关注民生问题。以公共轨道交通为主导的城市综合交通体系，既规避了中心区的过度拥堵，又规避了美国城市郊区化中因过分依赖小汽车而出现的中心区衰落的问题，实现了交通的可持续性发展，很好地改善了城市的居住和交通环境，使新加坡成为全球罕见的"不堵车的大都市"。

　　　　专栏 5-3　新加坡解决城市拥堵问题的主要措施

　　①以城铁、地铁等公共轨道交通为主导，尽可能同站台换乘。
　　②在综合交通枢纽内实现城市轨道交通与支线轻轨、公交、出租车的无缝对接。
　　③城市中心大多采用单车道，减少人车交叉，提高交通流速度。
　　④建立电子道路收费系统，对繁忙时间进入市中心的车辆按次收费。
　　⑤市中心高峰时段收取高额停车费，鼓励错峰出行和使用公共交通。
　　⑥限制私家车发展，增加车牌拍卖费和私家车使用成本，鼓励使用公共交通。

　　文化保护，对历史文化区进行整体性保护。新加坡在文化保护方面发展相对较迟。直至 20 世纪 80 年代，新加坡才把保护历史文化列为国家政策重要事项。但新加坡认识到，单靠保护古迹本身并不足以建设一个具有独特文化和个性的城市，需要对具备源远流长的历史、独特建筑风格和文化气氛的整个地区加以保留，使城市保持活力和凸显独特性。1980 年，市区重建局为中心区制定了一项综合性长期规划，创造了城市天际线的有序转变及将老城区历史建筑和文化遗产交织在一起的建设思路。1986 年，政府颁布保护建筑物计划总纲，1989 年制定了《市区重建局法令》，制定专项法律对历史文化区进行整体性保护。唐人街、小印度、伊斯兰教文化区（阿拉伯街）、新加坡河驳船码头和克拉码头等传统历史文化区，诸多历史建筑及蕴含丰富历史文化的特色住宅区被纳入整体保护状态。新加坡将历史文化区和古建筑保护纳入国家概念规划，已设立超过 90 个保护区，原则是"尽量维持原状，细意修复及小心修葺"，即以保为主，以修为辅，杜绝大拆大建。对于古建筑，采取活化、新旧相融、公私合营等形式进行保护性提升，在发展的同时，让古建筑的生命得到发扬，文化魅力得到光大。其中典型案例包括赞美广场（CHIJMES）、中国广场中心（China Square Central），原人力车站（Jinricksha Station）等。通过对历史文化区的整体性保护和有目的地将具有浓厚殖民地色彩的标志性建筑改造为酒店和博物馆等具有现代功能的建筑，新加坡实现了城市中心区发展和文化保护的平衡，高楼大厦和传统街区和谐共生，现代和传统融为一体，西方和东方交相辉映，打造了华人文化、马来文化、印度文化多元民族和谐共存的多彩城市生活和卓越城市休闲生活环境。

　　专栏 5-4　对历史文化区进行整体性保护的经验启示

　　对历史文化区进行整体性保护是新加坡对文化保护和经济发展矛盾冲突的创造性解决思路，对于正处于经济高速发展，面临大量拆迁改造需求又拥有丰富文化的中国，尤其对于历史文化古迹丰富的城市，如北京、西安等具有很好借鉴意义。对历史文化区的整体性保护和历史文化建筑的活化利用，不仅能完整地保存历史传统文化，而且通过功能提升，更新改造成为特殊风格的独立观光区，能创造新的繁荣，同时规避了大城市改造中普遍存在的大拆大建问题，极大地降低了拆迁成本和减少了社会矛盾，有效降低了城市密度和缓解了交通拥挤，创造出一个疏密有致的城市中心区。现代与传统融为一体，发展和保护融合共生，共同构筑丰富有序的城市天际线。

　　住房建设，低端有保障，高端靠市场。新加坡"居者有其屋计划"全球瞩目，

推动了建筑和城市建设的快速发展，促进了城市功能分区的优化调整，并促进了新加坡中产阶级的形成和壮大。1970 年，新加坡组屋覆盖人口的 35%。随着经济和社会发展，新加坡组屋覆盖面越来越广，1985 年组屋覆盖人口已达到 81%，覆盖除了富人以外的所有社会成员；随着时代的发展，组屋建得越来越美观，面积也从仅仅满足居住功能向宽敞舒适发展，功能性质逐渐升级。组屋已从最初为中低收入者提供的保障性住房逐步发展成为全民性质的住房，发展成为一种让老百姓分享经济增长和资产增值的有效手段，成为奠定国家稳定和发展的基石。据相关资料统计，超过 80% 的新加坡人居住在全岛 23 个新城镇内的政府组屋，其中超过 90% 的市民拥有了自己的组屋，其余居住在租赁组屋内。新加坡的组屋覆盖面和标准远远超过一般国家的保障房概念，保证几乎所有老百姓都能够买得起较舒适的住宅，同时严格执行"每户家庭只能拥有一套组屋"的基本原则，在组屋的申请、租赁和退出各环节严格管理，成为新加坡建立全民"有产社会"的基础。对于高端需求，则主要通过市场解决。

产业均衡差异化发展，功能分区实现土地利用最优化。新加坡市中心和新城镇功能分区、错位发展、共创繁荣。1964 年，政府宣布实施"居者有其屋计划"，通过公共住房政策，将市中心的居民人口和工业人口很快转移至新城镇，成功地解决了市中心的贫民窟和交通拥挤问题。同时，市中心全面提升基础设施建设，主要用于店铺、办公楼、百货商场、宾馆以及高层豪华公寓的开发，土地价值得到充分利用。通过城市复兴计划，市中心逐渐成为一个国际金融、商业和旅游中心，实现土地价值最大化，而新城镇则主要承担居住功能，规划产业配套并有序发展区域中心，实现区域内居住和办公的平衡，减少通勤时间，中心区与新城镇错位发展，珠联璧合，交相辉映，共同繁荣。

工业用地实行差异化政策，实现产业均衡发展。新加坡 80% 的工业用地都集中在政府工贸部所设立的裕廊工业园内，政府处于垄断地位。裕廊工业园面积约 70 km^2，包含了 8000 多家跨国公司和本地的高技术制造业公司，对 GDP 的直接贡献率为 26% 左右，雇用了全国三分之一以上的劳动力。裕廊工业园以石化、修造船、工程机械、一般制造业、物流等为主导产业，形成完整的产业链。新加坡政府对于整体经济发展具有长远眼光和全局意识，对政府重点支持产业提供很低的租金和优惠措施，以保证和扶持重点产业的发展，由此造就新加坡非常繁荣的制造业。根据调查，新加坡不仅是全球第五大国际金融中心、世界第二大港口，同时工业也是新加坡经济发展的主导力量，迄今已成为全球第三大炼油中心、东南亚最大的修造船基地和世界电子工业中心之一，产业结构均衡合理，具有可持续性。

城市管理方面，采用新加坡特色的环境治理模式。新加坡城市管理的各项独特手段是其环境治理成功的强有力保障。在经济手段方面，一是价格政策，环境资源的合理定价依靠政府干预，政府干预使各经济主体在使用环境资源时承担的私人成本等于社会成本。二是财政政策，包括增开有利于环保的税种、税收回扣和对环保型固定资产允许加速折旧。三是推动资源环境管理体制的市场化改革。法制手段方面，新加坡立法先行，先后颁布《破坏公物法》《公共环境卫生法》《环境污染控制法》等法规，立法内容明确，权责清晰，操作性强。在环境执法方面，新加坡推行"执法必严"的理念，实行预防、执法、监督、教育为一体的系统模式。此外，政企合作、问责制度和国民环保教育也有助于推进城市管理。

城市发展方面，注重增强可持续性。新加坡在城市污水处理和固废处理方面以增强可持续性为指导方针，并且创新性地开展"新生水"污水再利用项目，推动资源有效利用。这种城市"科学规划、绿色建设、严格管理、注重发展"四位一体的动态发展模式，使新加坡成为一个自然和经济协调发展、人与生态持续和谐的低碳园林城市。

保持经济增长和环境改善的平衡，一直是困扰世界城市发展的难题，达到平衡非常困难。作为一个国土面积狭小、资源匮乏、人口密集的大城市，仅仅经过四十余年，新加坡通过"不仅专业，而且富有远见"的城市规划和高效透明的政府，在交通建设、产业发展、住房建设、文化保护、城市拆迁等方面成效卓著。以公共轨道交通为主导，成为"不堵车的大都市"；以"土地利用最优化"为原则，实现"低端有保障，高端靠市场"的住房市场格局和均衡发展的产业布局；创造性地对历史文化区进行整体性保护，避免了大拆大建，新区和老城和谐共生；市中心和新城镇错位发展，共同繁荣，保持了经济发展和环境改善平衡的可持续发展，城乡差距缩小，城市疏密有间，在某种程度上实现了"把田园的宽裕带给城市，把城市的活力带给田园"的"田园城市"梦想。

2. 美国多维度全面落实生态环境治理

19 世纪的美国先后开展两次工业革命，实现了从农业国家向工业国家的转变。20 世纪初，工业化、城市化进程加快，环境污染和破坏严重，第一次自然资源保护运动兴起。20 世纪中叶，美国长期实行的经济优先发展政策加剧了生态环境的恶化程度，第二次自然资源保护浪潮开始兴起。第二次世界大战结束后，经济迅速发展，美国成为世界上最大的污染源之一，此时兴起的环保运动着重于化学品管制和污染物的处理。20 世纪 70 年代以来，生态环保理念日益受到重视，环境政策工具也更加多样化。这期间政府与民间力量通力合作，环保法规及机构逐步建立健全，不仅取得众多阶段性成果，也为经济社会持续健康发展奠定了坚实的基础。

狠抓流域治理，大力保护水生态。从 1899 年美国首部关于水生态保护的立法

《垃圾法》，到 1972 年颁布的至今仍在美国水环境保护中发挥重要作用的《清洁水法》，美国高度重视工业化给水生态带来的破坏，积极通过立法等方式对水生态进行保护。并且，美国较早开展了水质基准的研究和制定工作。1965 年，美国在"公法 600"中通过了开发水质基准的计划，并随之进行了它的应用研究，到 1980 年出台了《环境水质基准》。现如今，美国已形成一套完整的水质基准监测标准，并广泛应用至地表水监测、地下水监测、污染源监测等，以此密切监测水生态环境的状态。美国同时开展了五大湖水质保护、基西米河生态修复、密西西比河流域治理等河湖治理工程。

专栏 5-5　北美五大湖环境治理经验

北美五大湖位于美国和加拿大的交界处，按大小分别为苏必利尔湖（Lake Superior）、休伦湖（Lake Huron）、密歇根湖（Lake Michigan）、伊利湖（Lake Erie）和安大略湖（Lake Ontario）。其中，除密歇根湖为美国独有外，其他四湖为美国和加拿大两国共有。五大湖素有"北美地中海"之称，是世界上最大的淡水和地表水系统，总面积达 24.4 万 km²，总蓄水量为 226 840 亿 m³，所蓄淡水占世界地表淡水总量的五分之一，占美国地表淡水总量的十分之九。五大湖流域面积为 52.2 万 km²，南北延伸近 1110 km，从苏必利尔湖西端至安大略湖东端长约 1400 km。五大湖每年流出的水量不到总水量的 1%，故一旦湖水受到污染，在短期内很难清除。

随着 20 世纪初期世界经济增长中心从欧洲西部转至北美，在美国东北部和中部分别形成波士顿-纽约-华盛顿城市群和五大湖城市群。五大湖城市群的繁荣发展，使当地获得了巨大的经济利益，同时也带给原有生态环境系统很大的冲击。如早期未经处理的工业废水直接排放到水体中，污染了湖区大部分河流，森林砍伐、农业开垦导致土地裸露、水土流失加剧，城市迅速扩张造成野生生物栖息地大量减少，过度捕捞造成渔业资源匮乏，农药和化肥大量使用引发水体富营养化等。至 20 世纪 40～60 年代，当地有机化工和冶金工业得到大力发展，导致大量重金属和有毒污染物质进入水体。重金属污染由于毒性强、具有累积性、不能被生物降解等特点，对水生生物和人类健康危害极大。此外，汽车普及造成含铅废气排放量的增加以及化肥、杀虫剂的广泛使用，也加剧了五大湖的水污染。到 20 世纪 60 年代初期，伊利湖的西部和中部已经由良性的好氧生态系统转变为恶性的厌氧生态系统，每年夏天，水体由于严重富营养化而引发水华现象，藻类大量繁殖，水面污浊不堪。另外，受城市扩张影响，湖区内湿地面积损失将近三分之二，湿地的减少又压缩了野生生物的生存环境，许多物种消失或濒临灭绝。

20 世纪 60 年代末，五大湖水环境恶化问题逐渐引起社会各界的重视，美加两国政府开始联手，共同治理五大湖水环境污染。1972 年，美加两国签订了五大湖水质协议，美国政府开始增加在污染治理方面的投资，并制定污染物排放标准，建立城市污水处理厂。在湖区 8 个州内，由政府环保局拨款 120 亿美元兴建了 1000 多个城市废水处理厂，并确保每 10 万人的城市至少有一个现代化的废水处理厂。到 70 年代末，由于采用的措施得当有效，极大地减少了工业和城市排污的直接入湖量，漂在湖面上的废物和油膜开始消失，水中溶解氧增加，异味减少，富营养化现象得到缓解。1977 年，秃鹰和双脊椎鸬鹚的繁殖状况开始改善。1978 年，五大湖水质协议进行二次修改和补充，着重强调有毒污染物对生态环境的影响，减少非点源污染，恢复和维护湖区生态环境。90 年代开始，五大湖水环境状况得到极大改善。

美加两国在五大湖水环境保护中主要合作经验有：

签定边界水条约与成立国际联合委员会。1909 年，美国和加拿大签订了边界水条约，并成立了国际联合委员会，目的是解决两国边境河流、湖泊由于水资源使用引起的纠纷。1911 年，国际联合委员会召开第一次会议，将两国委员们召集在一起共同讨论水环境问题和其他问题。

签订五大湖水质协议。1970 年，国际联合委员会关于五大湖水污染报告促成了有关五大湖水质问题的谈判。1972 年，美加两国签署了五大湖水质协议，同年，美国通过了《清洁水法》。五大湖水质协议规定两国必须共同努力来治理五大湖的水污染问题，首先应完成以下三项工作：第一，控制水污染和健全水法律；第二，开展有关五大湖水环境问题的学术研究；第三，加强湖区环境监测，了解治理进展和存在的问题。1978 年，对五大湖水质协议进行了修订，提出了恢复和维持五大湖生态平衡、限定磷排放总量、完全禁止永久性有毒物质排放的建议；引入生态学理论，提出在恢复和治理五大湖水环境的过程中，还应考虑空气、水、土地、生态系统与人类之间的相互作用关系。协议还号召美加两国"实质性地"禁止向五大湖排放难降解有毒物质。1983 年，将水体中磷负荷削减量附加到五大湖水质协议中。1986 年，美国湖区 8 个州的州长签署了五大湖有毒物质排污控制协议。1987 年，对五大湖水质协议进行第三次修订，着重强调对非点源污染、大气中粉尘污染和地下水污染的治理，并首次提出实行污染物排放总量控制的管理措施。1990 年，国际联合委员会两年一次的报告提到即使将难降解有毒物质的排放量控制在较低的水平上，也会对孩子的健康构成威胁。1991 年，要求削减酸雨的美加空气质量协定签署，同年，两国政府以及安大略省、密歇根省、明尼苏达州、威斯康星州 4 省（或州）政府就"恢复和保护苏必利尔湖的两国合作计划"达成共识。1995 年，美国国家环境保护局颁布了被称为五大湖水质保护规范的五大湖水质导则。

出台五大湖地区发展战略和五大湖宣言。2002 年，在由美国联邦政府、湖区州政府和当地部落高级代表组成的研讨会上，通过了名为"五大湖地区发展战略"的区域发展计划。该计划首先提出要对当前最为关注的水环境问题优先制定一套共同行动纲领，从而使整体的合作行动与美国政策委员会的目标保持一致，并规定五大湖地区的生态环境保护和自然资源管理工作将由联邦政府、湖区州政府和当地部落来共同承担，其合作方式保持与五大湖区水质协议相一致。2004 年，由联邦政府内阁成员、资深人士、国会议员、流域管理者、部落代表以及地方政府相关代表组成的代表团在芝加哥签署了"五大湖宣言"，以恢复和保护五大湖的生态系统。

零碳排放行动计划助力碳中和。在《美国深度脱碳的途径》《美国深度脱碳的政策影响》两个报告的基础上，零碳排放行动计划（ZCAP）针对美国国内情况，概述了最大限度提高经济效益、降低能源成本所需采取的措施，并提出了提升经济活力、促进就业增长的目标与 2050 年的零碳排目标。ZCAP 为 2050 年温室气体净零排放目标提供了实现途径，这一计划将促进全球升温 1.5℃ 目标的实现。在应对气候变化上，ZCAP 重点关注电力部门、交通运输部门、建筑部门、工业生产部门、土地利用部门、材料部门等六个能源生产与消费部门。在电力方面，根据减排计划要求，发电方式将向太阳能和风能转变，并继续生产其他零碳能源，特别是核能和水电；同时，为了维持电力系统的可靠性，大量的燃气发电机以低效率运转至 2050 年。在交通运输方面，对所有轻型车辆、城市卡车、公共汽车、铁路、大部分长途卡车以及一些短途运输和航空运输进行电气化改造；对长途航空和长途海运使用先进的低碳生物燃料和可再生能源。在建筑方面，提议新的建筑能源法规（NECB），以确保 2025 年之后的新建房屋使用低碳技术和材料，以实现高度节能。在工业生产方面，对轻工业、采矿和有色金属生产等行业通过提高协调效率、电气化和发电脱碳来实现碳减排；对其他行业，如钢铁、水泥和化学原料的生产行业等，采用碳捕获与储存（CCS）或使用其他合成燃料替换现有能源等技术解决方案。在土地利用方面，对影响零碳排放的有关土地利用政策进行深入研究，同时进行跨部门的规划，加强国际以及国内各级政府之间的合作。在材料方面，呼吁建立一个新的国家可持续材料管理框架（SMM）和一个以"减少、再利用、再循环"为支柱的循环经济（CE）体系，在制造、运输、使用到最终处置的整个供应链中实现碳减排。

多层面深入开展荒漠化治理。荒漠化和土壤侵蚀是美国大平原干旱地区面临的最大威胁之一。1936 年，美国成立大平原干旱地区委员会，委员会的成员由罗斯福总统亲自任命。通过充分调查和反复研究，该委员会提交了《大平原的未来》这一文件，作为荒漠化治理的纲领性文件。在实践中，荒漠化的治理主要分为技术、政策和观念三个层面。技术层面，美国对全国的土壤、气候、水资源、草地承载量等进行了广泛的调查研究，确定了 768.3 万 km² 农地土壤侵蚀及强度分级面积。同时，对大平原地区进行分区规划，推广先进的、适用于干旱地区的耕作技术，提高耕作土壤涵养水分的能力，提高农作物产量。政策层面，农业方面，1933 年，美国政府颁布《农业调整法》，对愿意削减农业产量的农场主给予补贴，取得了良好的效果。畜牧业方面，从 1934 年 6 月开始，国会拨款 2.75 亿美元，收购那些老弱病残的牲口，一直到 1935 年 2 月，南部平原卖出 100 多万头牛。同时，对养殖户的每头牛、马、羊、猪等按月进行定量补贴。对养殖户的经济补贴，一定程度上限制了其无休止的扩张。观念层面，大平原委员会提出要破除征服自然、自然资源永不枯竭、市场可以无限扩大、财富可以无限累积等错误观念，强调公共福利高于个人利益。

超级基金制度助力土壤污染防治。美国的超级基金是国际上典型的土壤污染防治基金。主要用于治理全国范围内的闲置不用或被抛弃的危险废物处理场，并对危险物品泄漏做出紧急反应。基金由国会基于 1980 年的《综合环境反应、赔偿与责任法案》建立，并根据 1986 年《超级基金修正案和再授权法案》修订完成。超级基金制度为美国联邦政府的反应行动和污染损害修复工作提供了资金保障。即使在责任人不能确定、无力或不愿承担治理费用的情况下，也可通过超级基金制度管理的资金来支付治理费用，保证了污染损害得到最为及时的治理。在基金的支持下，美国约有三分之二的列入国家优先治理名录的污染场地已完成修复工程。超级基金是隶属美国财政部的信托基金，资金来源广泛，主要包括环境税、追讨的修复和管理费用、基金利息所得和罚款所得、一般性财政拨款、其他投资收入等。立法先行是超级基金制度的基本保障，超级基金确立了广泛的责任主体，设立了回溯、连带、严格三级归责原则和完善的追偿机制。采用信托基金的方式，设立明确的管理机构是超级基金制度得以有效运行的关键。

深化雨水资源化理念，降低城市洪涝威胁。美国作为雨水综合利用发展较早的国家，城市雨水管理经历了排放管理、水质管理和生态管理三个阶段。如今主要是从分散的源头场地对雨水进行收集、渗透、去污和回收利用，从而减少暴雨径流量和洪水污染的雨水管理模式。美国 1990 年打造的第一条真正意义上的绿色街道位于马里兰州乔治王子县萨默塞特居住区，每一临街住宅前庭院设计一个 28~37 m² 的雨水渗透园，由所有临街住宅前庭院的雨水渗透园形成一个自然雨水管理系统，通过这一系列雨水渗透园的涉留、吸收、下渗和净化作用来管理居住区街道上汇集来的雨水。绿色街道建成后的数据监测分析表明，这条绿色街道可以高效地管理周边在正常降雨强度下形成的 75%～80%的地表雨水径流，最大设计能力甚至能抵御该地区百年一遇的降雨强度，但造价仅为美国传统工程式的暴雨水最佳管理措施系统的四分之一。生态管理阶段的低影响开发理念引起了美国建设绿色街道的热潮，各个州开始根据实际需求制定绿色街道建设的相关计划和实施方案。如今美国各州已经建设了相当数量的绿色街道项目，仅波特兰一个城市的建设量就达到数百个，被称为典范的工程不在少数，建设成效显著。绿色街道不但具有减缓雨水径流流速、促进雨水自然下渗、补充地下水资源、净化雨水水质、减少城市热岛效应、提供动植物栖息地等生态功能；还同时具有形成优美安全的街道环境、提升街道活力与吸引力的景观功能。

运用市场化补偿机制修复湿地生态系统。从 20 世纪 70 年代开始，受湿地面积急剧减少、水生资源被破坏等影响，美国联邦政府逐步重视湿地保护。1972 年，美国颁布了《清洁水法》，规定除非获得许可，否则任何主体都不得向美国境内水体倾倒或排放污染物，以严格保护湿地、水体和物种栖息地。1988 年，布什政府根据《清洁水法》，提出了美国湿地"零净损失"的目标，即湿地数量和功能在开发建设中不得减少。此后的法律和政策逐步细化了开发者损害补偿的义务，建立了补偿性缓解机制，政府允许开发者使用一定数量得到改善（新建、修复或保护）的湿地，去补偿另一块受开发活动影响的湿地，从而产生了大量的湿地补偿需求。美国湿地缓解银行（Wetland Mitigation Bank）机制是一种市场化的补偿机制，由第三方新建或修复湿地并出售给其他开发者，以帮助后者履行其法定补偿义务，目的是保护湿地、抵消开发活动对自然生态系统的影响。目前，湿地缓解银行已经扩展到溪流修复和雨洪管理等领域，并成为美国政府最推崇的补偿性缓解方式，不仅吸引了大量的私人企业投资参与建设，激励了土地所有权人、社会公众参与湿地保护，还推动了湿地修复技术的进步和湿地修复产业的发展，有效地保障了湿地资源及其生态功能的动态平衡。

专栏 5-6　湿地缓解银行的运行机制

1. 湿地缓解银行交易需求的培育

美国对生态环境保护法律的制定和严格执行以及"补偿性缓解"原则的确立，是培育湿地缓解银行交易需求的基础。

根据美国《清洁水法》第 404 条的规定，美国陆军工程兵团建立了工程许可审批制度，对任何破坏或损害湿地、水道环境的项目进行审批，以监管对湿地、溪流和河流产生的任何不利影响，这些项目既包括私人部门实施的土地开发项目，也包括政府部门实施的公共基础设施或军事类项目。

在此基础上，美国确定了"补偿性缓解"原则，即政府各部门和企业在项目规划设计阶段，就必须充分考虑其对湿地、河流和其他自然生态系统的影响，并严格遵循"缓解措施优先级别"顺序：首先应尽量避免项目对湿地和河流造成影响；如果避免不了，应该将影响降到最低；如果这些方案都不可行，才能采用补偿性缓解机制，即允许项目开发者采用补偿生态环境损失的方式来抵消损害（如购买湿地信用），并实现湿地资源的"零净损失"。只有当补偿完成之后，才能获得项目开发的许可，由此培育了专门为不可避免的开发提供补偿的湿地缓解银行业务。

2. 各方的权利和责任

美国湿地缓解银行机制基于一个权责清晰的三方体系：政府审批和监管部门、购买方、销售方，后两者构成了市场交易的主体。

（1）政府审批和监管部门

主要包括美国陆军工程兵团和环境保护署，前者根据《清洁水法》对破坏湿地、溪流和通航水道的开发项目以及湿地缓解银行项目进行审批，并负责监管湿地缓解银行的设立、建设、出售和长期管理等；后者参与湿地缓解银行项目的审批，并负责跟踪和监测。随着美国湿地缓解银行机制的完善，该类项目一般通过建立"跨部门审核小组"的方式进行审批，小组成员可能会因项目的位置、规模和性质不同而有所区别，除陆军工程兵团和环境保护署外，美国鱼类与野生动物管理局、农业部、海洋渔业局以及各州的相关机构都会提供指导，参与审核和监管。

政府部门的权利和责任包括三个方面：制定并执行与湿地缓解银行相关的总体规则和政策，对每个湿地缓解银行进行正式的审核批复，对其生态绩效进行长期监测。因此，政府机构逐步从单一的自然生态执法机构，转变为市场化补偿体系的监督机构，但不干预或影响具体的市场交易行为。湿地缓解银行项目的规划设计、建设维护、定价或交易等，全部由市场主体自行完成。

（2）购买方

购买方是从事开发活动、对湿地造成损害的开发者，包括个人、企业或各级政府部门（含军事部门）。

购买方通过从已经完成的湿地缓解银行中购买湿地信用后（对应具有一定生态功能的湿地面积），其补偿生态破坏的责任以及对湿地缓解银行地块的绩效指标、生态成效进行长期维护和监测的责任全部转移给了销售方。与直接开展补偿相比，这种责任转移机制让购买方的成本更低、获得开发许可的速度更快，不仅是湿地缓解银行持续交易的动力，还有助于政府法律的有效执行。

（3）销售方

销售方一般是湿地缓解银行的建设者和生态修复公司，包括建立和管理缓解银行的私营企业、地方政府机构、个人土地所有者，以及将湿地缓解银行业务作为投资组合的投资基金或投资公司等。

在湿地缓解银行机制中，湿地信用的销售方作为第三方机构，享有对湿地信用进行定价、出售、转让和核销的权利，承担湿地银行的设计、申请、建设、长期维护和监测责任，是湿地补偿责任的实际承担者。

除以上各方外，美国的湿地缓解银行体系中还包括其他利益相关方：相关协会（湿地缓解银行协会）、营利性会议组织者（全国缓解和生态系统银行会议）、为湿地缓解银行提供服务的专业法律和咨询机构、专业学术机构、跟踪监测缓解银行的非政府组织等，他们主要承担第三方评估、研究支撑和社会监督等作用。

环保产业有效带动经济发展。美国环保产业可分为三类，第一类是环保服务，包含废水处理工程、咨询与设计、环境测试与分子服务等内容；第二类是环保设备，包含仪器与信息系统、废物管理设备、清洁生产和污染预防技术等内容；第三类是环境资源，包含清洁能源、水资源利用、资源回收等内容。其中环保服务在 2015 年美国环保市场中居于最重要地位，占比达到 56.40%，是最大的细分市场；而环保设备和环境资源在整体环保市场格局中所占比重分别为 22.30% 和 21.30%。从全球来看，美国在环保设备领域优势明显，特别是空气污染和水污染处理层面，这得益于美国长期以来对研发工作的重视。美国联邦环保局制定环境技术研究与试验发展（R&D）计划，旨在通过发展先进的环境技术和污染控制技术振兴环保产业。2011～2015 年环保产业总体市场规模稳定增长，2015 年达到 1543.7 亿英镑，较 2010 年增长了 16.05%，预计未来将维持增长态势，并实现新的发展。环保产业的发展不仅直接提供了更多的就业岗位，也有效带动了相关行业发展，提供间接就业岗位，从 1977 年至 1991 年，环保产业直接和间接新增的就业人数达 236.38 万人。1991 年直接及间接增值额达 1018.70 亿美元，较 1977 年增长 213.90%，占 GNP 比重为 1.77%，环保产业的发展不仅拉动了就业，也提升了整体经济发展水平。

3. 德国打造化工园区环境应急管理典范

德国化工园区的发展始于 20 世纪 90 年代，得益于拜尔公司等大型化学公司的对外开放。大型化学公司为了与其他企业进行合作，或将一部分业务进行分离，开始在周边规划出一小块用地，吸引企业进入园区，经过不断发展形成了德国现今的主要化工园区。据相关资料统计，全德国境内大约有 60 个化工园区。德国的化工园区是在老化工基地基础上发展的一种新的商业模式，是按照"产业集聚、用地集约、布局合理、物流便捷、安全环保、一体化管理"的原则发展起来的一个新生事物，对于德国化学工业的持续、健康发展起到了至关重要的作用。

完善的法律法规体系是安全、环保工作的基础。《联邦污染防治法》是德国安全、环保工作的基本大法，与《联邦防泄漏法》《消防法》《联邦污染防护条例》《处理有害物质的特殊规定》以及欧盟《塞维索 II 准则》等共同构成化工企业安全、环保工作的基本法律法规框架体系。《联邦污染防治法》是一部全面的、综合性的法律，同时涉及企业生产过程中的安全和环保问题，由 36 个附属法规或细则构成，内容翔实、具体，可操作性强，与其他一些法规如《建设工地条例》《生产安全条例》《施工现场条例》等共同涵盖了化工企业从规划、建设、运行直至废弃物处置的全生命周期过程的安全、环保问题，是德国化工企业、化工园区安全、环保工作的基石。统一完善的法律框架体系可有效避免法规不一、标准不一、政令不一的问题，有利于政府部门协调对化工企业、化工园区的安全、环保、消防、设备等工作的监管，也有利于减轻企业负担。

严格的企业入园审批程序，将化工园区的潜在风险消除在萌芽状态。目前，德国从国家战略层面并没有明确的企业安全准入制度，企业进入园区主要是以产业链和市场需求为导向，各个园区根据自身的特点和利益要求，采取灵活的、适合自身的方式，做法也不尽相同。尽管如此，根据《联邦污染防治法》《塞维索 II 准则》的要求，化工企业、化工园区在进行总体规划和建设规划时，也应遵守严格的审批程序。《联邦污染防治法》第 4～21 条规定了哪些工业设备需要审批，第 22～25 条规定了哪些工业设备不需要审批。政府部门对项目的审批主要从技术和管理、合适的安全距离、大规模人员疏散等 3 个层次考虑，并分成规划设计、编制申请、递交申请、申请审查、审批 5 个阶段。

运用以工伤保险为主的调节杠杆，有效促进德国化工等的高危行业落实安全生产主体责任。德国法律规定，化工行业等 13 个高危行业从业企业必须加入相应的同业公会组织，其中，化工行业所属的同业公会为原材料与化工同业公会。同业公会负责本行业从业企业职工的工伤保险，该保险的投保对象为企业职工，投保范围包含因生产安全事故、上下班交通事故造成的伤亡损失及职业病损害，保险费用由企业负担。一旦发生事故，因事故受到损害的职工直接得到同业公会的赔付。同业公会则通过督促检查，使企业采取有效的措施预防事故发生，且通过根据企业安全生产管理业绩的状况核定下年度保费费率额度等手段来督促激励企业做好安全生产工作。在这种机制下，同业公会行业效益最大化和企业收益最大化的追求与生产安全业绩的实现，通过经济杠杆得以紧密连接在一起，有效避免了企业因事故赔偿而破产，并确保了高危行业和从业企业安全生产主体责任的落实。

　　完善以志愿者为主力的应急救援体系，为德国化工园区提供了安全可靠的应急保障。德国灾难救援工作归口各州的内政与体育事务部统一管理，并设置应急办和应急指挥中心。全国 16 个州分别设置了州应急指挥中心，综合负责全州重大灾难如洪水、地震、化工事故等的救援指挥工作。以志愿者为主的民间救灾力量是德国应急救援工作的一大特色。如德国联邦国民灾难救援总署（THW）在全国设有 668 个基层国民灾难技术救援组织，共有 8 万多名训练有素的救援人员，其中 99% 为利用业余时间参加训练和救援工作的志愿者。以志愿者补充救援力量，可使政府部门节省大量运行开支费用，从而可将资金用于技术装备的提高上。另外，民众的广泛参与，也使得整个社会的安全意识、安全文化、对政府的认同得到明显提升。

　　行业自律组织、科研机构高度发达，是确保德国化学工业长期安全、健康和高品质发展的坚实基础。在化工等高危行业自律管理方面，如德国威斯特法伦鲁尔区及其所辖的科隆市附近，就有覆盖联邦（全国）的原材料与化工同业公会、科隆化工联盟、化工合作网等多个层级的行业性组织在发挥作用。行业自律组织的高度发达，不仅有效地促进了行业高速发展，在安全技术研发推广、安全管理及行业自律监督等方面也发挥着重要作用。德国的 58 所化学化工方面的综合性大学和 24 所应用技术大学（职业学院），47 个马普协会（偏理论），23 个弗劳恩霍费尔学会（偏应用），6 个亥姆霍茨联合会，5 个莱布尼茨联盟等的研究所，为德国化学工业提供了顶级的技术研发和高素质的人才基础，确保了德国化学工业的长期安全、健康和高品质发展。

　　4. 英国积极拓展生态产品价值实现路径

　　现代的英国，所到之处几乎都是青山绿水、碧草连天。整个英伦三岛，空气清新、花香鸟语，看上去像一个大花园。这是历届英国政府注意出台、落实生态环境保护政策的结果。从 20 世纪 70 年代开始，英国的环境立法便以预防为指导思想，例如《城乡规划法案》《水资源法案》《自来水工业法案》《清洁大气法案》《环境法案》《污染预防法》等，这些法案构成了英国环境保护法规体系的框架。在保护好绿水青山的基础上，英国以生态优先，积极拓展生态产品价值实现路径。

　　"外延扩张"与"旧城更新"相结合，打造环城绿化圈。随着近代欧洲工业化进程加快，城市规模无序扩张，一系列问题随之产生，环城绿带能够通过在城市外围安排绿地等形成永久性开放空间的方式缓和经济发展中的各项矛盾。绿带政策自大伦敦规划正式实施以来，在苏格兰、威尔士和北爱尔兰地区相继被采用，并被其他国家所效仿，迅速成为国际规划体系的一部分，对各国大城市规划发展有着深远影响。伦敦环城绿化圈是英国首都圈——大伦敦外围的一块法定绿带区，涵盖的行政区除大伦敦边缘地区外，还包含东南英格兰、东英格兰贝德福郡、伯克郡、白金汉郡等。英国政府通过法律形式保证绿带政策贯彻运行，将其作为国家的一项基本规划政策，经过一段时期发展完善，绿带政策已具备充分的法律权威性、稳定性和控制体系的完整性，即使在 20 世纪 80 年代撒切尔政府大量废除法定程序的情况下，该政策也未被触及。截至 2017 年 3 月末，英格兰绿带面积约 16 347 km²，占土地总面积的 13%，且绿带多集中于中部及东南部地区。

积极开展自然资本研究、管理和应用。自然资本（natural capital）是基于可持续发展理念而提出的概念，可以反映和衡量大自然在增进人类福祉、支持可持续发展过程中的作用。英国是最早开展自然资本研究、管理和应用的国家之一。2018 年，英国在《中央政府支出评估指南》中引入了自然资本框架，要求"对自然环境的影响进行评估和估价"，并提出了对自然资本"非市场和不可货币化价值"的估价标准，用于开展基于自然资本的成本效益分析。目前，英国中央政府已将"对碳排放量的影响"作为一项指标，纳入了对公共政策的"影响评估"范畴，后续将有更多的自然资本指标被纳入评估范围；部分地方议会已经要求公共支出项目"考虑对自然资本存量的影响"，并将基于自然资本的成本效益分析结果用于项目的决策。

专栏 5-7 英国牛津郡的奇姆尼（Chimney）草地自然资本评估项目

奇姆尼草地占地超过 260 hm²，主要用于当地农民的放牧和农业种植。1993 年，由于具有丰富的植物资源，同时也是稀有鸟类的重要栖息地，草地西南角一块 50 hm² 的区域被划定为具有特殊科学价值的区域。2003 年，Berks Bucks & Oxon 野生动植物信托基金（以下简称信托基金）购买了这片土地，并立即实施了相应的管理改革，将以前用于农民耕种的区域和被野生作物覆盖的区域替换为物种丰富的草地，并恢复区域内的湿地功能，促使原来的中性草地牧场转变为湿草地和沼泽，以保护涉水鸟类和越冬野禽，增强该地区的生物多样性。根据信托基金的管理规划，如果改变原有的土地利用方式，该区域的生境将会迅速转变，但其整体的生态发展（即目标物种的反应，以及达到物种保育管理计划所拟定的目标）则需要较长时间。

为了证实和评估信托基金的管理改革为社会带来的额外的生态系统服务收益，以争取更多的公共投资和社会投资，2017 年，牛津郡议会联合部分自然环境咨询组织和大学，对该区域的自然资本和生态系统服务收益情况进行了评估。以 2023～2052 年为评估期，设立了两种方案：一种是期望（aspirational, ASP）

方案，代表的是信托基金已经实施和计划引入的管理变革，包括改变土地利用方式、增加湿地和草甸面积、保护生物多样性等。另一种是照常（business as usual，BAU）方案，假设该区域没有经历信托基金的干预，仍然继续以往的管理模式和农业用地为主的土地利用方式。评估内容主要包括：尽可能多地量化生态系统服务及其带给人们的受益；评估两种方案的管理成本和净效益，以确定哪种管理方式能为社会提供更多的价值。

此次评估以年度价值和30年评估期内的资本化价值来表示奇姆尼草地区域的成本和收益，并采用1.5%的贴现率来评估未来收益的净现值。在传统核算中，一般只考虑草地管理方式带给私人的成本和利益，本次评估则区分了带给私人的价值和带给社会的价值，前者是为奇姆尼草地的所有者和管理者（如拥有土地所有权的农民或利用草地进行种植的经营者）所带来的成本和利益，后者是为社会带来了更广泛的外部利益。结果表明，期望方案和照常方案下的资本化净收益都有所减少，但收益成本比没有显著变化。

从评估结果看，如果只考虑私人部门的成本和收益，而不包括更广泛的社会利益，期望方案和照常方案的管理方式或商业模式都是不可行的，这意味着需要外部资金或补贴来实现社会效益。

在这两种情况下，为整个社会提供的利益大于为农民等私人部门带来的利益。在照常方案下，私人部门在评估期内将净损失约128万英镑。在期望方案下，为了实施湿地修复、生物多样性恢复等计划，私人部门的净损失将上升至170万英镑。这表明，通过外部资金来支持期望方案、实现社会效益是必要和合理的。例如，在照常方案中，这将包括向单个农场付款；而在期望方案中，这将包括政府给予更多的补贴或公共资金支持，以弥补私人部门因保护自然生态系统和生物多样而受到的损失。即使是政府投入高达700万英镑的公共资金或补贴（与期望方案的额外净收益持平），实施期望方案仍将为社会提供正回报。

此外，与照常方案相比，期望方案给社会带来的净收益要高得多；如果只考虑私人收益，期望方案产生的净成本也要高得多。这表明，在社会利益最大化和私人利益最大化之间应当存在某种权衡。如果在评估具有重大环境或社会影响的项目时，仍然按照只考虑私人成本和利益的传统核算方式，将会给公共决策带来局限性。因此，在对可能涉及自然资本和生态环境保护的项目进行决策时，应当充分考虑包括社会效益在内的项目实际价值，并合理运用法规和政策规制、环境补贴等方式。

依靠优越的自然环境、完备的管理政策和标准的旅游规划程序，大力发展生态旅游业。英国生态旅游行业发展的良好态势除了其本身优越的自然、文化、历史资源之外，还与当地政府、企业和民众协调、共同参与和促进密不可分。英国与欧洲大陆隔海相望，气候温暖湿润，拥有漫长的海岸线，以及有着高山、平原、冰川、河谷等多种地貌。同时，英国人文底蕴深厚，拥有悠远的历史和独特的英格兰田园风光，这些都为英国生态旅游行业提供了先天性优势。除此之外，英国政府和旅游管理当局对生态旅游行业发展的重视和支持是又一大优势。目前，地方政府拥有 95% 的公园，其建设与维修经费全部由政府出资，国家公园由中央政府资助，英国政府每年拨款在 6 亿英镑以上。不得不提的是旅游作为消费的一个行为过程，其实本身就隐含着对生态环境的消耗和破坏。而英国旅游管理当局针对这一问题也有一套专门的应对方法，把重点放在旅游环境保护工作和绿色消费上。英国旅游管理当局在营销、宣传和推广旅游产品的过程中，大力强调"绿色消费"的观念，在保护旅游资源的同时，实现利润最大化。例如，环湖步行、骑自行车、观赏野生动植物、民居留宿、品尝当地食物、使用公共交通工具等，都以不破坏自然环境、控制人工干预及防止污染为出发点，倡导旅游者把绿色消费当作一种时尚和自觉的行为，从而达到保护环境的目的。除了上述两点之外，英国的生态旅游业的旅游规划和理论实践都表现得比较成熟，国内有专门的旅游规划师，主要围绕森林、湿地生态系统，动植物园和以自然生态系统为基础规划和创建不同类型的人工景观生态园，如格洛斯特郡科茨沃尔德的"水上波顿"和沃尔德的"石头城"。

专栏 5-8 英国生态旅游行业现状

在英国，生态旅游业作为一种相当成熟的业态，位居世界前列。据相关资料统计，英国拥有 10 个国家公园，6 个森林公园，公园占地 1430 km^2，36 片自然风景保护特区，22 个环境保护区，近 200 个由乡村环境保护委员会批准的乡村公园，800 km 受到保护的海岸线，2000 多座历史性建筑和 3600 多个园林，平均每年有 3000 万英国人口经常使用公园，还有 20 亿观光游客。

5.1.3 国际三大湾区环境治理经验

1. 美国纽约湾区

纽约湾区生态环境保护历程从 20 世纪初开始，陆续进行了四轮区域规划变革，环境保护手段与政策呈现显著的阶段性特征。本章节根据区域不同时期的经济社会背景、环境质量状况与环境保护手段的差异性，将纽约湾区环境保护历程分为三个阶段，分别是环境基础能力建设阶段、环境全面治理阶段以及可持续性发展阶段。

（1）环境基础能力建设阶段（20世纪20年代～20世纪60年代）

随着20世纪20年代海运业和制造业的兴起，纽约及周边区域的经济、人口和文化快速发展，1900～1925年仅纽约港的货运量就增长了50%，纽约市人口也翻了一番。由于城市与区域间缺乏合理的规划与建设，人口与经济的快速增长导致区域出现了各种环境问题，但该阶段的环境保护仍处于较为温和的放任阶段。为了改变城市无序发展的状况，纽约的商业与专业人士建立了纽约及其周边地区的区域规划委员会，正式确立了纽约湾区，并对纽约湾区的未来发展进行了调研、分析和规划，形成了全球第一个长远的、区域性的湾区总体规划，涉及的内容包括经济、交通和公共空间。延续着第一轮区域规划提出的创新性的发展与管治思路，纽约湾区在环境保护方面的主要战略目标则是提高环境基础能力建设，其中主要包括区域环境机构的建设、基础设施建设和相关法制建立。

①区域环境机构建设。RPA由董事会与纽约州、新泽西州及康州各自的社区、商业领袖和相关专家共同组成，作为一个独立的区域非营利组织，长期对纽约湾区的经济、环境和交通系统等问题进行深入研究，并制定长期规划与政策建议，指导区域的可持续发展。RPA协助地方政府建立了规划委员会，包括纽约市的城市规划委员会，为地方决策包括环境保护建设方面提供建议，从1929年到1939年，该地区规划委员会的数量从61个增加到204个，目前仍是当地土地使用和环境保护预算规划的重要组成部分。另外，RPA创新性建立了公众参与和行动策略模式，大力提高公众参与度，针对该时期大量生活垃圾与工业固废往水体倾倒造成的水体环境恶化等环境问题，以纽约市为主导，展开水质调查以及相关基础设施建设，为改善区域环境奠定基础。

②环境基础设施建设。以纽约市为中心，纽约湾区从19世纪末开始陆续建造3座污水处理厂，希望通过建造污水处理厂寻求解决水污染问题的方法，但是该时期的处理工艺有限，仅能过滤直径较大的固体材料，废水处理并不完全。为了保护湾区区域内的自然资源，在拿骚、萨福克、帕特南和达奇斯各县，以及法拉盛草原、果园海滩公园和帕利塞兹地区，加强公园及自然资源保护建设，总公园面积增加一倍。在帕利塞兹跨州公园工程建设当中，通过推动跨州间公路建设，极大加强了沿哈得孙流域西岸的自然景观保护。

③相关法制建立。20世纪初，为满足城市发展需要，纽约市颁布了《水供应法》，后经修改的《水供应法》将特拉华州的水供应系统由宾夕法尼亚州和新泽西州管理统一划归纽约市进行统筹管理。

（2）环境全面治理阶段（20世纪60年代～20世纪90年代）

到20世纪60年代，第一轮区域规划已大部分实施完成的同时，城市的快速拓展以及小汽车盛行导致湾区出现较严重的土地资源紧缺和大气污染等环境恶化问题。从 1935 年到 1965 年，湾区范围内已开发的土地面积增加了两倍多，而相应的人口只增加了 50%，1965 年的人均私有土地面积是 1930 年的四倍，造成自然公共空间成为有限的且紧缺的环境资源。与此同时，区域大气污染程度较重，纽约市多次发展严重雾霾现象。为此，1968 年 PRA 发布纽约湾区第二次区域规划，全面开展区域内城市间合作，大力推动区域环境治理与自然资源保护。

①区域交通圈合作。为有效缓解并改善区域内大气质量，围绕纽约市为中心，达奇斯、拿骚、奥兰治、帕特南、罗克兰、萨福克和韦斯特切斯特等多城市共同合作，致力于打造都市交通圈合作，极大改善因交通拥堵造成的大气污染现象。为此，城市间建立都市交通圈管理局（Metropolitan Transportation Authority，MTA），负责制定和实施都市交通圈的统一交通政策，以及运营交通圈覆盖范围内的通勤交通，管辖范围包含纽约市五大区、纽约州 12 个县、新泽西州和康州的部分地区内的交通运输，该机构拥有并管理纽约地铁、巴士及渡轮。目前，MTA 的行政区域范围已跨越了纽约州和威斯康星州，已远远超出纽约湾区范围，是西半球最大的区域公共交通提供者。目前都市交通圈的交通系统已成为全球最大的通勤交通系统，也是高度合作的复杂基础设施体系，为区域大气环境改善做出了重要贡献。

②区域水环境治理合作。1987 年纽约-新泽西港口河口计划（HEP）成立，计划内容主要包括共同改善水质、保护和恢复生物栖息地、公众环境教育、改善公众参与环境保护条件等，最终目标是实现健康高效的生态系统，参与人员包括区域范围内的公共机构、地方政府、相关专家和群众组织。HEP 计划实施严密的战略框架，首先出台综合保护与管理计划，再制定行动计划，确定未来五年的工作重点，制定综合治理计划。此外，HEP 成立了相关论坛，协助利益相关方制定与实施具有科学基础、环境友好、经济友好的水治理行动方案。为了有效实施 HEP 计划，合作方成立了新的工作组负责推进，工作组成员主要由政府机构代表、技术专家、非政府组织代表组成，负责调查每个建议行动的实施情况，确保实施结果的可达性，并对下一步行动提出针对性和可操作性建议。另外，区域严格实行联邦政府发布的《清洁水法》，所有点源污染物排放都必须有排放许可证，排入自然水体中的排放物都必须达到以技术为基础的排放标准或者预处理标准，有效消除了区域内黑臭水体，持续改善区域水环境质量。

③区域生态环境保护行动。PRA 第二轮的规划开展了保护湾区自然资源的行动，极大地推动了城市周边地区国家公园的建设。其中，RPA 成功推进位于纽约与新泽西港地区的盖特威国家休闲公园建设，该公园也是美国第一个城市国家公园。在湾区内还有多个国家公园和州立公园，如纽约州的火岛海岸国家公园、新

泽西州的上特拉华国家休闲区公园等。1961~1973 年，纽约湾区内共设立城市公共空间永久保护区约 544 km²，逐步改善区域生态环境状况。

（3）可持续性发展阶段（20 世纪 90 年代至今）

20 世纪 90 年代以来，纽约湾区经济增长缓慢而波动，区域发展面临巨大挑战，既包括全球化竞争，也包括生态环境问题的恶化，区域发展的可持续性受到威胁。为此，RPA 重新定义发展的内涵，提出应注重经济、社会和环境的综合发展，并于 1996 年发布第三轮区域规划，首次站在全球视野，提出通过投资和政策吸引重新建立经济、公平和环境，旨在通过绿色化发展重塑区域的经济和活力。在生态环境保护方面，进一步加强城市间合作，通过强化合作机制实现区域环境的共同改善。

①区域合作机制进一步加强。为了减少城市间因管辖权的分割对城市基础设施和公共服务建设产生的阻碍，纽约市作为主导，大力加强了与湾区内其他城市之间的合作，主要包括在交通领域与整个湾区的互联互通，在水环境领域与新泽西州沿哈得孙河流域、长岛区域、牙买加湾区域合作等。为确保区域合作的顺利开展，纽约市在中长期规划中，也明确提出在自 2014 年的未来十年纽约市政府及区域机构将在纽约湾区投入 2660 亿美元，其中通勤铁路/地铁、能源和水、生态修复等与生态环境有关的区域合作项目占到一半以上，将对推动区域可持续性发展产生重大的影响。

②区域生态环境管理进一步加强。为遏制城市无序扩张，PRA 创建区域增长管理系统，旨在保护湾区剩余的 1.2 万 km² 未受污染的自然资源体系，并提出改善公园和街道景观的规划建议，有效地强化了区域绿色化建设与生态环境保护，例如纽约-新泽西港与长岛海峡地区中仍未充分利用的大片水域通过科学合理的规划管理，水质环境得到了有效提高与管控。另外，第三轮区域规划加强了区域环境规划可持续性发展，例如总督岛从废弃的海岸警卫基地，通过绿色化的建设，转变成城市花园，每年有上万名游客前往观光，为区域可持续发展做出了良好示范。

③区域金融产业的可持续发展。纽约湾区能成为国际一流湾区，离不开精准的产业定位与可持续的产业结构发展。在 20 世纪 90 年代，纽约湾区经济增长缓慢而波动，区域发展遭遇全球化竞争以及环境恶化等问题的巨大挑战，因此，RPA 发布的第三次区域规划提出经济、公平和环境共同发展的可持续发展，旨在凭借投资与政策增加区域的全球竞争力，以纽约州曼哈顿为核心，打造世界金融中心，制定适应湾区经济可持续发展的规划。经过不断的产业调整与对第三产业的研究，纽约湾区形成以金融业为核心，制造业、文化产业、时尚产业等第三产业为主导，第二产业共同发展的产业体系，目前纽约湾区拥有纽约证券交易所和纳斯达克证券交易所，美国 7 大银行中的 6 家，以及 2900 多家世界金融、证券、

期货及保险和外贸机构，对外贸易周转额占全美五分之一，制造业产业占全美三分之一，成为名副其实的"金融湾区"。

自 2013 年起，PRA 开始着手区域第四轮规划的编制，于 2017 年底发布。在环境保护方面，第四轮规划围绕广受关注的气候变化、韧性城市建设等主题，为接下来 25 年纽约湾区的生态环境向更宜居的、更可持续的发展提供策略。

2. 美国旧金山湾区

旧金山湾区在 20 世纪 60 年代以前，由于大规模的工业开发和海湾土地填补，造成较严重的环境污染和生态退化，湾区的生态环境受到了严重的威胁。为此，旧金山湾区开始大力开展环境治理与保护行动，推动美国联邦与加州政府出台相关法案与法律，生态环境质量取得了显著的改善。根据旧金山湾区环境治理的关注重点与实施手段，治理路径可分为生态环境显著改善、基础设施全面完善以及区域可持续发展三个阶段。

（1）生态环境显著改善阶段（20 世纪 60 年代～20 世纪 90 年代）

从 20 世纪 60 年代开始，旧金山湾区开始了全力治理环境污染和生态环境保护的道路，从建立相关环境机构到推动环境法律法规的颁布，环境基础能力建设逐步完善，从开展科学的环境规划、制定具可操作性的环境政策到严格监管措施落地，区域环境污染得到全面治理，环境质量得到显著提高。

①区域环境机构建立。湾区自 20 世纪 60 年代，建立了旧金山湾区保护与发展委员会（San Francisco Bay Conservation and Development Commission，BCDC）、湾区空气质量管理区（Bay Area Air Quality Management District，BAAQMD）以及区域水资源质量控制委员会（Regional Water Quality Control Board，RWQCB），作为获得联邦和州政府支持的半官方性质的、松散的行政组织，不具备行政权力，专门对区域的生态环境的保护与大气、水污染治理相关问题进行研究、规划、协调和建议。自成立以来，三大环境机构加强与区域其他机构如湾区政府协会（Association of Bay Area Governments，ABAG）和大都会运输委员会（Metropolitan Transportation Commission，MTC）等的合作，协调政策，陆续颁布旧金山湾规划、湾区海港规划、污染物减排实施计划等一系列政策措施，为湾区环境改善做出了不可估量的贡献。

②环境法制体系建立。在区域法律法规层面，旧金山湾区首先推动的便是"麦卡蒂尔-彼得里斯法案"（McAteer-Petris Act）的颁布和实施，正式将旧金山湾区归为州属保护资源，并授予湾区保护与发展委员会长期规划湾区及周边区域的权利，为湾区环境污染治理及环境保护工作的科学规划、统筹管理与有效实施奠定坚实的基础。之后，联邦政府陆续颁布的《清洁空气法》《清洁水法》《固体废弃物处置法》《海岸带管理法案》等法案赋予了湾区保护与发展委员会、湾区空气

质量管理区和区域水资源质量控制委员会等专业机构对旧金山湾区进行相关污染防治和环境保护的权利。与此同时，加州在联邦州层面制定的一系列严格的环境法律法规也为湾区的环境治理提供了强有力的法律依据。

③环境污染全面治理。在大气污染方面，旧金山湾区自《清洁空气法》颁布后，就开始制定污染物减排实施方案，针对当时最严重的臭氧污染问题，重点控制挥发性有机物和氮氧化物的排放，对重点工业污染源以及汽车尾气等排放源进行严格要求，经过一系列污染减排措施，区域臭氧浓度下降趋势显著，1992 年湾区的 O_3-8h 浓度超过美国标准（0.075 ppm）的天数比 1968 年同比下降将近 75%，整体大气质量达标率有了明显提高。在水污染方面，区域水资源质量控制委员会制定了流域管理规划，确定了日负荷最大总量，制定了地下水保护及毒性污染物清除、非点源污染控制、流域监测及评估等多个方案，系统性地进行水污染治理，全面消除区域黑臭水体，较大地改善了湾区水质。

④生态环境重点修复。旧金山湾区过度地填海及修筑堤坝等，导致区域生态环境健康受到极大的威胁。为了有效地恢复生态受损区域，保护所剩不多的健康生态系统，湾区重点修复和保护受损严重的区域湿地生态系统。1977 年湾区开展了休松（Suisun）沼泽保护计划，休松沼泽作为北美西海岸最大的连续咸水沼泽，拥有超过加州 10%的剩余湿地和 300 多种物种，具有巨大的生态保护价值。从 1970 到 1980 年的十年间，湾区实验性地开展湿地修复项目，从 1980 到 1990 年，湾区系统性地制定了湿地修复计划，共修复湿地 34 处，湿地生态系统健康得到了有效的保障。

（2）基础设施全面完善阶段（20 世纪 90 年代～21 世纪 10 年代）

到 20 世纪 90 年代后，旧金山湾区的整体生态环境得到了显著改善，在接下去的二十年，常规的环境治理按照相关法律法规和行动方案继续推进，但湾区环保机构将关注点从环境污染治理转向了基础设施建设，通过建立区域交通系统网络、完善港口环境设施、增加区域慢行道等基础设施建设，稳步提高区域整体环境质量。

①区域交通系统网络建立。交通行业是湾区大气污染物排放的重要污染源，通过湾区保护与发展委员会的研究，高效的交通和运输网络对区域的经济发展、环境健康和生活质量都至关重要。为此，湾区保护与发展委员会积极与大都会运输委员会、加州及联邦相关交通部门合作，在不影响或最小化影响区域生态环境的条件下，开展道路、铁路和渡轮运输的基础设施建设，其中在该阶段，湾区公交线路通车里程为 11 200 km，包括 660.8 km 轨道交通，公共交通基础设施的快速完善，有助于湾区空气质量的逐步改善，也有利于提高区域居民的生活质量。

②港口环境设施的完善。港口的建设、日常运营和发展会对区域生态环境造

成影响，对于旧金山湾区而言，入海口水质一直处于未达标的情况，港口的环境设施建设就显得尤为重要。作为世界级的港口，旧金山湾区每年出入的船舶数量之多对近岸海域及港口陆地环境影响较大。为减少产生不利的环境影响，湾区开展了伯尼夏、奥克兰、雷德伍德城、里士满和旧金山港口的基础设施升级，有效减少港口运行期间的粉尘、噪声、气体和污水产生，进一步优化船舶通道，减少对近岸水环境的污染，严禁港口区域开展环境损害活动。

③区域慢行道建设。为了减少区域内生态环境的人为干扰，也为了有效发展湾区内丰富的旅游资源，湾区保护与发展委员会在沿湾区海岸线及市中心的各景点间，连点成片地建设了行人道与自行车等非机动车道，同时也将不同社区连接起来，增加的慢行道建设最大化保留并充分利用了公园和绿地资源，为居民提供了大量的公共空间，也合理地改善区域的生态环境质量。

（3）区域可持续发展阶段（21 世纪 10 年代至今）

自 2010 年以来，随着全球对应对气候变化和韧性城市等关注度的不断提升，旧金山湾区的生态环境保护工作也相应提升到了区域可持续性发展的阶段。

①湾区应对气候变化计划。旧金山湾区于 2011 年发布了"湾区应对气候变化计划"，制定区域海平面上升适应战略，以保护关键的海岸线区域和自然生态系统，提高海湾和海岸线系统的环境弹性，并增加其适应能力。对于湾区而言，区域大量温室气体来自建筑行业，旧金山湾区制定了大量的绿色建筑相关标准，增加可再生能源的使用，减少能源消耗，截至 2011 年，仅旧金山获得能源与环境设计先锋奖（Leadership in Energy and Environmental Design，LEED）认证的绿色建筑数量大约有 67 座，湾区绿色建筑发展位居全球前列。

②科技创新产业的快速发展。旧金山湾区作为世界著名的"科技湾区"，高新科技创新经济发达，涉及计算机、通信、互联网和新能源等多个产业。湾区依托斯坦福大学、加利福尼亚大学伯克利分校、加利福尼亚大学旧金山分校等五所研究型大学的技术支撑，高效地进行产业研发和成果转化，在湾区内设立有 25 所国家级或州级的实验室，为政府及企业提供相应服务，融科学、技术和生产为一体，实现了产学研的无缝对接。截至 2016 年末，湾区科技创新产业共雇佣将近 78 万人，占据湾区所有就业岗位的 20%，2015 年湾区 GDP 收入达到美国 GDP 总收入的 5%，人均 GDP 居美国前列，发达的科技创新产业成为湾区可持续发展强有力的经济引擎。

3. 日本东京湾区

东京湾区的大规划开发始于 20 世纪 40 年代后期第二次世界大战结束后，迅速加快的工业化进程和高度集中的区域人口，导致湾区污染负荷增大，大气污染加剧，地表水质恶化，整体生态环境质量急速下降。为了解决严重的环境问题，日本从20世纪60年代开始把环境管理内容纳入行政管理范围，开始系统性地进行环境治理，整个历程可分为环境恶化、重点治理和环境改善三个阶段。

（1）环境恶化阶段（1950～1973年）

东京湾区有机污染从1955年开始，因临海工业基地大量的污水排放，造成有机污染急剧增加，在1970年达到高峰，COD排放量升高1.69倍（图5-3），Cd排放量升高一倍，水环境污染恶化。另外，不断增加的工厂与汽车的大气污染物排放，造成东京湾区域产生雾霾现象，在1960～1970年最为严重，因此大气污染治理也迫在眉睫。

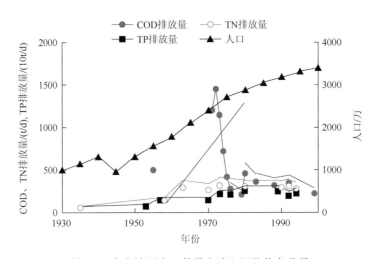

图5-3　东京湾区人口数量和流入污染物负荷量

①水污染治理。针对湾区水域有机污染和重金属污染严重的问题，日本政府重点开展公害防治与工业污染治理，逐步建立水环境保护政策，1958年日本政府颁布《公共水域水质保护法》和《工厂排水控制法》，之后陆续制定了《防治公害基本对策法》，到1970年出台《水污染防治法》，首次对排放浓度和总量控制提出规定。另外，日本政府也同步加强环境基础能力建设，东京湾区新增污水处理能力230万t/d，管网普及率提高至48%。在这个阶段，湾区工业源排放显著减少，生活源的污染物排放因此而逐渐凸显。

②大气污染治理。面对区域大气污染，日本政府采取针对性的治理。一方面对主要污染物排放源进行强力减排，对固定排放源安装脱硫脱氮装置，对移动排放源限制车型车辆，有效减少大气污染物排放量。另一方面，日本政府和国会先后出台大气污染物治理法，如《烟煤限制法》和《大气污染防治法》，通过制定法律法规，控制大气污染排放。但是，在此阶段，政府与企业执行力度不严，导致湾区空气质量未能达标。

（2）重点治理阶段（1973～1992 年）

经过国家陆续颁布相关环境法律法规，环境治理得到了进一步的推进，环境质量得到严格监管，环境污染问题逐步受到了全社会的重视，整体环境质量有了极大改善。

①水环境治理。面对湾区水环境质量逐步好转的情况，日本政府开始重点治理生活污水，强调源头控制，以重金属排放量和 COD 排放量为主要控制指标，实施水质总量控制制度。1973 年日本修订了《港湾法》，首次提出在重要港湾开放时必须实施环境评价。针对湾区内封闭性水域多年来水质未得到根本改善的问题，先后多次修订《水污染防治法》，加入了地下水污染防治、生活污水防治、渗漏事故处理等内容。另外，在环境基础设施建设方面，东京湾区在此阶段又新增污水处理能力 478 万 t/d，管网普及率高达 99%。经过多年的重点治理，湾区地表水 COD 排放量降低 46%，Cd 排放量降低 45%，总氮（TN）排放量降低 26%，总磷（TP）排放量降低 36%，湾区水环境质量得到明显改善，生活源污染物排放量也显著减少。

②大气环境治理。直到 20 世纪 70 年代，大气环境质量并未得到较大改善。为了扭转这一局面，日本政府对一些环保法规进行了修改，强化对污染企业的惩罚力度，规定"只要污染超标的事实成立，即使企业没有过失，也应承担赔偿责任"。从 70 年代后，日本政府开始了铁腕手段治理大气污染，并在 1973 年制定了《公害健康损害补偿法》，对遭受雾霾和其他有害物质侵害的患者，实施生活救济和医疗救济。随着地方政府不断出台环保法规，日本企业界开始加大对大气防治污染的投资，环保设备投资占设备总投资的比例，从 1965 年的 3.1%增加到 1975 年的 18.6%。政府还制定了引导企业投资环保设备的政策，在税收优惠、低息融资等方面向企业提供支持。整体而言，湾区大气环境质量得到明显的改善，社会环境意识也有了显著的提高。

（3）环境改善阶段（1993 年至今）

经过日本重点治污的阶段，湾区整体生态环境质量得到根本性的提高。在 1993 年以前，日本的环境行政管理是以《公害对策基本法》和《自然环境保护基本法》为框架进行。在联合国环境开发大会发表了《里约热内卢宣言》后，日本政府对于环境保护从单一元素的环境治理开始向多元素综合治理防控体系转变，治理目标也从环境质量改善向实现生态系统良性循环转变。通过多方面的政策和措施落地，湾区水、大气和生态环境质量得到稳步提高。

①生态环境综合整治。日本在 1993 年制定了《环境基本法》，调整了环境保护政策的理念和基本措施，确立了防止地球变暖、废弃物循环利用、化学物质处理和生物多样性保护等领域的政策框架。例如在湾区水环境管理方面，日本政府通过强化流域管理、扩大再生水利用、促进污水资源化、建设雨水渗透设施、加强地下水涵养、修复水生态环境等措施，推动水资源循环，实现由水消费型社会向节水型社

会的转变。通过建设先进的环境基础设施和推行科学的环境管理，湾区水和大气环境进一步恢复，生态环境得到保障，逐步建立循环型和可持续型社会。

②区域高度集群的产业发展。东京湾区一直以来都是日本的重要工业地带，沿着东京湾西岸东京和横滨之间是著名的京滨工业带，第二次世界大战后该工业区沿岸向东北拓展，成为京叶工业带，是日本发展加工贸易的心脏地带，但与此同时，工业的发展带来严重的环境问题。在东京湾区 5 亿 t 吞吐量的带动下，日本政府开始通过产业引导，鼓励钢铁、石油化工、装备制造等产业择址湾区，发展产业集群，极大地发挥了由横须贺港、横滨港、东京港、千叶港、川崎港、木更津港六大港口组成的东京湾区在国际物流和贸易中心的产业集群优势。通过制定合理的、现代化的产业集群规划和引导政策，最大限度地减少资源消耗，集中处理工业过程中的污染物排放，大大降低了工业发展中的环境污染。据相关资料统计，在东京湾区中，制造业企业数量和从业人数达到日本的 25%，成为世界级的"产业湾区"。

4. 经验小结

通过国际三大湾区的发展历程可知，湾区的发展需重视解决有限的资源环境承载力与长期发展之间的矛盾，在面临经济与环境协调发展的压力下，不断探索与推进湾区发展模式的转变，因地制宜地挖掘湾区发展增长点，适宜进行产业转型升级以及经济社会、资源、环境等整个社会生活的优化，提高具有地方特色和优势的区域可持续发展。

（1）纽约湾区——以金融服务业为主导、二三产业协同发展的可持续产业结构体系

强大的金融服务业是纽约湾区的经济发展的重要支撑，也是世界一流湾区的主要特征。纽约湾区目前是全球规模最大、最发达的金融中心，金融服务业占据湾区 GDP 比重高达 15.39%，2012 年纽约湾区第三产业增加值比例为 0∶11∶89，以金融服务业为主导的第三产业占据大份额的产值比重。然而，单一的产业发展容易造成经济较大的脆弱性，只有产业结构合理布局才能促进区域可持续发展。因此，湾区内各城市根据自身产业基础，构筑牢固合理的产业链。纽约作为湾区的中心城市，其强大的经济实力与金融产业为区域经济发展提供了高速引擎，并整合了区域资源，在发展金融产业的基础之上，构建具有纽约特色的文化产业，培育世界水平的时尚产业，形成以金融服务业为主导，第三产业多样化发展的产业结构体系，极大地提高了地区产业竞争力和世界影响力。康州地区作为传统工业重镇，积极发展以机器、军工、食品加工等为代表的制造业，而新泽西州作为名列全美第一的制药业中心，依托高校的技术与人才支撑，不断发展和完善制药生产链。目前，纽约湾区已成为美国重要的制造业中心，形成了以金融服务业为

主导、第三产业繁荣发展、第二产业共同发展的产业结构体系，为湾区的发展提供坚实且可持续的经济驱动力。

（2）旧金山湾区——以科技创新为主导的产业与环境可持续发展体系

旧金山湾区作为全美 GDP 增速最快的区域之一，在美国近年来 GDP 年均仅增长 2.4%的情况下，仍保持较好的经济活力与增长速度，区域生态环境质量也维持良好，有效地平衡了经济发展与环境保护之间的主要矛盾。旧金山湾区环境与经济发展的平衡模式主要归因于其完善的科技创新体系。首先，旧金山湾区拥有良好的科技创新生态系统，依托湾区内如斯坦福大学、加利福尼亚大学伯克利分校等世界级研究型大学，以及劳伦斯伯克利等国家实验室及企业研究实验室的技术研发优势，湾区保持着世界领先的高水平研发投入和产出，并培养了大量的科技创新人才，极大地推动了创新资源的利用与发展。其次，湾区分布着不同类型的孵化器和加速器，鼓励初创企业的发展，对企业的商业模式及技术产品的创新间接产生积极的影响。最后，湾区在环境保护的意识和环保产业的创新发展上一直处于全球领先地位，其中在新能源、新环保材料等技术研发上占极大优势，并通过区域内完善的产学研链条，实现技术的应用和推广。在创建全球创新中心的过程中，湾区内不同的研发与商业机构和多样化的人才库形成了湾区完整的产学研创新生态系统，系统内部各环节互联互通，实现创新资源的自由循环流动，为湾区的经济发展提供源源不断的驱动力。另外，湾区高质量的城市环境是吸引全球高端人才的保证，多元化的文化氛围提供多样化的文化体验与文化包容，舒适的人居环境、清洁的水和空气、优美的生态环境提升居民生活质量。因此，湾区成功建立以科技创新为主导的产学研链条体系，并以此为发展驱动力，形成区域经济与环境共同发展的可持续模式。

（3）东京湾区——通过产业集群获得工业发展与环境保护双赢模式

国际三大湾区中，东京湾区是唯一的工业城市群，拥有京滨和京叶两大工业地带，装备制造、钢铁、化工、现代物流和高新技术等产业发达，区域经济约占日本经济总量的三分之一。东京湾区自 20 世纪遭遇严重环境污染事件，开始不断探索产业发展和环境保护双赢的可持续发展模式，其中基于区域实际的工业发展情况，实施产业集群的引导政策证明是有效且可行的措施，对区域产业发展与环境保护起到了极大的作用。东京湾区产业集群主要分为产业集群初始阶段、发展阶段和自组织扩张阶段，通过对原有产业基础布局的保护、再开发及调整，完善区域产业布局和集约化，再注重产业自主发展，营造良好的产业发展环境，分步骤地实现"产业可持续发展"。经过产业发展模式的不断调整，东京湾区原有的工业产业高度集中，有效调高资源配置效率，增强企业创新能力，最大程度降低环境污染，实现经济与环境的共同发展。在后期发展阶段，随着企业创新能力的不断增强，湾区成立科技创新特大城市区域，产业结构主要为电子信息制造、交通装配和精密仪器等制造业，通过科技产业集群建设，显著加强内部企业与科研大学、机构间的产业合作，构建区域高端制造业的产学研链条，提升区域的企业创新能力。在 2012 年发布的"全球创新力企业（机构）百强"显示，东京湾区拥有20 家，居于三大湾区之首，也反映了目前东京湾区较强的科技创新实力。东京湾区产业发展的高度集中，以及区域科技创新实力的显著增强，为区域乃至日本的经济发展提供了坚实的驱动力，同时，现代化的产业发展，有助于环境资源的集约利用，和污染物排放的统一处理与管理，有效改善环境污染状况，实现环境与经济发展的双赢模式。

（4）国际三大湾区环境保护共同特征

国际三大湾区都是由城市群构成，通过顶层设计和统一规划在生态环境保护领域上取得了重要进展和突破，并对各自的长期规划进行动态的跟踪与修订，确保规划能够充分满足湾区环境保护工作和经济发展的实际需求。总体来说，三大湾区为保护区域生态环境所实施的路径、策略和成功经验的共同特征可总结为以下几点。

①建立区域规划协调管制机构。在市场经济条件下，湾区内各部门、企业和公众均有其自身的利益和发展要求，因此建立区域统一规划和统筹负责的机构，是湾区进行生态环境保护的必要措施，其重要作用在于既按照区域的整体利益需求指导工作，也结合、协调各方面利益以求得共同发展。另外，区域的生态环境保护规划的编制是一项有组织的行为，需要主管部门加以领导，规划的实施更需要有执行主体来落实成果，为此三大湾区都建立了符合各自实际体制情况的区域规划协调与管制机构，大幅提高区域生态环境保护建设和管理的效率。纽约湾区主要由"第三部门"——RPA 主导跨行政区域环境保护的统筹协调规划，RPA 作为一个独立的非营利性区域规划组织，在区域环境规划政策领域对跨政府和跨行政边界的合作进行了积极的探索和实践，突出了政府、企业和社会等三方合作机制在区域规划中的作用，成为世界湾区当中由第三部门组织制定和推进区域规划的成功范例，但由于其自身非政府组织的机构性质，规划的实施效力具有一定局限性。旧金山湾区成立了 ABAG，ABAG 作为一个正式的综合区域规划机构，具有行政区特征，主要任务就是强化地方政府间的合作，制定区域发展规划，涵盖经济发展、环境、生态保护与建设。在此基础上，湾区还成立了湾区保护发展委员会、湾区空气质量管理区以及区域水资源质量控制委员会，专门对区域的生态环境保护与大气和水污染治理相关问题进行研究、规划、协调和建议。东京湾区则与美国两大湾区不同，主要是日本中央政府具有较强的行政管理权限，日本政府设立了大都市整备局负责湾区的基本规划，其中包括生态环境保护相关规划和实施，具有行政效力，实施效果较强。

②建立完备的区域环境保护法律体系。从国际三大湾区在生态环境保护领域

的成功实践来看，有效协调区域相关规划，都离不开法律的建设和支持，实施环境保护相关措施和政策，都必须通过法律法规保障其严肃性及权威性。在美国两大湾区的环境治理进程当中，由联邦政府发布的《清洁空气法》《清洁水法》《固体废弃物处置法》等环境法案，对美国全域设定了严格环境标准，在此基础上，纽约湾区和旧金山湾区所在的州、区域和地方政府都相应制定了辖区内的环境保护法律法规，例如湾区各州政府对地表水质都制定了不同标准，逐步完善两大湾区的环境立法体系，从大气、水、生态保护、废弃物处理等各方面严格制定环境标准。东京湾区的环保法律体系则是更多地从日本中央政府层面制定、颁布和完善，推进对企业的排污限制措施，如从 1967 年起陆续制定了《公害对策基本法》《大气污染防治法》《海洋污染防治法》等有关环境保护的 14 项法律，之后，1993 年日本又颁布了新的《环境基本法》，逐步完善日本及湾区的环保法律体系，并对区域环境保护治理做出巨大贡献。三大湾区的环境治理过程说明，各种环境保护措施都是依据相关法律政策来发起和推进的，法制体系在环境保护中发挥着不可忽视的责任。

　　③积极推动公众参与环境治理。在国际三大湾区环境政策的制定与实施过程中，社会公众始终被视为关键力量，公众的参与也一直起到重要作用。在三大湾区推动环境保护发展的历程中，公众积极参与环境治理已成为区域环境管理中的一个重要发展趋势与特征。公众对区域环境治理规划与实施的知情权、参与权与决策权，不仅是民主政治制度的具体体现，实际上也改变了政府和企业的传统"二元"污染控制结构，形成了政府、企业和社会公众的环境治理多元共治结构，公众起到对政府工作和企业行为的重要监督作用，同时也通过市场消费行为直接影响和引导企业的环境行为，从而极大地推动区域的环境治理工作进程。以纽约湾区为例，RPA 就是由社会公众形成的组织，企业、市民和社区领导者共同参与，切实关注纽约湾区不同时期的生态环境保护焦点，将公众参与融入规划制定、实施和改进的全过程中，为湾区近几十年来的水环境治理、环境基础设施建设、城市绿道建设等项目推进做出了巨大贡献。另外，随着湾区社会环境保护意识的上升，公众生产和消费行为向环境友好型逐步转变，有利于城市规划向生态环境保护倾斜，形成公众推进环境保护的良好氛围。

5.2　国内部分省份案例与实践经验

5.2.1　部分省份美丽建设中长期规划案例

　　自党的十八大提出建设美丽中国目标以来，全国各地积极开展了美丽中国建设实践，为谱写新时代中国特色社会主义现代化的美丽中国建设新篇章提供了实践样本。目前，大多数省份在各自的国民经济和社会发展第十四个五年规划和 2035 年远景目标中都提出了美丽建设的目标任务，部分省份就美丽建设系统谋划出台了专门的决定、意见、建设纲要等，对美丽建设作出了全面部署。例如：2013 年，天津发布了《关于加快建设美丽天津的决定》《美丽天津建设纲要》；2014 年，河南发布了《关于建设美丽河南的意见》；2016 年，四川发布《关于推进绿色发展建设美丽四川的决定》，宁夏回族自治区出台了《关于落实绿色发展理念 加快美丽宁夏建设的意见》；2019 年，云南发布《关于努力将云南建设成为中国最美丽省份的指导意见》，2020 年，江苏发布《关于深入推进美丽江苏建设的意见》，浙江发布《深化生态文明示范创建 高水平建设新时代美丽浙江规划纲要（2020—2035 年）》。

1. 浙江省：全力打造美丽中国先行示范区

浙江是建设美丽中国的先行者和排头兵，2016 年环境保护部（现生态环境部）与浙江省人民政府签订"共建美丽中国示范区合作协议"，浙江成为首个开展部省共建美丽中国示范区的省份。2020 年 8 月，浙江在率先建成生态省的基础上，系统谋划和部署了未来 15 年建设美丽中国先行示范区的总体战略和实施路线图，提出到 2035 年全面建成美丽浙江的目标。

美丽浙江建设目标定位于建成向世界展示习近平生态文明思想的重要窗口、绿色低碳循环可持续发展的国际典范、"绿水青山就是金山银山"转化的实践样板、生态环境治理能力现代化的先行标杆、全民生态自觉的行动榜样，布局了构建集约高效绿色的全省域美丽国土空间、发展绿色低碳循环的全产业美丽现代经济、建设天蓝地绿水清的全要素美丽生态环境、打造宜居宜业宜游的全系列美丽幸福城乡、弘扬浙山浙水浙味的全社会美丽生态文化、完善科学高效完备的全领域美丽治理体系等 6 项重点任务，谋划了美丽国土空间、美丽现代经济、美丽生态环境、美丽幸福家园、生态文化弘扬、生态环境治理能力提升等 6 项重大建设工程，形成打造美丽浙江的"六面体"，使新时代美丽浙江既有形美、又有神美，既有外在美、又有内在美，既有局部美、又有整体美，既有自然美、又有人文美，既好看、又好用，打造全域美丽的"诗画浙江"大花园。

发展绿色低碳循环的全产业美丽现代经济是美丽浙江建设的主战场。浙江省以"高质量跨越式发展"为主题，以数字化、链群化、绿色化为路径，聚焦聚力高质量、竞争力、现代化，深入实施"工业强县、文旅富县"战略，打通、畅通"绿水青山就是金山银山"转化渠道，转"生态优势"为"富县资本"，创新发展现代化生态农业、先进制造业、生态服务业，打造新兴智造基地与传统产业转型升级样板地、文旅融合县域实践样板地。

打造宜居宜业宜游的全系列美丽幸福城乡是美丽浙江建设的主引擎。浙江省坚持高质量推进城乡融合发展，以融义接杭为引领，以新时代美丽乡村和"五美"城镇建设为抓手，推行城乡基础设施共建共享，推行公共服务城乡均等，打造"美丽城市＋美丽城镇＋美丽乡村"的全域美丽大格局，营造山明水秀、惠民高效、如日方升、钟灵毓秀的"诗画"。

弘扬浙山浙水浙味的全社会美丽生态文化是美丽浙江建设的点睛之笔。通过实施生态文化弘扬工程，挖掘保护万年上山、千年孝义、百年书画、戏曲民俗文化等多元文化中的生态基因，弘扬倡导新时代美丽生态文化，加强美丽生态文化品牌建设，推进人文底蕴、自然文化和生态价值观念的全面融合，提升全民生态文化自觉，增强生态文化自信，实现生态文化自强。

2. 江苏省：高起点推进美丽江苏建设

江苏自然条件优越、生态禀赋较好，"水韵江苏"特质鲜明，城乡区域发展比较协调，园林城市、名城名镇和美丽乡村众多。作为全国美丽宜居城市建设唯一试点省份，江苏省高起点推进美丽江苏建设，统筹做好"治污""添绿""留白"文章，系统谋划沿江、沿河、沿湖、沿海地区的发展，筑牢美丽江苏生态基底，展现时代风貌。充分彰显自然生态之美、城乡宜居之美、人文特色之美、文明和谐之美、绿色发展之美，让美丽江苏美得有形态、有韵味、有温度、有质感，成为"强富美高"新江苏最直接最可感的展现。

2020 年 8 月 12 日，江苏省出台《关于深入推进美丽江苏建设的意见》，以优化空间布局为基础，以改善生态环境为重点，以绿色可持续发展为支撑，以美丽宜居城市和美丽田园乡村建设为主抓手，突出抓好五个方面：一是持续优化省域空间布局，完善国土空间规划体系，推进省域空间融合发展，强化区域空间特色塑造。二是全面提升生态环境质量，加快形成绿色发展方式，加强环境污染综合治理，系统推进生态修复和建设。三是积极打造美丽宜居城市，提升城市规划设计水平，完善城市功能提高城市品质，健全现代城市治理体系。四是全面推进美丽田园乡村建设，持续提升农村人居环境质量，深入推进特色田园乡村建设，加快改善苏北农民住房条件。五是着力塑造"水韵江苏"人文品牌，彰显地域文化特色，打造文化标识工程，倡导健康文明新风。

创建美丽宜居城市，是美丽江苏建设的主抓手之一。江苏省率先系统探索美丽宜居城市建设路径，明确百余项试点内容，目前 17 个试点城市均成立了领导小组，明确工作机制和任务分工。各地市试点方案形成了具有市域特点的重点任务和策略，比如，南京市围绕"环境生态美、群众生活美、古都人文美、家园安宁美、城市常态美"的"五美目标"，整合建筑品质提升、绿色交通建设、老旧小区改造、垃圾分类治理、地下管网升级等工作，强化试点的系统性和整体性。

建设更加令人向往的美丽乡村，是美丽江苏建设题中之义。江苏省以美丽田园乡村建设为抓手，突出山清水秀、天蓝地绿、村美人和，聚焦农村群众最关心、最迫切、最现实的村庄环境卫生问题，持续改善人居环境。着力转变农业发展方式，健全以绿色生态为导向的制度体系，构建与资源环境承载力相匹配、生产生活生态相协调、高质量的农业绿色发展格局。通过建设宜居、宜业、宜游的美丽田园乡村，让乡村美得更有品质、更加令人向往。

"水韵江苏"是江苏省高质量发展最鲜明的底色。作为全国唯一同时拥有大江、大海、大河、大湖的省份，美丽江苏建设规划着力塑造"水韵江苏"人文品牌，传承弘扬吴文化、楚汉文化、金陵文化等优秀传统地域文化，打造大运河文化保护、传承、利用的"江苏样板"。补齐流域、区域防洪除涝短板，以安全之水保障美丽江苏。围绕生态河湖建设目标，突出抓好"一江两湖"等重点河湖治理，以生态之水灵动美丽江苏。强化水文化建设，改善水环境，提升水品质，以幸福之水泽被美丽江苏，充分彰显"河畅、水清、岸绿、景美"的水韵特色。

3. 福建省：系统开展"五大美丽"建设

2016 年 11 月，福建提出了"深入实施生态省战略，努力建设美丽福建"，成为福建"十三五"期间发展的六大任务之一。2020 年 12 月，福建出台《中共福建省委关于制定福建省国民经济和社会发展第十四个五年规划和二〇三五年远景目标的建议》，提出要持续实施生态省建设战略，打造高颜值的美丽福建的目标任务。2021 年《福建省"十四五"生态环境保护专项规划》印发实施，对标美丽中国建设总要求，福建省将系统开展美丽城市、美丽乡村、美丽河湖、美丽海湾、美丽园区"五大美丽"建设，凝心聚力打造人与自然和谐共生的美丽中国示范省。

坚持生态兴城，建设宜居宜业美丽城市。强化多污染物减排协同增效，精细管控道路扬尘等面源污染，加强移动源污染防治，守护城市蓝天白云。深化黑臭水体治理，提升内河内湖品质，打造城市生态水系。推广光泽试点经验，加强塑料污染治理，推进无废城市建设。开展"静夜守护"专项行动，营造宁静城市环境。严格建设用地准入管理，提升饮用水水源地风险防控能力，积极应对气候变化，保障城市环境安全。

守护乡村生态，打造山水田园美丽乡村。建设"绿化、绿韵、绿态、绿魂"的绿盈乡村，巩固脱贫攻坚成果助力实现乡村振兴。建立优先保护类耕地保护措施清单和周边禁入产业清单，持续开展受污染农用地安全修复，保障耕地土壤质量安全。强化农业农村生产生活污染治理，全面改善农村人居环境。加强生态系统保护修复，健全生态产品价值实现机制，切实把生态优势转化为发展优势。

实施三水统筹，建设千里画廊美丽河湖。深化落实河湖长制，建立地上地下、陆海统筹的生态环境治理制度。以水生态环境质量改善为核心，污染减排与生态扩容两手发力，统筹水资源、水环境、水生态治理，推进九龙江等流域山水林田湖草沙一体化保护和修复。逐步建立涵盖生境、底栖生物、着生藻类、浮游植物等监测指标的河湖生态健康评估体系，加强美丽河湖保护与建设。

加强陆海统筹，打造水清滩净美丽海湾。探索建立"湾（滩）长制"，推进陆海污染协同治理。全面开展入海排污口分类整治，推进入海河流综合整治。"一湾一策"深化重点海湾综合治理，健全完善"海上环卫"机制，着力提升近岸海域水质。严格管控新增围填海，系统推进滨海湿地生态修复和综合治理。将福州滨海新城海域、厦门岛东南部海域、平潭东南湾区、东山湾湾区等建设成为美丽海湾先行示范区。

推动转型升级，建设绿色低碳美丽园区。优化园区生产生活空间布局，构建工业园区、环保隔离带、环境风险防范区、城乡居民区等空间界线明晰的生产生活空间体系；加强园区环境基础设施建设，全面规范工业固体废物收集处置；运用大数据、物联网等技术，整合园区有组织、无组织排放监控监测，能源监测，大气污染、水污染监控监测等平台，建设环保智慧园区。

通过"五大美丽"建设，"十四五"时期，将努力建设"清新宜居、河湖流韵、山海透碧、业兴绿盈、共治同享"的美丽福建，生态文明建设实现新进步。展望2035年，将基本建成"绿色繁荣、和谐共生"的美丽福建，让"机制活、产业优、百姓富、生态美"的新福建展现更加崭新的面貌。

4. 四川省：奋力谱写美丽中国的四川篇章

美丽四川规划工作进度走在全国前列，2018 年，习近平总书记在四川视察时，要求四川把建设长江上游生态屏障、维护国家生态安全放在生态文明建设的首要位置，让四川天更蓝、地更绿、水更清，奋力谱写美丽中国四川篇章。为贯彻落实相关要求，四川出台《关于推进绿色发展建设美丽四川的决定》等系列文件，并制定《美丽四川建设战略规划纲要（2022—2023 年）》，明确提出到 2035 年美丽四川基本建成。"美丽四川"建设战略规划围绕"一干多支、五区协同""四向拓展、全域开放"的战略方向，落实成渝地区双城经济圈的决策部署，定位于建设美丽中国和生态文明的典范区、保障生态安全和永续发展的屏障区、驱动西部创新和高质增长的先导区、绿色低碳和可持续发展的样板区等"四个区"，提出实施柔美空间、壮美经济、秀美生态、优美环境、尚美生活、精美文化、和美社会、宜美城市、醇美乡村、崇美制度的"十全"任务，构建合理有序、集约高效、蜀山常现、蓝天白云、低碳舒适、多元多彩、和谐共生、智慧宜居、田园沃野、现代持续的"十美"景象，描绘了"十全十美、各美其美、美美与共"的美丽四川画卷。图 5-4 展示了美丽四川建设战略路径设计图。

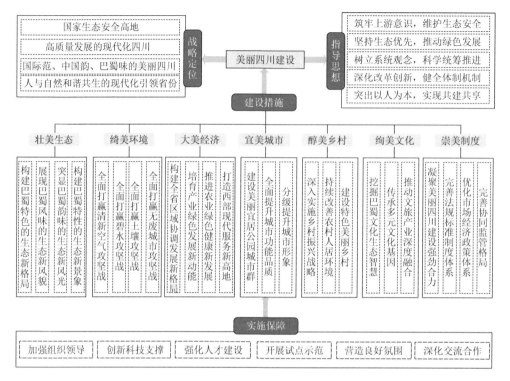

图 5-4　美丽四川建设战略路径设计图

5.2.2　部分省份生态环境治理经验

为探索美丽中国建设范例和"各美其美、美美与共"的建设路径，各省深入打好污染防治攻坚战、持续推进生态环境质量改善，涌现出一批新模式、新样板。在实践探索中，浙江、江苏、四川、重庆等政策和环境较为优越的地区在生态环境建设中取得了独具特色的发展模式，为广东省加强生态环境治理提供重要借鉴和参考。

1. 浙江省：坚持生态文明建设先行示范

浙江是我国人口密度、经济密度最高的省份之一，国土面积 10 万 km^2，其中平原仅 2.2 万 km^2，是典型的"七山一水二分田"省份。作为习近平生态文明思想的重要萌发地和"绿水青山就是金山银山"理念的发源地与率先实践地，多年来，浙江一以贯之践行"八八战略"和"两山"理念，坚持生态文明建设先行示范，深化理念、目标、机制、方法、手段"五个先行示范"，深化落实长江经济带共抓大保护措施，高质量推动长三角生态绿色一体化发展示范区建设，高标准推进污染防治攻坚战阶段性目标任务圆满收官，生态环境质量在较高位持续改善。

　　坚持绿色低碳，全力助推绿色高质量发展。优化空间布局，推动 26 家城市建成区重污染企业、56 家城镇人口密集区危险化学品生产企业搬迁改造和淘汰关停。突出绿色发展导向，制定实施区域特色行业整治标准，深化"低散乱"行业和过剩产能淘汰整治，促进产业优胜劣汰、腾笼换鸟。实施环保服务高质量发展工程，完善治污正向激励机制，实施主要污染物减排、排污权指标保障、排污权抵押贷款等差别化政策，引导环境资源要素向优质企业、优势产业和区域集中。拓展转化渠道，发布生态系统生产总值核算技术规范，健全生态产品价值实现机制。国家生态文明建设示范市县、国家"两山"实践创新基地数量全国最多。积极应对气候变化，落实碳强度评估考核，编制省市县三级温室气体清单，积极实践碳中和。

　　坚持全域美丽，高标准打赢污染防治攻坚战。全面实施蓝天、碧水、净土、清废四大攻坚，生态环境质量高位持续改善，公众满意度连续 9 年提升。打赢蓝天保卫战，实施 $PM_{2.5}$ 和臭氧"双控双减"，创新开展清新空气示范区建设、推进低 VOCs 原辅材料源头替代，设区城市 $PM_{2.5}$ 平均浓度 25 μg/m³，县级以上城市空气质量实现全达标。深化"五水共治"，全省域开展"污水零直排区""美丽河湖"建设，省控三类以上水质比例 94.6%，饮用水水源达标率 100%。全力治土清废，推动历史遗留桐庐神仙洞废物治理工程，率先完成农用地超标点位对账销号行动；以国家"无废城市"创建试点为牵引，率先开展全域"无废城市"建设，全省生活垃圾实现"零增长、零填埋"。

专栏 5-9　浙江省"五水共治"经验做法

　　2013 年年底，浙江省委、省政府作出"五水共治"的决策部署，主要包括：治污水，以提升水质为核心，实施清淤、截污、河道综合整治，加强饮用水水源安全保障，狠抓工业重污染行业整治、农业面源污染治理和农村污水整治，全面落实河长制，开展全流域治水；防洪水，推进强库、固堤、扩排等工程建设，强化流域统筹、疏堵并举；排涝水，打造断头河、开辟新河道，着力消除易淹易涝片区；保供水，推进开源、引调、提升等工程，保障饮水之源，提升饮水质量；抓节水，改装器具、减少漏损和收集再生利用，合理利用水资源，着力降低用水量。经过这些年持续攻坚，浙江省治水工作取得令人瞩目的成效，2020 年全省地表水总体水质为优，103 个国考断面中Ⅰ～Ⅲ类水质断面占98.1%，221 个省控断面中Ⅰ～Ⅲ类水质断面占 94.6%，彻底消灭劣Ⅴ类水质断面，县级以上集中式饮用水水源地水质全面达标，全省近岸海域一、二类海水面积占比达 62.9%。浙江"五水共治"的经验做法如下。

一是坚持上下联动、齐抓共治。省委、省政府主要领导亲自抓，四套班子齐上阵，委办厅局都有责，省市县全面行动，乡村户不留死角，组织推进体系自上而下、到底到边。改革考核机制，不再单纯以经济增速指标论英雄，对2个设区市和26个县取消GDP考核，充分体现生态优先、绿色发展理念。

二是坚持精准施策、标本兼治。坚持水岸同治、城乡共治。聚焦工业和农业"两转型"，对污染企业釜底抽薪，对落后产能猛药去疴。聚焦城乡污水处理能力"两覆盖"，协同推进治水与治城治乡，深化"千村示范、万村整治"工程，联动推进"三改一拆"、小城镇环境综合整治、污水革命、垃圾革命、厕所革命。由点及面，实现各自为战向区域流域联动、突击治理向系统治理转变。

三是坚持改革创新、常态强治。全面推行五级河长制，率先颁布实施河长制地方性法规，全省共有各级河长6万余名，并配备"河道警长"，推行"湖长制""滩（湾）长制"，治水管理体系逐步延伸到湖库、海湾以及池、渠、塘、井等小微水体。加强生态政策供给，推动实施主要污染物排放总量财政收费制度、"两山"财政专项激励政策，探索绿色发展财政奖补机制，拓展生态补偿机制，实现省内全流域生态补偿、省级生态环保财力转移支付全覆盖。建立健全督察机制，省委、省政府30个督察组全过程跟踪督导，省市县万名人大代表、政协委员协同跟进，基层"两代表一委员"参与验收环节。不断健全环境执法与司法联动，在全国率先实现公检法驻环保联络机构全覆盖，始终保持执法高压态势。

四是坚持全民参与、共享共治。建立政府、市场、公众多元化投资体系，削减"三公"经费30%以上用于治水，鼓励浙商回归、引导民间资本参与"五水共治"项目投资。加强科技服务，建立科技服务团和专家"派工单""点对点"服务制度。发动全民参与，工青妇治水队伍齐上阵，农村"池大爷""塘大妈"守护门前一塘清水。企业河长、乡贤河长、华侨河长和洋河长等社会各界人士也积极加入治水大军。强化舆论监督，深度曝光反面典型，凝聚治水正能量，形成全民治水的良好氛围。

专栏5-10 浙江省全域推进工业园区"污水零直排区"建设经验

近年来，浙江省全域推进工业园区"污水零直排区"建设，提出了污水"应截尽截、应处尽处"的目标，综合运用声呐检测等高科技手段深度排查管网，对环境风险较高的化工、电镀等园区管网实施"暗改明、下改上"工程，大力推进雨污分流改造和初期雨水收集处理，实施企业污水、雨水排口在线监控和管网可视化、智慧化监管，有力提升了园区环境管理水平，助推水环境质量持续改善。

1. 试点先行，全域推进

2018 年 5 月，浙江省政府在宁波市召开全省"污水零直排区"建设现场会暨启动会，要求省级及以上工业园区先行先试，其他园区逐步推进，最终实现工业园区（工业集聚区）"污水零直排区"全覆盖。随后，浙江省生态环境厅牵头印发实施《浙江省全面推进工业园区（工业集聚区）"污水零直排区"建设实施方案（2020—2022 年)》《浙江省工业园区（工业集聚区）"污水零直排区"建设评估指标体系（试行）及评估验收规程》《工业园区"污水零直排区"建设技术要点（试行)》《园区工业企业"污水零直排区"建设技术要点（试行)》，形成了较为完善的"1＋3"政策体系，为高质量、高标准推进此项工作提供政策技术支撑。

2. 典型示范，标杆引领

浙江省在各市、各行业中选择了一批基础较好的园区，通过专家组点对点指导帮扶等方式，进行重点培育，打造一批工业园区"污水零直排区"建设的示范标杆。目前，第一批培育的 12 个标杆园区已初见成效，发挥了较好的引领示范作用。

3. 夯实基础，质量为本

园区管网质量的好坏，决定了"污水零直排区"建设的成败。在深度排查管网问题阶段，要求各园区应查尽查，大力推广高科技手段运用，原则上要求委托第三方专业技术单位，综合采用电视检测、管道潜望镜检测、声呐检测等方式，全面排查管网系统结构性、功能性缺陷，检测老旧管网剩余强度。根据排查结果，管网日常维护工作较好的园区和新建园区（3 年以内），约 150～200 m出现一处问题；沿海等地质易沉降区域、管网日常基本无维护的园区，约 15～30 m 出现一处问题；内陆一般园区平均 100 m 出现一处问题。管网问题主要集中在破损、变形、脱节、障碍物入侵、淤泥沉积等。

4. 高标要求，严防风险

在规范整改问题阶段，实施隐蔽工程可视化、初期雨水精准有效管控、入河排污口规范化、污水集中处理设施提标改造等工程，要求化工、电镀、酸洗、印染、制革等行业废水输送管网原则上均实施明管化改造，并鼓励实施"一企一管一表"，便于溯源追踪。在长效监管阶段，鼓励园区实施管网可视化管理，建立智慧监控平台，在重要管段、管点建立数字化标识，对企业雨污水排放、管网系统运行等实行信息化管控。

坚持改革创新，加快推进生态环境治理现代化。持续开展"最多跑一次改革、强服务强效能"等专项行动，省市县三级环保办事事项全部实现"最多跑一次"。

印发实施中央生态环保督察工作规定省级实施意见，健全省委统筹推进督察的领导体制和工作机制。建立健全生态环保工作责任制，一体实施河湖长制、湾滩长制，实现省市县乡四级政府生态环境状况报告制度全覆盖。建立健全环境污染问题发现机制、构建信用为基础的差别化监管机制、建立企业"环保码"监管平台，提升执法精准化、规范化、专业化水平。深入推进"区域环评＋环境标准"改革，实现省级以上各类开发区和省级特色小镇全覆盖。推进生态环保数字化转型。运用大数据和"互联网＋"技术，在全国率先开发浙江环境地图。开发运行生态环境保护综合协同管理平台，实现省市县全贯通。

专栏 5-11　浙江省生态环境保护综合协同管理平台建设经验

2020 年浙江省开始深化生态环境保护综合协同管理平台建设，迭代升级污染防治攻坚战指挥协同、生态环境治理应用服务等模块，综合运用大数据、云计算、模型分析等技术手段，提升平台分析研判、环境监管、治理服务、数据共享输出能力，为环境质量预测预警、形势分析研判和科学决策提供更有力的支撑。

1. 迭代升级研判分析应用，深化环境治理服务水平

把握"互联网＋"时代特征，充分运用云计算、大数据、数学模型等分析手段，开展生态环境态势分析、企业环境信用评价、生态环境综合评价等模块建设，深化平台环境治理服务能力。搭建浙江省生态环境分析评价交互窗口，对生态环境分析结果以地图形式进行呈现与应用，实现服务能力可视化。

2. 重点攻关环境问题线索，规范生态环境监管工作

紧紧围绕"问题线索＋"模式，根据廉政风险防控机制，建立对生态环境部门内部行政管理工作的过程监管、进度跟踪信息化流程，针对各类环境问题事件快速落地执行，依托移动执法形成高效快捷的在线运转机制、全程电子化的数据链条和全生命周期的监管链条，提升生态环境保护的制度化、信息化和公开化监管水平，有效实现生态环境"智慧监管"，逐步构建"事前管来源、事中管检查、事后管处罚、信用管终身"的监管机制。

3. 破解基层多次上报数据，实现环境资源互联互通

在满足生态环境数据整合基础上，着力打破分割，统筹整合数据资源，推动共建共享、开放应用，充分利用浙江省生态环境保护综合协同管理平台数据资源，通过筛选高频事项输出结果数据，推动全省生态环境部门数据互通、指尖查询，最大限度减少重复性材料报送和报表填报，以最集约的方式提高工作成效。探索建立生态环境信息报送电子通道，全面规范数据报送、

材料报送等要素的标准化管理，推动过程数据和结果数据流转共享，实现数据无缝对接。

　　浙江省生态环境保护协同管理平台建设，推动了生态环境保护协同模式由线下向线上转变，发挥互联网、大数据、云计算先进技术优势，以数字化、集成化、智能化理念，进一步改造和优化部门业务协同流程，整合或打通部门设计生态环境保护的相关业务系统，实现生态环境保护业务跨部门有机融合与高效协同。

2. 江苏省：探索彰显江苏特色的生态环境治理现代化"路子"

　　江苏省坚持以习近平新时代中国特色社会主义思想为指导，深入践行习近平生态文明思想，以部省共建为契机，坚持监管与服务并重，坚决打赢打好污染防治攻坚战，不断提升生态环境治理体系和治理能力现代化，经济高质量发展和生态环境高水平保护的协同性明显提升。

　　坚持改革引领，管理体制取得新突破。在全国率先完成生态环境监测监察执法垂直管理改革，率先建立省级环境监察专员制度，生态环保综合执法体系基本形成，生态环境管理的统一性、权威性显著增强，实现了管理机制、监测机制、监察机制、执法机制"四个转变"。管理机制转变，各设区市生态环境局实行以省厅为主的双重管理体制，县（市、区）局调整为设区市局的派出机构。监察机制转变，上收市、县两级生态环境部门环境监察职能，由省生态环境厅统一行使。监测机制转变，设区市环境监测机构调整为省生态环境厅驻市环境监测中心，主要负责生态环境质量监测；县（市、区）监测站上收到设区市，主要负责执法监测。执法机制转变，成立生态环境保护综合执法队伍，统一行使污染防治和生态保护执法相关职责。

　　优化监管方式，精准执法取得新突破。开展排污许可证后联动管理改革试点，建立固定污染源排污许可"8＋1"联动管理机制，系统推进固定污染源"一证式"管理。强力推进移动执法系统升级，制定"543"工作法和现场执法"八步法"，在全国率先实现执法记录仪全覆盖、全联网、全使用，江苏省环境执法信息化建设的做法被生态环境部在全国推广。制定实施监督执法正面清单，充分利用遥感、无人机巡查、远程监控、大数据分析等科技手段开展非现场检查、非现场监管，建立完善应急管控停限产豁免机制。率先建成污染防治综合监管平台，省市县乡四级贯通，政府相关部门全联通，纪委监委全流程嵌入式再监督，压紧压实地方和部门生态环境保护责任。

　　以促进排放达标为目标，统筹服务地方企业发展。开展产业园区生态环境政策集成改革试点，加快推动产业园区绿色高质量发展，实施绿色发展领军企业计划，进一步激发地方和企业主动治污的积极性。建设中小企业共享治污的"绿岛"，实现污染物统一收集、集中治理，帮助中小企业降低治污成本，累计开工建设"绿岛"106 个，惠及 3.2 万多家中小企业。开展生态安全缓冲区建设，将城镇污水处理厂尾水接入人工湿地，利用生态自净功能进一步降低污染物排放量，以最优成本改善环境质量。加强机制集成。完善"厅市会商"机制，指导地方积极践行绿色发展理念，牢固树立生态环境承载力约束意识，深挖"减排扩容"潜力。深化"金环对话"机制，开展排污权抵押融资试点，下达绿色债券贴息、绿色企业上市奖励等奖补资金 7034.1 万元，进一步增强企业发展信心。用好部门联动机制，与住建厅"轮值会商"，与自然资源、交通运输部门成立"先锋绿源通"党建联盟。创新政民互动机制，建立"厅长我留言"平台，真诚欢迎群众"挑刺"；建立"环保脸谱"体系，方便群众监督企业；推出《江苏生态文明 20 条》，引导全社会自觉践行绿色低碳理念。

专栏 5-12　　江苏省推进产业园区生态环境政策集成改革经验

园区经济占据江苏经济的半壁江山，是江苏经济的特色名片。省级以上产业园区汇集大量工业企业，创造了江苏 50%以上的地区生产总值，实现了 60%以上的固定资产投资、80%以上的进出口总额，产业园区既是全省经济绿色发展的主阵地，也是治污攻坚的主战场。2019 年，江苏省生态环境厅牵头制定了《江苏省产业园区生态环境政策集成改革试点方案》，围绕优化环境准入管理、实行最严格的生态环境监管、统筹推进园区污染治理、完善支持绿色发展有效措施等四个方面出台 16 项改革举措，并在全省自贸区、国家级产业园区、南北共建园区、省级开发区以及县级工业集中区中选择了 10 家开展试点。

目前各试点园区初步形成具有推广示范意义的改革项目 56 个，在三个方面成效尤为明显。一是深化环评审批改革，优质项目落地更加便捷。泰兴经济开发区，一个规划面积为 6.39 km² 的药妆产业集聚区正拔地而起，这个集聚区将重点发展以日化用品为主，兼顾医药、保健品、日用品等的大健康产业，得益于集成改革政策，集聚区才能落地，项目才能落户。苏州工业园区开展研发载体综合环评，对入驻的符合环评要求的研发项目，简化审批流程。常州中关村科技园结合环评审批承诺制改革，推行"先批后审"，提高审批效率。二是加强基础设施建设，污染防治能力明显提升。吴江纺织产业园建设焚烧污泥供热工程，在解决污泥问题的同时，增加了蒸汽热能，取得多方面效益。南京江北科技园、吴江纺织产业园利用园区污水处理厂尾水建设人工生态湿地工程，通过生态自净既减少了污染负荷，又扩充了环境容量。三是创新环境治理模式，服务企业水平得到增强。江阴高新区成立"综合金融服务中心"，搭建绿色金融平台，集聚银行、券商、产业资本等各类金融服务机构，为企业提供"一站式"绿色金融服务。海安纺织产业园建设印染同质废水预处理设施，相城高新区建设喷涂污染集中治理设施，苏宿工业园建设园区共享污水处理设施，通过"集约建设，共享治污"，帮助中小企业降低污染治理成本。以打造最严格制度高水平保护生态环境示范区为目标，对于试点园区内的企业，实施全过程、标准化管理。将环境监管方式由原有的人工监管为主，向综合运用工况用电监控、物料衡算等现代化科学手段转变，实现阳光生产、透明生产。

打破窠臼、谋求蝶变。生态环境政策集成改革，是一项服务发展的绿色工程，是政府管理理念进步、管理方式变革、管理手段创新工程，更是江苏省努力为全国生态环境治理体系和治理能力现代化建设积累经验、提供示范的深度探索。通过生态环境政策集成改革，充分发挥政策集成效应，打通生态环境治理上的堵点和"痛点"，有效治理污染、减少排放，不断推动环境质量持续改善。同时，在排污总量使用、绿色金融补贴等方面赋予产业园区更多的自主权，加快推动产业园区绿色发展、转型发展、高质量发展，实现产业园区"环境美"与"经济强"并驾齐驱。

专栏 5-13　江苏省"绿岛"建设试点工作经验

推进"绿岛"建设试点，这是江苏在全国的一项重大创新。"绿岛"就是按照"集约建设，共享治污"的总体思路，由政府投资或政府参与、多元投资，配套建有可供多个市场主体共享的环保公共基础设施，从而实现污染物统一收集、集中治理、稳定达标排放的集中点或片区。"绿岛"建设实现了治理思路的转变，促使治污主体实现由自主治污向市场治污转变，通过发挥市场在资源配置中的决定性作用，更好发挥政府作用，进而引进社会资本参与污染治理，同时鼓励企业向社会购买环境治理服务，改变以往各自为战、单打独斗的局面，构建统一定点、集中处理的治污新格局。

2020 年 3 月，江苏省启动 2020 年度全省"绿岛"项目纳入环保项目储备库申报工作，最终选取了首批 106 个"绿岛"项目。根据估算，这 106 个"绿岛"项目，在减少中小企业污染治理设施投资 132 亿元的同时，还将提高中小企业危险废物收集能力 2042.2 t/a，减排化学需氧量 13 230.9 t/a、氨氮排放量 1465.9 t/a、总磷排放量 352.6 t/a、颗粒物排放量 3398.8 t/a、挥发性有机物排放量 2511.2 t/a。

为便于管理和分类，江苏省将首批 106 个"绿岛"项目根据服务产业和功能的不同，划分为工业、农业和服务业三类"绿岛"。工业"绿岛"，指生产工艺相同、污染物性质相似、地理位置相近的中小企业，单独或依托产业园区（集中区）以及治污能力强的规模企业，建设的集中式的污染治理设施，从而实现大气、水污染物集中治理以及危险废物规范集中暂存。农业"绿岛"，指为帮助畜禽养殖户和水产养殖户解决养殖污染问题，单独或依托大的养殖户，建设的集中式污染物资源化利用项目，从而实现污染物达标排放或资源化利用。服务业"绿岛"，指帮助中小餐饮、汽车维修、小五金加工等服务行业，通过建设公共烟道、涂装公共操作间、集中加工点等，实现油烟、挥发性有机物、粉尘、噪声等污染集中治理。据统计，江苏首批 106 个"绿岛"项目总投资约82.87 亿元，可惠及 31 822 家中小企业、个体工商户、养殖户等小微市场主体。其中，工业"绿岛"项目 80 个；农业"绿岛"项目 14 个；服务业"绿岛"项目 12 个。

随着"绿岛"建设项目的逐步推进，江苏将着力打造"绿岛"典型和示范项目，聚焦部分条件相对成熟的区域，结合当地实际，有针对性地建成一批相对集中的、切实管用的、有影响力的"绿岛群"，通过典型项目的技术引导和示范带动作用，推动江苏"绿岛"项目建设。2020 年，江苏省生态环境厅印发了《"绿岛"建设试点实施方案编制大纲》，加快"绿岛"技术体系建设，研究制定《"绿岛"项目入库筛选原则》和《"绿岛"项目管理暂行办法》，并组织编制了危险废物收集贮存类、工业污水集中预处理类、水产养殖尾水净化设施类、畜禽粪污综合利用类、集中喷涂（含汽车维修集中涂装）类等五类《"绿岛"项目技术指南》，以及两辑《"绿岛"典型项目汇编》，指导地方开展"绿岛"项目申报，规范项目建设和管理。

此外，江苏还将对"绿岛"项目开展环境、经济、社会效益评估，开展"绿岛"理论研究，建立完善长效监管机制，发挥综合环境效益，将"绿岛"打造成为江苏生态文明建设的特色实践品牌。

专栏 5-14　江苏省"环保脸谱"

江苏省精心打造"环保脸谱"体系，以生态环境大数据为基础，集成生态环境治理各项改革制度、措施、成果，通过建立科学评估体系，最终以"脸谱"的方式直观展现企业履行生态环境保护责任情况。"环保脸谱"包括政府和企业两种，均通过脸色表情和星级评价具体呈现。

政府"环保脸谱"的脸色表情反映地区环境质量，分为"绿色（笑）、黄色

（严肃）、红色（愤怒）"，星级评价体现县（市、区）级人民政府解决突出环境问题、应对突发环境事件、化解环境信访纠纷等生态环境治理水平。

企业"环保脸谱"的脸色表情反映企业环境守法情况，同样也分为"绿色（笑）、蓝色（微笑）、黄色（正常）、红色（难过）、黑色（哭）"五种，与企业环保信用评价结果的颜色保持一致，星级评价体现企业排污许可、问题整改、危险废物管理、环境应急、自动监测等污染防治水平。对连续5星的"笑脸"企业可适当降低执法检查频次，优先将其列为豁免管控企业，并在资金奖补等方面给予适当倾斜；对于连续3星以下的企业，要主动上门服务，帮助企业整改，引导企业积极"提星争笑"，推动企业主动提升污染治理水平，有效推动企业落实污染治理主体责任。

建立"线上发现、及时整改—线上跟踪、及时调度—线上督察、及时销号"的"非现场"监管模式和"一码通看、码上监督"的公众参与模式。社会各界可通过"江苏环保脸谱"微信小程序，快速获取二维码，不仅能快速获取区域环境质量情况、污染治理情况等信息，还能集中了解企业依法应当公开的基本档案、污染物排放、执法、处罚等信息，进行投诉或反馈。

江苏"环保脸谱"将省生态环境治理"七大体系"有机串联，是体现生态环境治理现代化方向的技术集成和管理创新，是压实地方党委政府生态环境保护责任和企业污染治理主体责任的重要措施，是构建江苏省生态环境治理"共建、共治、共享"格局的重要抓手，也是生态环境治理从"信息化"迈向"智慧化"的一次大胆尝试。

3. 福建省：打造人与自然和谐共生的美丽中国示范省

福建作为习近平生态文明思想的重要孕育地和创新实践地，习近平总书记在闽工作期间高度重视生态文明建设，亲自推动了长汀水土流失治理、木兰溪防洪工程等重大生态保护工程，并于2000年推动福建率先在全国探索生态省建设。到中央工作后，习近平总书记多次对福建生态环境保护工作作出重要指示批示。福建省牢记习近平总书记的嘱托，在更高起点上推进生态省建设，实现生态环境高颜值和经济发展高质量协同并进。

推动绿色低碳发展，全方位推进高质量发展超越。把碳达峰碳中和纳入生态省建设布局，编制碳达峰行动方案，科学制定时间表、路线图，持续推动产业、能源、运输、用地四大结构优化调整，促进经济社会发展绿色转型。强化源头管控。加快各地市"三线一单（生态保护红线、环境质量底线、资源利用上线和生态环境准入清单）"成果发布应用，构建以"空间＋准入"为支撑的生态环境分区管控体系，严格遏制高耗能、高排放项目盲目发展。服务经济高质量发展。推行生态环境领域"亲清"服务，推进环评审批和监督执法"两个正面清单"制度化，推动生态文明示范创建提档升级，做好经济生态相协调相促进的文章。

推进升级版污染防治攻坚战走深走实，确保生态环境质量稳中有升。实施蓝天工程。加强细颗粒物和臭氧协同控制，提升重点工业区有机挥发物 VOCs 和 NO_x 的治理水平，强化扬尘重点管控区域监督帮扶。实施碧水工程。统筹水资源、水生态和水环境，实施九龙江西溪和龙津溪、晋江桃溪等水质提升工程，落实河湖长制，基本完成千人以上农村集中供水饮用水水源地生态环境保护范围划定和生态环境问题清理整治。实施碧海工程。加强陆海统筹，推进入海排污口分类整治，落实省委、省政府海漂垃圾综合治理为民办实事项目，推动沿海各地全面建立"海上环卫"队伍。实施净土工程。推行"土长制"，逐步探索形成"防控治"三位一体的土壤污染防控模式。

坚持系统观念，全方位、全地域、全过程开展生态保护修复。加快建设美丽河湖。巩固闽江流域治理成效，实施九龙江流域山水林田湖草沙一体化保护与修复工程，打造福州敖江、莆田木兰溪、宁德霍童溪、三明大金湖等一批"美丽河湖"样板。加快建设美丽海湾。严守海洋生物生态休养生息底线，实施海岸带整治提升、滨海湿地生态修复等工程，推进福州滨海新城、厦门岛东南部、平潭坛南湾等"美丽海湾"典型示范。加快建设美丽乡村。深入实施农村生活污水提升治理五年行动计划，接续推进富有"绿化、绿韵、绿态、绿魂"的生态振兴乡村建设，完成 1500 个"绿盈乡村"提升。

以"系统设计＋专项突破"的方式，深化生态环境领域改革创新。健全完善绿色发展促进体系。完善碳排放支撑服务体系，健全广东省碳排放交易市场，开发林业碳汇交易新品种，加快海洋碳汇研究，推动成立全国碳汇联盟和林业、海洋碳汇交易分中心等，探索建设全国排污权基础服务平台。健全完善智慧高效监管体系。加快生态云 3.0 建设，完善"一张图""驾驶舱"等模块功能，拓展"环保＋能源""环保＋金融"等大数据技术融合应用，强化多污染物协同控制和区域协同治理；探索非现场环境监管机制，实现对重点污染源全过程、全要素、全行为、全数据的实时实景管控。健全完善市场激励政策体系。创新生态环保投融资机制，探索区域环境综合治理托管服务等环境第三方治理新模式；深化生态环境损害赔偿制度改革；健全环境污染责任保险机制；探索建立适用全省的生态产品价值核算体系，为"两山"转化提供量化依据。

4. 四川省：筑牢长江黄河上游生态屏障

四川地处中国大陆西南腹地，是中国西部门户、大熊猫故乡。全省常住人口 8367.5 万（第七次全国人口普查），辖区面积 48.6 万 km^2，均位列全国第 5。川内呈现立体地形和立体气候，海拔最高差距 7000 多米。位于长江黄河上游，号称

"千河之省"，地表水资源约占长江水系径流量的三分之一。各类保护区和生态敏感区密布，2018 年划定生态保护红线 14.8 万 km^2，占全省面积的 30.45%，在全国生态安全格局中地位突出。

坚守生态环境独特地位，大力实施污染防治攻坚战。四川省深入贯彻落实习近平总书记视察四川时的重要指示批示，认真落实国家生态环境保护工作部署，大力实施污染防治攻坚战"八大战役"，推动生态环境质量持续改善。充分发挥生态环境保护的引导、优化和促进作用，实施审批"预审制"、局部调整白酒项目环评审批权限等措施，出台监督执法"正面清单"，明确执法监管"三个优化"。充分调动市（州）和省直部门的积极性，协同攻坚克难。拓宽投融资渠道，积极争取中央和省级环保专项资金、专项债券、抗疫特别国债等，放宽农村环保基础设施贷款审批。坚持激励约束并重，对环境质量改善幅度大、重点任务完成好的市县予以专项资金倾斜支持。

专栏 5-15　四川农村生活污水治理

农村生活污水治理是改善人居环境的"窗口"工程，同时也是做好乡镇行政区划和村级建制调整改革"后半篇"文章的重要举措。四川省始终把农村生活污水治理作为硬任务，下硬功夫，采取切实有效的举措，推动工作取得阶段性成效。

完善政策体系。相继出台了四川省《农村生活污水处理设施水污染物排放标准》《四川省农村生活污水治理三年推进方案》，农村生活污水治理政策体系逐步完善，推动工作从"有名"向"有实"转变。在布局优化的基础上推动实现环境优美。压紧压实地方党委政府工作责任，将农村生活污水治理情况纳入省级生态环境保护督察范畴。

坚持因地制宜。充分考虑环境容量、经济水平和村民习惯等，因地制宜确定农村生活污水治理模式和工艺路线，优先推进污水资源化利用，重点关注饮用水水源地等敏感区域，有效衔接农村改厕和黑臭水体整治。在治理模式方面，靠近城镇、有条件的农村地区，采用纳管模式，将生活污水就近接入城镇市政管网；离城镇较远、人口密集的地区，实行集中治理，建设集中式处理设施，实现达标排放；地形复杂、人口较少的地区，实行分散治理，优选低能耗或无动力的处理技术。在工艺选择方面，成都平原和浅丘地区多采用厌氧-缺氧-好氧活性污泥法（AAO）等工艺；川南、川东北、攀西丘陵山区采用厌氧-好氧活性污泥法（AO）、生物滤池、人工湿地、潜流池等工艺；川西北地区以改厕为主，粪污就地就近还田还林还草。在资源化利用方面，成都市等地在农作物集中区种植，配套建设农灌渠或田间池，将粪污作为有机肥直接利用；成都市东部新区将农村生活污水处理后用于河流生态补水。

推进试点示范。2019 年以来，争取中央农村环境整治资金 7.05 亿元，省财政安排专项资金 13 亿元，重点支持 4600 个行政村开展"千村示范工程"建设，办成了一批群众关心的民生实事。指导广元市苍溪县、南充市仪陇县、阆中市、巴中市巴州区、南江县 5 个县（市、区）成功纳入全国农村生活污水综合治理试点，各地主动作为、积极探索，初步形成一批可复制推广的技术模式和管理经验。苍溪县坚持规划引领，结合乡村振兴等重点工作，形成了比较完善的工作机制；阆中市致力于"技术精准化、建管专业化、投入多元化"，形成了"三结合、三统筹、三坚持"的农村生活污水治理模式；仪陇县探索集中处理和分散治理相结合的综合处理模式，以点带面梯次推进农村生活污水治理；巴中市巴州区突出资金保障，建立了受益农户、集体经济组织、乡镇补助、区级统筹的多元共济机制；南江县利用地形特点，建设管渠将粪污输送到田间地头，按亩收取"肥料"费，又专款用于污水治理。

坚持建管并重。一是推动建立农村生活污水处理设施运行维护管理机制。省级层面：2021 年印发《四川省农村生活污水处理设施运行维护管理办法（试行）》。市（州）层面：巴中市、绵阳市、雅安市出台了"意见"或"通知"，加强乡镇生活污水处理设施运行维护管理，内江市、达州市正在制定相关政策。县级层面：泸州、广安、眉山、资阳 4 市所辖全部县（市、区）均出台了农村生活污水处理设施运维管理办法。二是强化设施建设运维资金保障。大力推进投融资政银合作，生态环境厅分别与农业发展银行四川省分行、农业银行四川省分行签订合作协议，融资额度约 1000 亿元，重点支持农村生活污水治理等生态环境基础设施补短板项目，省财政给予贴息支持。宜宾市、攀枝花市推动将农村生活污水治理费用纳入县级财政预算，加大财政资金保障力度。生态环境厅会同有关部门试点推动农村生活污水处理收费，成都市推进供排水一体化，采用城镇管网延伸方式，收集处理农村生活污水，收取污水处理费 0.5～0.95 元/t；眉山市仁寿县在 50 余个区域点位推进农村污水处理收费试点，收费标准为0.4 元/t；丹棱县梅湾村将缴费事宜纳入村规民约，每人每月缴纳 1 元钱；德阳绵竹市石虎村与村民约定缴费，每人每月缴纳 2 元钱；南充、绵阳、泸州也在部分县（市、区）开展了农村生活污水处理收费试点。三是开展已建成设施运行情况调查并推进整改。印发了《关于开展农村生态环境保护工作"回头看"专项行动的通知》，基本建立了农村生活污水处理设施建设和运行台账，对于设施停运破损、管网未配套、处理能力不符合实际需求、出水水质不达标等非正常运行情形，各地正在制定整改方案。

发展智慧环保，打造智慧生态环境管理体系。建成全国首个省级层面进行顶层设计的空气质量管控动态决策支撑平台——四川省空气质量调控综合决策支撑平台，以全面保障四川省各市（州）空气质量持续改善为目标，建立以生态环境全要素监测一张网、可信生态环境大数据一朵云、分析决策一个脑、环境多维度分析一张图和 PDCA 闭环 N 应用为核心的综合决策支撑平台，打造完整的智慧生态环境管理体系。同时，基于市（州）差异化的需求延伸建立分平台，与省级、片区实现环境空气质量调控、污染源实时监管和监管措施落地的省市县联动一体化管理，形成"1 省级 + N 地市"的管控体系。为全力提升水生态环境精细化管理水平，聚焦三个治污、五个精准，四川省建成具备数据实时采集与动态更新、水环境综合分析、污染负荷与贡献核算、污染源动态调控、水质模拟预测预警、突发水污染事故模拟预测等综合决策功能的沱江流域水质目标精细化管理平台，初步发挥了沱江流域水质达标攻坚等决策支撑作用，推进沱江流域水质进一步改善。

专栏 5-16　精细化管理推动沱江流域水污染防治

沱江流域是长江流域污染较重的一级支流，是四川省碧水保卫战的关键一环，为全力提升水生态环境精细化管理水平，适应"互联网+"监管的新需要，四川省建设省级沱江水环境动态管理平台，整合气象、水文水资源、水环境、污染源、水生态、陆生生态、社会经济等信息，通过"互联网+"、大数据等现代化监管手段，构建高效的协同工作网络。

实现跨部门数据综合分析，制定水环境问题清单。平台以流域控制单元网格化管理为基础，积极推进各部门数据资源整合，自动将采集的行政区数据汇集到流域控制单元，实现了水环境基础数据在行政区与控制单元层面的无缝衔接。针对断面、行政区、控制单元等不同类型，均可以通过平台分析经济发展水平及水环境状况的现状及变化趋势。支撑逐月水环境形势分析，制定水环境问题清单。平台建设了流域水环境形势分析等水环境日常管理支撑体系，相关结果通过分析报告、问题清单等不同形式进行定期推送。一是识别空间上的重点区域。开展水环境质量和污染源污染物排放时空统计分析，按不同时间、空间对流域水环境质量状况及污染源排污特征进行分析，找出污染的河流、河段及污染物排放较重的区域等。二是开展城市水环境质量指数计算和排名。按月对流域内的 7 个地市水环境质量指数进行计算，并按指数大小进行排名通报。三是明确水环境问题清单。开展不达标断面水环境问题分析，系统每月自动筛选不达标的水质断面以及断面超标指标，同时针对每个不达标断面开展水环境问题分析，提出水环境问题清单。四是自动生成水环境形势分析报告，形成水环境整改任务清单，通过系统分发各地。

实现基于水环境模型的流域网络"五个精准"定量化治污决策。平台创新性集成了陆域 SWAT 模型、水动力水质模型和污染贡献核算模型等 6 种水环境相关模型，形成沱江流域水陆一体化水环境模型库。以此为基础，开发了水质断面污染贡献核算、污染源动态调控等水环境精准治污管理决策应用支撑功能，动态分析断面污染成因及贡献源，支撑沱江流域近、远期污染动态管控与水质改善措施。

实现全流域水环境管理"一张图"展示支撑日常监管工作。平台与水环境管理相关的水质、水量、污染源等数据及决策分析结果集成在"一张图"上进行展示，在"一张图"上可以同时看到流域内所有城市、区县、控制单元的水质断面、污染源、水文、气象等基本信息以及时空变化趋势。目前平台用户包括省、市、区县等不同层级，不同用户可以根据自身管辖区域实际情况开展水环境现场决策指挥。平台还将相关功能同步到了手机移动端，是现场督察检查等日常监管工作的好帮手，不仅能够随时随地查看沱江流域的水环境状况等，还能满足在外作业人员的相关督察检查需求。

创新引领，持续推进碳达峰碳中和。四川是全国清洁能源资源最集中、特色最鲜明的省份，四川省充分发挥优势，高质量打造具有全球影响力和先进水平的沿江清洁能源走廊和产业集群。2021 年 4 月，四川省出台全国首个省级碳中和推广方案，鼓励企业、公共机构和社会组织等机构实施主体在赛事、会议、论坛、展览、旅游、生产、运营等各类活动中，实施活动碳中和或部分抵消温室气体排放。在线下，个人和机构可通过植树造林、修复湿地等方式参加和实施碳中和，在线上，可通过购买并注销国家碳排放配额或国家核证自愿减排量（CCER）、地方生态环境主管部门批准备案的区域核证碳减排量（如"碳惠天府"机制下的核证减排量）等碳信用的方式实现碳中和。成立绵阳大熊猫碳汇专项基金，开发川西南林业碳汇、农村沼气等碳减排项目，推动广元碳汇进上海世博会、广东亚运会，举办植树造林实现宜宾市兴文县人民代表大会、第二届国际城市可持续发展高层论坛等活动。依托碳中和服务平台完成四川省林业碳汇国际研讨会、2019 天府金融论坛、2020 成都国际环保博览会等 50 多场（次）活动的碳中和或部分抵消。雅安大数据产业园建成全国首个碳中和国家绿色数据中心，青城山-都江堰风景名胜区成为国内首个碳中和景区。

专栏 5-17 四川省碳达峰碳中和经验做法

1. 发挥优势,打造清洁能源走廊

四川是全国清洁能源资源最集中、特色最鲜明的省份,碳达峰碳中和为做好"水、风、光"这篇大文章带来了新的机遇。四川省推动长江经济带发展领导小组暨省推动黄河流域生态保护和高质量发展领导小组全体会议提出,高质量打造具有全球影响力和先进水平的沿江清洁能源走廊和产业集群。《四川省"十四五"光伏、风电资源开发若干指导意见》进一步明确,将规划建设金沙江上游、金沙江下游、雅砻江流域、大渡河中上游 4 个风光水一体化可再生能源综合开发基地,到 2025 年底建成光伏、风电发电装机容量各 1000 万 kW 以上。2021 年 6 月,一批大型重大水电项目也密集投产。6 月 16 日,金沙江乌东德水电站 12 台 85 万 kW 机组全部投产发电,可年均替代减排二氧化碳 3050 万 t。28 日,金沙江白鹤滩水电站首批机组投产发电。30 日,雅砻江杨房沟水电站首台机组投产发电。

2. 抓住机遇,培育新的经济增长点

一些地区和企业抢抓机遇,超前谋划,努力在碳达峰碳中和部署中抢占一席之地。成都市提出构建碳中和产业生态圈,加快编制碳中和产业生态圈方案。

中国东方电气集团有限公司开工建设氢能产业园,加快打造西部氢能高端先进装备制造产业园区。宜宾市与宁德时代签署全方位深化合作协议,以宜宾三江新区为重点,建设宁德时代西南运营总部和研发中心,打造全球最大动力电池生产基地。凯盛(自贡)新能源太阳能新材料一期项目在自贡投产点火。

传统产业主动谋变。四川省钒钛钢铁产业协会发出全省首份碳达峰碳中和行动倡议,呼吁钒钛钢铁低碳转型。2021 年 7 月 27 日,四川冶控集团有限公司揭牌成立,一跃成为全国最大的短流程绿色炼钢集团。

3. 创新引领,新场景新业态不断涌现

科技战线积极响应碳达峰碳中和号召,四川大学联合中国东方电气集团有限公司等单位组建全国省级碳中和技术创新中心,布局碳减排、碳零排、碳负排三大研发方向。西南石油大学挂牌碳中和研究院,设立天然气绿色开发利用、零碳能源系统、储能技术、二氧化碳高效捕集与绿色转化 4 个研究中心。

绿色金融创新迈向 2.0 时代。人民银行成都分行实施碳减排票据再贴现专项支持计划,加大对碳减排企业的融资支持。中航成都碳中和产业基金合作框架协议签约,四川省机场集团有限公司、雅砻江流域水电开发公司参与发行全国首批碳中和债券,全国首单区县级碳中和绿色中期票据在成都新都区发行。

此外,四川也是林草碳汇的"沃土"。《四川林草碳汇行动方案》提出,到

2025 年林草碳汇项目规模达 3000 万亩。支持凉山州乡村振兴、宣汉森林经营、天全大熊猫栖息地恢复、龙泉山城市森林、若尔盖湿地等林草碳汇项目示范，还将探索林农碳汇+互联网"微碳汇"模式，开发乡村林草碳汇产品。

4. 注重参与，推广社会活动碳中和

多部门联合发布了全国首份社会活动层面碳中和省级推广方案。根据四川联合环境交易所"点点"碳中和服务平台统计，截至 20201 年 7 月底，累计实施碳中和场景已达 96 场，累计参与人数突破 8000 人次，累计消纳国家核证减排量（CCER）和成都"碳惠天府"核证减排量 1991 t，相当于近 10 万辆低油耗小汽车停驶一天。其中，诞生了全国首个国家碳中和大数据园区雅安大数据产业园，以及碳中和婚礼等新场景。

成都市"碳惠天府"绿色公益平台上线启动以来，已有青城山都江堰风景名胜区管理局、通威太阳能（成都）有限公司、四川一汽丰田汽车有限公司、兴业银行成都分行签订"碳惠天府"碳中和公益行动认购合作协议。

---

5. 重庆市：高规格推动山清水秀美丽之地建设

重庆位于中国内陆西南部、长江上游地区。面积 8.24 万 km^2，辖 38 个区县，常住人口 3213 万人（截至 2022 年底）。重庆是一座独具特色的"山城、江城"，地貌以丘陵、山地为主，其中山地占 76%；长江横贯全境，流程 691 km，与嘉陵江、乌江等河流交汇。重庆市深学笃用习近平生态文明思想，牢记习近平总书记"在推进长江经济带绿色发展中发挥示范作用"的殷殷嘱托，切实筑牢长江上游重要生态屏障，扛起"无废城市"建设试点政治责任，探索走出一条生态优先、绿色发展新路子。

坚持"共抓大保护、不搞大开发"，筑牢长江上游重要生态屏障。始终把修复长江生态环境摆在压倒性位置，全面落实《中华人民共和国长江保护法》。启动"两岸青山·千里林带"工程，高标准推进广阳岛片区长江经济带绿色发展示范建设，森林覆盖率达 52.5%。划定并严守生态保护红线面积 2.04 万 km^2，占全市总面积的 24.82%。坚持生态优先、绿色发展，在全国率先完成"三线一单"成果编制并发布实施。推动成渝地区双城经济圈生态共建环境共保，在水、大气、应急等方面签订合作协议 40 余项，长江上游生态大保护成效初显。加强重大环境风险防范，全市未发生重大、特大突发环境事件。

强化"上游意识"，担起"上游责任"，体现"上游水平"，打好打赢污染防治攻坚战。着力打好碧水保卫战，以实施"双总河长制"为抓手，深入推进"三水共治"，2020 年长江干流重庆段水质为优，42 个国考断面水质优良率首次达到 100%，连续 4 年在国家"水十条"考核评价中排名全国前列。坚决打赢蓝天保卫战，建立空气质量、年度任务、督导帮扶、资金项目"四个问题清单"，实施网格化精细管控和空气质量精准预报，2020 年全市空气质量优良天数达 333 天，$PM_{2.5}$ 浓度下降至 33 μg/m³，评价空气质量六项指标首次全部达标。扎实推进净土保卫战，全市危险废物规范化管理达到国家 A 级要求，受污染耕地安全利用率达 95.04%、污染地块安全利用率达 95%以上。

大力推动改革创新，高质量完成国家"无废城市"建设试点。作为全国唯一的"无废城市"省级试点，成立由副市长任组长的领导小组，编制实施《重庆市（主城区）"无废城市"建设试点实施方案》，确定的 45 项指标已全部按期保质完成，向生态环境部报送了汽车行业循环产业链构建、五个结合构建"无废城市"全民行动体系等 11 个经验做法和创新模式。不断健全政策体系，与四川省首创危险废物跨省转移"白名单"制度并延伸至贵州、云南。完善技术标准体系，在全国率先出台锰工业污染物排放标准，制定绿色建筑、绿色矿山等地方标准 10 个，危险废物、秸秆利用等领域技术和管理规范 30 余个，建成 4 个国家级的技术研究中心。加快补齐设施短板，实现医疗废物集中无害化处置实现镇级全覆盖，大宗工业固体废物综合利用率达到 87%。强化智慧管理，"一物一码"等精细化可追溯监管体系不断完善，工业危险废物基本实现全过程精细化管理。完成 680 余个无废学校、无废景区、无废商圈（场）、无废公园等 16 类"无废城市细胞"创建，覆盖衣食住行各领域。把握"无废城市"建设纳入成渝地区双城经济圈建设纲要的战略机遇，与四川省签订成渝地区双城经济圈"无废城市"共建协议，从 7 个方面共同谋划川渝"无废城市"共建方案，示范引领成渝地区双城经济圈"无废城市"建设走深走实。

专栏 5-18 重庆市"无废城市"试点建设经验

1. 突出站位高度，试点目标彰显重庆特色

按照"大思路、大手笔、大动作、突出重庆特色"要求，重庆市立足主城都市区中心城区特点，科学设置 5 大类 45 个指标 111 项任务，明确餐厨垃圾资源化、快递包装废物减量、污泥无害化处置 3 项特色指标，以及推动地方立法、跨领域跨区域制度建设、汽车行业循环产业链构建等特色任务。

市委将"无废城市"建设列入年度重点改革任务和污染防治攻坚战考核目标，明确"中心城区试点—重点区域次第推开—市域全覆盖暨双城经济圈共建"三步走工作思路，增强实施试点的使命感、责任感。市政府成立由分管副市长挂帅，31 个市级有关部门、11 个试点区政府负责同志为成员的领导小组，统筹形成市、区、部门"1＋11＋N"方案体系。市财政安排资金 5000 余万元，

市委改革办、市"无废城市"创建办公室定期调度督办，有关区倒排工期、打表推进。

2. 加大试点力度，关键领域形成示范引领

管理制度实现新突破。与四川首创危险废物跨省转移"白名单"制度，并延伸至云南、贵州两省，实现处置能力资源区域共享和信息化高效配置，审批时限压缩 1 个月以上。深化生活垃圾异地处置生态补偿制度。创设小微源危险废物综合收集制度，覆盖小微源企业数量从 212 家提升至 6000 余家。

精准监管水平不断提升。建成固体废物污染防治大数据平台，全面推行电子转移联单，对 370 家重点企业和 116 家二甲及以上医疗机构实施全过程"一物一码"精细化可追溯管理，65 个尾矿库渣场环境信息完成矢量化、图形化、信息化。

技术标准填补国内空白。率先出台锰工业污染物排放标准，制定水泥窑协同处置等技术规范，开展矿山生态修复与建筑渣土回填试点、钛石膏磷石膏综合利用示范，实现生活垃圾焚烧全套装备国产化，突破"高水、高油、高盐"餐厨垃圾处理核心技术并完成产业化应用。

产业引领格局逐步构建。推动无废理念纳入区域工业绿色发展，出台覆盖"设计—生产—回收拆解—再生利用"全环节的汽车行业循环产业链建设方案，汽车行业废钢废铝废砂等利用能力达 543 万 t/a，建成绿色工厂 30 家、实施清洁化改造 81 家，以无废理念引领工业体系革新和绿色发展。

共建共享氛围基本形成。创建"无废学校"等 14 类 600 余个"无废细胞"，覆盖衣食住行各领域。开展短视频及征文大赛、环保星主播、创意艺术展等主题活动，推动"无废城市"理念融入城市文化建设。

紧扣国家重大战略部署，碳汇价值实现、生态文明示范创建工作走在前列。在全国率先建立全社会企业和公众共同参与，涵盖碳履约、碳中和、碳普惠等多种形式的生态产品价值实现新模式——"碳惠通"生态产品价值实现机制。推进低碳城市、低碳园区和气候适应型城市等试点示范，加快悦来"近零碳"示范工程建设，推动万州"绿色金融评价机制"试点。高度重视生态文明示范创建，印发重庆市生态文明建设示范区县、乡镇，"两山"实践创新基地建设指标和相应的管理规程，累计有 5 个区（璧山区、北碚区、渝北区、黔江区、武隆区）获国家生态文明建设示范区称号，2 个区域（武隆区、广阳岛）获"两山"基地命名。生态环境委员会工作基础扎实，早在 1984 年就成立生态环境委员会，目前正在推动与市深入推动长江经济带发展加快建设山清水秀美丽之地、市生态环境保护督察工作等领导小组有效衔接。

专栏 5-19　低碳创新试点——重庆市"碳惠通"生态产品价值实现

　　重庆探索将生态优势向发展动能转化，创新建立政府主导，市场化运作，社会、企业、个人参与的"碳惠通"（原"碳汇+"）生态产品价值实现体系，搭建以"互联网＋生态"为特征的生态产品供给平台，发挥重庆碳交易市场在应对气候变化、生态环境治理中的补偿作用，形成全国首个覆盖碳履约、碳中和、碳普惠三个路径的生态产品价值实现新模式。"碳惠通"生态产品价值实现将以项目减排量为流通主体，"互联网＋生态"为路径，"碳惠通"生态产品价值实现平台为载体，打通碳交易市场供给侧和消纳侧。通过"碳惠通"生态产品的开发、量化、交易、消纳来实现可持续发展的生态产品价值实现路径。

　　在供给侧，一方面通过开发新的方法学，量化单株及成片林、垃圾分类、分布式光伏等项目的减排效益，将项目减排量以"碳惠通"产品的形式放到平台上进行交易，为企业、社会及个人的减排行动提供多元化产品，也为自然生态资源丰富的区域提供生态价值转化的新模式。

　　在消纳侧，企业购买获得"碳惠通"产品，可通过碳履约体系（碳汇量冲抵其碳排放配额）、碳中和体系（碳汇量中和自身及大型活动的碳排放量）来进行消纳；个人购买"碳惠通"产品以碳积分形式，通过碳普惠体系享受平台上合作商家及组织团体的商品、优惠、权益及服务等，实现个人层面的消纳。

　　重庆"碳惠通"生态产品体系和应用场景呈现多元化，"碳惠通"生态产品价值实现试点工作取得阶段性成果。2020 年，完成万州、忠县、酉阳等贫困村林业碳汇生态产品开发及核证工作，推动达成购买意向32 万元。

　　通过创新"碳惠通"生态产品应用场景，搭建线上"碳惠通"平台，形成多元化生态产品价值实现路径，丰富企业履约方式，实现社会层面开放式、流量式的"碳中和"和"碳普惠"，促进绿色低碳正向引导。

专栏 5-20　重庆市拓展地票生态功能促进生态产品价值实现案例

　　2008 年开始，重庆探索开展了地票改革试验，通过将农村闲置、废弃的建设用地复垦为耕地等农用地，腾出的建设用地指标经公开交易后形成地票，用于重庆市为新增经营性建设用地办理农用地转用等。为推动城乡自然资本加快增值，进一步完善地票制度，2018 年重庆市印发了《关于拓展"地票"生态功能促进生态修复的意见》，将地票制度中的复垦类型从单一的耕地，拓展为耕地、林地、草地等类型，将更多的资源和资本引导到自然生态保护和修复上，地票制度实现了统筹城乡发展、促进生态产品供给等生态、经济和社会综合效益导向。

一是因地制宜实施复垦。按照"生态优先、实事求是、农户自愿、因地制宜"的原则实施复垦，宜耕则耕、宜林则林、宜草则草。在重要饮用水水源保护区、生态保护红线区等重点生态功能区以及地质灾害点、已退耕还林区域、地形坡度大于25度区域、易地扶贫搬迁迁出区等不适宜复垦为耕地的区域，主要引导复垦为林地、草地等具有生态功能的农用地；在上述之外区域，具备复垦为耕地条件的，特别是在永久基本农田控制线内，重点复垦为耕地，并分别明确复垦验收标准，所有经复垦验收合格的地块，都可以申请地票交易。

二是划定地票使用范围，稳定交易规模。通过明确新增经营性建设用地"持票准用"制度，即重庆市范围内新增加的经营性建设用地，都必须在购买地票后再办理农用地转用手续；对于在征收和农转用环节按非经营性用地使用计划指标报批，之后调整为经营性建设用地的，在出让环节补交地票，确保了每年3万亩左右的地票市场规模。

三是严格按照规划管控地票的生产和使用。地票的产生地必须在城镇规划建设用地范围之外，地票的使用必须符合国土空间规划的要求，严禁突破规划的刚性约束。在地票运行过程中，落实了城镇建设空间布局优化与农村建设用地减少相挂钩的规划目标，确保生态用地不减少、建设用地总量不增加。

四是保障复垦权利人和地票购买主体的权益。明确地票收益归农，地票价款扣除复垦成本后的收益，由农户与农村集体经济组织按照85∶15的比例进行分配，目前农户获得的最低收益为12万元/亩，村集体获得的最低收益为2.1万元/亩。同时，对复垦为耕地和林地的地票，实行无差异化交易和使用，并统筹占补平衡管理，确保复垦前后的土地权利主体不变、所获收益相同，保障复垦主体的权益。购买主体使用地票办理农用地转用手续的，不缴纳耕地开垦费和新增建设用地土地有偿使用费等有关费用。

五是注重与相关工作统筹联动。将地票改革与户籍制度改革、农村产权改革、农村金融改革、脱贫攻坚等工作统筹联动，拓展地票生态功能的探索与历史遗留废弃矿山生态修复、林票改革等工作配套衔接，推动改革形成综合效应。在历史遗留废弃矿山生态修复治理中，鼓励各地区因地制宜地开展建设用地复垦，腾出的指标参照地票进行交易，不断提升生态修复效益和生态产品供给能力。

专栏 5-21　重庆市生态文明示范创建经验

重庆市多年来持续开展国家级、市级生态文明示范建设工作，印发重庆市生态文明建设示范区县、乡镇，"两山"实践创新基地建设指标和相应的管理规程，形成完整的区县、乡镇、"两山"基地建设指标体系。成功创建一批国家、市级生态文明建设示范区和"绿水青山就是金山银山"实践创新基地。

1. 开展国家级生态文明示范建设

自 2017 年生态环境部开展国家生态文明建设示范市县和"绿水青山就是金山银山"实践创新基地遴选、命名工作以来，重庆市鼓励区县（乡镇、片区、流域）以生态优势为依托，深入开展生态文明示范建设，探索绿水青山转化为金山银山的有效路径和成功经验。已累计有 5 个区（璧山区、北碚区、渝北区、黔江区、武隆区）获国家生态文明建设示范区称号，2 个区域（武隆区、广阳岛）获"两山"基地命名。

2. 开展市级生态文明示范建设

自 2010 年开展生态区县、乡镇、村社创建工作，累计命名市级生态区县 5 个、市级生态乡镇（街道）131 个、市级生态村（社区）830 个。2017 年后，在生态环境部正式开展生态文明建设示范市县创建工作后，重庆市市级创建也同时更名。2020 年以来，生态村的创建下放至区县，生态示范乡镇创建作为细胞工程，仍然保留，并正式启动市级"两山"基地的建设。据不完全统计，已累计命名市级生态文明建设示范区县 10 个（北碚区、璧山区、云阳县、巫溪县、涪陵区、渝北区、南川区、城口县、黔江区、武隆区）、市级"两山"实践创新基地 8 个（广阳岛，北碚区缙云山、江东片区、水土片区，渝北区大盛镇、统景镇、仙桃国际数据谷，江津区先锋镇）、市级生态文明建设示范乡镇（街道）165 个。

3. 印发市级生态文明示范建设相关指标规程

为做好国家级生态文明建设示范区县和"两山"实践创新基地的申报工作，进一步鼓励区县申报市级生态文明建设示范区县和"两山"实践创新基地，在国家级管理规程的基础上，结合重庆市特色，印发市级生态文明建设示范区县、乡镇管理规程及建设指标、市级"两山"实践创新基地建设管理规程，采用评分制，优化指标体系，使申报条件更加合理化，来加强市级创建的申报工作。

4. 鼓励区县依照自身特色优势，开展"两山"基地建设工作

广阳岛以"六个示范"（在优化生产生活生态空间上作出示范；在实施山水林田湖草生态保护修复上作出示范；在推进产业生态化、生态产业化上作出

示范；在践行生态文明理念上作出示范；在依法保护、依法监管上作出示范；在体制机制和政策创新上作出示范）为抓手，探索"生态+"系列转化模式，创建为第四批国家"两山"基地；武隆区以开展全域旅游为典型经验模式，创建为第二批"两山"实践创新基地。

五、制定激励政策

纳入区县经济社会发展业绩考核，对成功创建国家生态文明建设示范区和"两山"实践创新基地的地区一次性加 0.2 分。

6. 上海市：打造环保与经济协调发展样本

上海位于中国东部、长江入海口、东临东海，北、西与江苏、浙江两省相接。作为最具活力的国际大都市之一，上海市深入贯彻习近平生态文明思想、习近平总书记考察上海时的讲话和在浦东开发开放 30 周年庆祝大会上的重要讲话精神，坚决打赢打好污染防治攻坚战，深化区域污染联防联控，加快构建现代环境治理体系，在保持经济高质量发展的同时，环境治理也取得了明显成效。

精准减污降碳，持续推进碳达峰。持续推进碳交易工作。深化本地碳交易试点，纳入碳排放配额管理的企业已全部完成 2020 年度碳排放配额清缴，连续 8 年实现 100%履约。上海碳市场表现良好，各品种累计成交量在全国位居前列。大力推进全国碳交易市场建设，完成全国碳排放交易系统的建设，积极推进全国碳排放交易机构的设立。组织做好低碳试点示范工作。持续推进低碳发展实践区、低碳社区和低碳园区建设，完成本市第二批低碳社区的验收和低碳发展实践区的中期评审工作。积极开展近零碳排放示范，建成长宁区虹桥迎宾馆项目，有序推进内江路工业厂房旧改、上海服装集团虹桥路近零园区改造。启动全国低碳日上海主题宣传活动，聚焦"可持续消费"，从"衣、食、住、行、用"五个方面出发，促进可持续消费社会新理念和新风尚的形成。

坚持共商共治共建共享，加强长三角区域协作。上海积极发挥龙头带动作用，努力做好长三角区域污染防治协作小组办公室的各项服务协调工作，进一步加强与长三角一体化发展合作机制的联动，推动区域生态环境共保联治。贯彻落实《长江三角洲区域一体化发展规划纲要》，出台上海实施方案。配合编制出台《长江三角洲区域生态环境共同保护规划》。落实长三角船舶排放控制区第二阶段控制措施，完成秋冬季大气和夏季臭氧污染综合治理攻坚。顺利完成第三届中国国际进口博览会等重大活动期间空气质量保障。江苏省、浙江省、上海市联合建立太湖淀山湖湖长协作机制，协同推进长江入河排污口排查整改，联合开展船舶和港口污染突出问题整治。共同编制区域环保标准一体化建设规划，深化区域执法互督互学，落实区域环保信用联合奖惩，实现区域违法处罚裁量基准基本统一。成功举办第二届"绿色长三角"论坛。全面启动生态绿色一体化发展示范区建设。编制一体化示范区生态环境保护专项规划，出台重点跨界水体联保专项方案，率先推进生态环境标准、监测和执法"三统一"制度实施，两区一县建立联合执法队伍，开展跨区域联合执法。

专栏 5-22　上海化学工业经济技术开发区环境风险管理经验

上海化学工业经济技术开发区（以下简称"上海化工区"或"园区"）批准设立于 1996 年，地处上海南部、杭州湾北岸，规划面积为 29.4 km^2，是全国最早以石油化工及其衍生品为主的大型产业园区之一。2004 年园区被上海市列为创建循环经济试点园区，2005 年被国家发展改革委列为第一批国家循环经济试点单位，2013 年被环境保护部（现生态环境部）正式命名为国家生态工业示范园区，2016 年园区实现销售收入 905.04 亿元，完成工业总产值 886.32 亿元的目标，连续多年来上海化工区位居中国化工园区 20 强之首。

上海化工区重点发展石油化工、精细化工、高分子材料等产业，目前已成为全球最大的异氰酸酯、国内最大的聚碳酸酯生产基地。目前共有大型化工生产装置近 50 套，每年生产各类化学品约 1370 万 t，化工公共管线 530 km，涉及重大危险源 43 处，危险化学品 134 种、重点监管危险化学品 32 种，首批重点监管危险化工工艺 11 种，生产、储存、运输等环境风险显而易见。上海化工区周边区域以农村住宅及乡镇为主，人口分布相对密集的区域主要为化工区北侧的金山区漕泾镇、奉贤区柘林镇，东侧的奉贤区海湾大学园区和碧海金沙旅游景点，西侧的金山区山阳镇及城市沙滩旅游景点。

上海化工区在复杂的环境风险下，持续加大投入，构建了适合其自身的环境安全体系。2016 年，全年投入环保资金 14.56 亿元，其中污染防治 4.39 亿元；城市环境基础设施建设 0.82 亿元；环境管理能力建设 0.26 亿元；环保设施运转费用 8.34 亿元；其他环保投入 0.74 亿元。

开展环境管理，降低环境风险是化工园区的首要任务之一。上海化工区自 1996 年批准设立，从规划环评就开始考虑园区的环境管理问题。目前在水污染治理、大气污染治理、危险废物处置、环境监测体系、环境应急响应体系、环境综合监管系统上探索出了自己的一条路。

1. 合理的功能分区及产业布局

从区外布局来看，鉴于上海化工区与周边城镇距离较近的现状，布局规划重点为建立化工区为化工主体区，金山分区及奉贤分区为主体区配套的环境风险较小的扩大循环经济链的化工产业过渡区。过渡区是一个降低环境风险的缓冲区。同时，在主要化工生产区外设置限制带（严格控制人口导入，已规划项目停止建设，不再批准建设新的居住项目）、控制带（控制集中居民区发展，不再批准建设新的集中居住区、医院等敏感目标）和防范带（建议控制人口急剧，不再批准建设新的、人口规模3000人以上的大型集中居住区、大学园区等人口密集型建设项目）。

图 5-5　园区规划布局示意图

由于上海化工区南侧为杭州湾，居民区均分布在西北和东北侧，因此其产业布局是在南区布置三级重化工装置，发展石油化工；北区布置环境风险相对较小的一、二级化工装置，发展基本有机原料、合成材料、精细化工等化工项目；西区则为炼油及乙烯项目用地。图5-5为园区规划布局示意图。

上海化工区在制定发展规划中，充分重视对周边地区环境污染及危害的控制。在接近城市用地的北区地块，布置对居住和生活污染干扰小、风险低的生产装置，而将可能发生"灾害风险"的三级石化装置布置在远离城市的海边，由此在战略布局中体现以人为本、环境友好的可持续发展思想。

2. 提出项目准入及环境风险控制要求

自2002年上海化工区总体发展规划批准以来，在建设过程中不断进行调整修编。相应地，规划环评特别是对化工区风险控制的要求也在不断调整。对比2008年规划环评对区内外布局的重视，2013年的规划环评更重视风险控制措施，提出了更为全面具体的要求，如提出建设环境自动监控网络，应急预案中对3 km风险缓冲区内的居民按距离的远近提出不同的联动响应时间及安全撤离的时间。表5-2对各个阶段规划环评提出的主要风险控制进行了总结。

表 5-2　各阶段规划环评提出的主要风险控制要求

2002 年	2008 年	2013 年
①遵循事故风险最小化、以人为本的原则优化风险源布局; ②强化危险物质、装备和设施的监控和限制; ③园区周边建设防护林带,控制周边区域人口发展; ④建立环境风险事故决策支撑系统和应急监测系统; ⑤建立海上风险联合防范体系。	①选择先进工艺,对工业发展规模进行适当限制; ②对重大风险源的布局和在线量进行适当限制,环境风险大的项目应布置在南区,北区不宜设置 5000 m³ 以上的危险物质大型储罐; ③在主要生产装置周边设置环境风险缓冲区,半径 1 km 的区域为限制带,半径 1~2 km 的区域为控制带,半径 2~3 km 的区域为防范带; ④建设宽度为 250 m 的防护林带; ⑤建立企业、园区和区域三级应急体系。	①严格执行 2008 年环评要求; ②在北区靠近敏感目标地块,严格控制有毒有害物质和恶臭物质的使用; ③在应急预案中对限制带、控制带及防范带内的敏感点,提出联动响应以及撤离的时间要求; ④提升环境监测能力,建设环境自动监测网络; ⑤完善应急响应中心建设,提升指挥能力; ⑥提升事故废水次生污染防范能力; ⑦控制周边城镇和海域的发展。

3. 水环境风险防控措施

上海化工区的水污染治理秉持废水"一体化"的管理原则,园区分别在分类收集—分质处置—事故管控—末端控制等四个环节进行把控,实现精细化管理。

（1）水污染治理

分类收集方面,园区内分别设有清洁雨水、生活污水、污染污水和无机污水四种收集管道,清洁雨水收集到的水可以直接排入杭州湾,其他类型的污水收集后都要经过污水厂进行处理。

分质处置方面,有机废水、生活污水经收集后进入污水厂进行分质处置,依据不同企业的废水来源,分别进入有机碳处理线、硝化处理线及反硝化处理线,处理完毕后进行三级处理——臭氧氧化深度处理,再经出水调节池后排入杭州湾。而高盐废水收集后经活性炭处理线后进入出水调节池处理,达标后统一排放。

末端管控方面,企业雨水排口全部安装阀门和在线监测系统;企业无机废水排口安装在线留样系统、国控重点企业安装在线监测系统;经污水处理厂处理完成后,分别在有机、无机和总排口安装在线监测系统。

（2）装置—厂界—园区三级防控体系

上海化工区毗邻杭州湾,因而除码头外,如何避免区内企业的事故废水污染杭州湾是区域地面水及海洋风险防控的重点。园区内设置了三级防控体系。

一级防控措施:通过生产装置区、装卸区等可能造成污染的区域建设隔堤或收集井;储罐区设置围堰;全厂设置事故池;雨水总排口前设置截止阀等措施将企业的事故废水截留在厂内。

二级防控措施:当发生特大事故,企业事故应急池无法容纳所有事故废水时,事故废水将通过企业的有机废水管网,直接排入化工区内的污水厂的事故池。区内建有 4 个总容量为 25 000 m³ 的公用应急事故缓冲池，用于暂存用户的应急事故废水。

三级防控措施：化工区内有全长 24.5 km、可容纳 100 万 m³ 废水的封闭式人工河道。与区外河道连接的闸门平时处于关闭状态，一旦园区内企业发生特别重大事故，企业及中法水务污水厂的事故池均无法满足事故废水储存需求时，可暂时利用园区人工河道储存，以确保不对外界环境造成影响。

上海化工区利用企业内部及园区层面所采取的三级事故废水防控体系有效截留、收集事故废水，避免事故废水可能对杭州湾造成影响。

4. 大气环境风险防控措施

上海化工区的大气污染治理主要分为四个方面，一是源头上使用清洁能源，二是电厂超低排放治理，三是企业有组织排放达标治理，四是以 VOCs 为重点的企业无组织排放治理。

能源结构方面，上海化工区实施集中供热，燃料结构总体以天然气和电为主，从源头上有效降低了废气污染物的排放量，实现了能源的高效、清洁利用。

燃烧烟气治理方面，主要是电厂超低排放治理。如位于园区内的漕泾电厂燃煤机组已采取静电除尘＋脱硝措施，并强化脱硫、脱硝及除尘措施，确保能够达到超低排放标准。同时园区采用集中供热燃气锅炉采取低氮燃气技术，应急燃煤锅炉采取了静电除尘＋石灰基湿法脱硫措施＋脱硝工程。

企业有组织排放达标治理方面，园区内各化工企业通过实施全密闭、采取冷凝回收、碱洗、喷淋、吸附、焚烧等处理措施，总体治理效果可达 90% 以上。

近几年，企业无组织排放的 VOCs 治理是园区管理的重要目标。为此，园区设立了管理目标：一是建立针对 VOCs 的全排放清单管理平台，做到对任一污染源都要"心中有数"，二是建立和推广 VOCs 排放控制技术标准，力争使每一污染源都受控，三是依靠"VOCs 全排放清单管理平台"对企业进行监督和管理。同时，园区采用了五步走策略，即：分清来源、摸清家底、技术减排、政策鼓励及强化监管来实施 VOCs 的减排控制。

第一是分清来源。园区内的 VOCs 排放来源可以分为固定源和移动源。移动源主要是化学品运输车辆和船舶；而固定源来源居多，如排气筒、工艺、污水处理、储罐、装料/卸料设施排气、检维修、设备与管线组件泄漏排气等来源。

第二是摸清家底。园区在重点企业开展了试点工作，摸清企业排放主要环节。依据试点结果，实践管理两手抓：操作上建立规范统一的园区 VOCs 各排放环节监测、总量计算方法，发布操作实践流程；建立企业 VOCs 全排放管理平台，推行 VOCs 排放节点分类管理准则。

第三是技术减排。VOCs 的技术减排细化至"污染预防—过程控制—末端治理"全过程排放控制。污染预防主要针对新入区项目的工艺、原料、产品链进行选择，同时对已有项目的工艺改革、原料替换等进行改造；过程控制主要包括 LDAR 技术、治理设施定期评估、检维修过程控制、规范化作业准则等；末端治理主要采用燃烧、吸附、冷凝等技术。同时 VOCs 的减排需要考虑成本，根据不同地区采用最低、最高、合理控制技术。

值得一提的是，化工园区的 VOCs 排放控制需要强化监管。上海化工区建立了"企业报告—项目控制—独立核查—网络监控"的监管机制。园区要求企业填写、上报 VOCs 排放报告以及大型检维修可能排放情况。在项目控制上，对新建项目设计时就要考虑"最高可得控制技术"；对现有项目实施减排时，采用"合理可得的控制技术"进行升级改造。独立核查方面，园区采用第三方对企业日常排放、年度报告及检维修进行核查。

此外，使用易燃易爆或有毒物质的化工企业在装置区和厂界均要求安装有毒有害气体及可燃气体报警仪，化工区管理部门还在区内建设环境空气自动监测站和特征污染物传感器，在园区边界设置监测点，基本实现对化工区主要污染物的实时监控。一旦泄漏，可及时通过监测数据了解情况。

5. 危险废物风险防控措施

危险废物，园区实施"循环利用、统一焚烧、严格管控"策略。

目前，园区内 80%的企业具有上下游关系，构建了循环产业链。园区引入了环保科技公司，提供废包装桶、重金属污泥、废酸废碱、废矿物油及废乳化液的回收及综合利用，拥有 4.6 万 t/a 的处置能力，其中园区内客户占一半。

同时，园区引入废料处理公司，主要服务于园区内企业的危险废物焚烧处置，随着第三条危险废物处置生产线的建成投产，处置能力将达到 12 万 t/a，成为亚洲最大的危险废物处理厂。危险废物处置企业在项目扩产的同时，考虑了固态和液态废物的分类处理，提升了危险废物处理效率，降低了最终危险废物产生量。

严格管控方面，园区严格执行各类防渗要求，全面建立园区常年监控点，重点关注事故防渗处理。

6. 建立完善的监控体系

上海化工区环境监测体系由 5 个部分组成：①环境在线监测。2010 年，园区建成总投资 764 万元的环境空气质量超级自动监测站，监控因子包括挥发性有机物、无机有毒有害气体等主要污染物。2013 年，园区再次启动总投资 3400 余万元的"上海化工环境综合监管项目"，建有 5 个固定站、20 套自动监测设备、7 套监测辅助设备、1 辆移动监测车，监测因子超过 95 种，对 11 个废水排口、12 个废气排口、60 个雨水排口初步实现了多维度、多要素综合检测。②企业在线监测，对企业排气筒、无机废水口、雨水口设置在线监控。③委托监测，对化工区内水、气、声、土壤、海水及重点污染源进行定期监测。④执法监测，对区内企业进行监督性监测。⑤信访监测，对应急事件进行专项监测。通过以上的环境监测体系，以实现对化工区大气常规污染物及特征污染物的全面实时监测及应急监测。

7. 建立三级联动的应急响应体系

上海化工区设有"园内企业应急分中心—化工区应急响应中心—上海市应急联动中心"三级联动应急响应体系。上海化工区设有专门的应急组织机构，应急处置工作由响应中心、公安分局、消防站、医疗中心、环保办、安监处、防汛指挥部、物业公司等部门集中于一个系统内，园区内的各角落均有视频监控，各企业的污水出口也均设置了环境监测点，任何环节出了问题，都会反映至应急平台，平台也能够依据监测数据反映出现事故的位置，判断出现的异常以及可能产生的影响（图 5-6）。

图 5-6　化工区应急响应系统三级联动组织机构图

园区内各企业应急分中心以及驻区公安、消防、防灾、环保、海事、急救等专业部门，同步连通灾害现场监测点，实现了园区应急响应的统一接出警、联合指挥调度和智能辅助决策以及信息共享管理。

园区在环境监测体系之上，建成了企业污染源监控系统、环境质量监控系统、环境预警和溯源系统以及环保地图等在内的化工区环境综合监管系统。同时，将国家以及上海市所有环境管理系统整合在该系统内，实现一张页面全要素链接的智能化管控体系。

园区还建立了环境风险管理平台，平台软件基于地理信息系统（GIS）开发，运用环境风险事故后果预测模型进行模拟分析、灾害评价，为化工区提供风险管理的辅助决策。还通过建立污染源在线监测及区域环境在线监测系统，在监管平台上实时监测，并对接收的数据进行数理统计及分析。发现污染物超标将在平台上实时响应，管理部门根据监测结果决定启动相关应急预案。

5.2.3　经验小结

牢牢把握习近平总书记对各地高瞻远瞩、各有重点的指示批示，走出一条特色鲜明的高质量发展之路。美丽浙江、美丽江苏、美丽四川规划工作走在全国前列，归根结底原因在于坚持以习近平生态文明思想为引领，始终将总书记提出的一系列重要指示要求作为根本遵循。江苏省深入践行总书记提出的"争当表率、争做示范、走在前列"新使命，奋力谱写"强富美高"新篇章；浙江省始终牢记总书记"努力成为新时代全面展示中国特色社会主义制度优越性的重要窗口""推进浙江生态文明建设迈上新台阶，让绿色成为浙江发展最动人的色彩"的期望；四川省牢牢贯彻总书记"四川自古就是山清水秀的地方，生态环境地位独特，生态环境保护任务艰巨，一定要把生态文明建设这篇大文章写好"的殷切要求。广东是我国改革开放和经济社会发展前沿地区，总书记对广东发展的要求更高、视野更广，2020 年总书记视察广东时强调"以更大魄力在更高起点上推进改革开放，在全面建设社会主义现代化国家新征程中走在全国前列创造新的辉煌"。广东要深入贯彻落实把握总书记的重要指示批示精神，在关键领域、重点方向持续探索广东模式，为建设更高水平的美丽广东不懈奋斗。

从生态系统整体性出发，注重综合治理、系统治理、源头治理。生态环境是一个有机整体，生态环境治理需要以系统思维考量。浙江、江苏、四川等省份生态环境治理过程中，统筹生态保护和污染防治，从生态系统整体性和流域系统性出发，将控污与调结构相结合、治病症与全面体检相结合，追根溯源、系统治污。广东省应借鉴相关经验，既注重源头防治，严格控制影响污染物排放，又采取最严格的生态保护措施，提高资源环境承载力，做到减排与扩容两手发力。协调处理好重点突破和整体推进、长远治本和短期治标的关系，整体施策、多措并举、同步推进。

"文化醇美"不仅是美丽省域建设的强大动力，还是持续推进生态环境建设的"助推器"。浙江、江苏、四川等省份美丽建设充分体现了文化传承与文化自信，美丽江苏建设彰显水韵江苏、吴韵汉风的独特魅力，美丽浙江建设弘扬浙山浙水浙味的全社会美丽生态文化，美丽四川建设突显巴蜀韵味。建设醇美文化需要结合美丽省域建设目标，打造人与自然和谐共生的文化共识，以及体现省域特征的本土文化、生态文化、自然遗产文化。广东是岭南文化的中心地、海上丝绸之路的发祥地、中国近现代革命的策源地，广府、客家、潮汕三大民系各具特色，粤剧、舞狮、功夫、骑楼、中医养生等文化元素自成特色。珠江是我国第二大河流，省内东江、西江、北江等河岸风光秀丽，岭南水乡古村落错落有致。美丽广东建设要凸显岭南生态文化的独特魅力，加强挖掘传统文化中的生态元素，打造生态文化地标，建立以生态价值观念为准则的生态文化体系。以珠三角地区密集水网为基础，还原岭南文化沿西江、北江、东江发展及传播的历史脉络，打造以客家文化为主体的东江人文风情线和以广府文化为主体的珠江人文风情线等岭南文化体验带，构建人水和谐的岭南水乡特色文化。

美丽乡村建设是美丽省域建设的难点所在。有美丽乡村才有美丽省域，美丽江苏、美丽浙江、美丽四川建设规划无不将美丽乡村建设作为重要的篇章，美丽广东建设一定要围绕"美丽"和"乡村"两个概念做文章，根据村庄的自然禀赋、资源条件和区位特点，注重村庄和环境相互融合。尊重自然美，侧重现代美，注重个性美，构建整体美，还原乡村的风貌、乡村的环境、乡村的特色。全面实施自然环境和人文景观保护政策，把美丽乡村建设成为人们的精神家园和生活乐土，在美丽乡村能够抬头见山，低头见水，人在画中，记得住乡愁，体现乡风、乡味、乡韵。要把文化建设充实到美丽乡村建设之中，深层次挖掘村庄文化元素，提升村庄的文化内涵。要充分利用旧建筑、古民居等，搞好历史文化保护与开发；要注意挖掘文化资源，利用好村里现有的文化阵地，传承文化，传播正能量，以提升生态农业附加值，为美丽乡村建设注入新活力。

5.3　国内部分城市规划案例与实践经验

5.3.1　部分城市美丽建设中长期规划案例

1. 美丽杭州规划案例

早在 2013 年，杭州市印发实施《"美丽杭州"建设实施纲要（2013—2020 年）》，设立市委、市政府主要领导任组长的美丽杭州建设领导小组，把美丽杭州建设关键指标和任务纳入各级政府、部门目标责任和考核体系，以"六美"目标为重点，推动杭州市各领域、全方位美丽建设提质、提速，率先从城市层级将"建设美丽中国"由宏伟愿景落实到行动纲领，探索实践了"美丽建设"由理念战略走向系统实践的新时代。2020 年 6 月，杭州市委、市政府印发《新时代美丽杭州建设实施纲要（2020—2035 年）》，提出"围绕建设美丽中国样本总要求，把保护好西湖和西溪湿地作为杭州城市发展和治理的鲜明导向，以生态美、生产美、生活美为主要内容，以美丽"提质"和"两山"转化为重点，在"一带一路"、长三角一体化、美丽浙江、"四大建设"战略实施进程和加快建设"一城一窗"实践中，不断厚植生态文明之都特色优势，全面提升生态环境治理体系和治理能力现代化水平，加快建设人与自然和谐相处、共生共荣的宜居城市，努力打造新时代全面展示习

近平生态文明思想的重要窗口"。2021 年 5 月,生态环境部环境规划院牵头编制
了《新时代美丽杭州建设战略研究》,作为指导今后一定时期美丽杭州建设的指导
性文件。

系统制定近期、中期、远期三个尺度美丽杭州的建设目标,及到 21 世纪中叶
的建设目标。①近期到 2025 年——攻坚短板、保障亚运。到 2022 年,突出的生
态环境问题逐步解决,为亚运会圆满举办提供一流的生态环境保障。到 2025 年,
生态环境质量持续好转,更好满足人民群众对优美生态环境的需要,"西湖繁星闪
烁,西溪白鹭纷飞,钱塘碧波荡漾,千岛烟波浩渺,江南净土丰饶"成为美丽杭
州的生动写照。区域内绿色创新内生动能进一步增强,发展方式与生活方式绿色
低碳、生态系统安全良性、生态环境优美健康、生态环境治理体系和治理能力现
代化的新时代美丽杭州建设体系基本形成。②中期到 2030 年——巩固提升、系统
优化。基本达到生态美、环境美、经济美、城乡美、人文美、生活美、制度美建
设目标要求,绿色发展方式与生活方式总体形成,资源能源利用效率达到世界
先进水平,生态服务功能大幅增强,生态环境状况持续好转,人体环境健康得到
有效保障,城乡生态产品供给能力明显增强,美丽建设先行样本示范作用突出。
③远期到 2035 年——率先建成、示范标杆。总体实现生态美、环境美、经济美、
城乡美、人文美、生活美、制度美建设目标,率先全面实现生态环境治理体系和
治理能力现代化,经济发展质量、生态环境质量、人民生活品质达到发达国家水
平,建成人与自然和谐共生的现代化美丽杭州,可望、可游、可居、可行的美丽
中国率先垂范全面建成。

高位谋划制定美丽杭州建设战略定位。以"生态文明之都"建设为统领,以
"七美七城"建设为抓手,将"美丽杭州"作为"建设人与自然和谐相处、共生共
荣宜居城市"的诗画写照,努力将杭州市打造成为美丽中国建设的先行示范区、
人与自然和谐共生现代化综合引领区、习近平生态文明思想窗口展示区。①新时
代美丽中国建设先行示范区。厚植"美丽中国样本"的先行优势,在美丽中国建
设中继续走在前列,率先探索新时代美丽城市的特征要求、建设体系、实现路径、
先进制度、典型经验,成为美丽中国建设的示范与标杆。②人与自然和谐共生现
代化综合引领区。牢固树立和践行绿水青山就是金山银山的理念,充分发挥杭州
市数字经济、智能制造、自然资本、美丽成效、治理机制等抢先优势,探索高质
量发展、高水平保护、高品质生活的协同增效模式,率先建成人与自然和谐相处、
共生共荣的宜居城市。③习近平生态文明思想窗口展示区。积极践行习近平生态
文明思想,充分发挥杭州美丽人文与生态文化的独特优势,持续展示推广美丽村
镇、百千工程等美丽建设模式,高标准、高层次建设国际一流的现代化生态环境
治理体系,实践创新生态文明建设制度政策,为世界生态文明建设、可持续发展
提供中国智慧。

全方位提出"七美"建设重点，打造七大美丽体系。①以生态美建设，打造"山明水秀、晴好雨奇"的和谐共生之城；②以环境美建设，打造"繁星闪烁、碧水净土"的清新健康之城，从西湖繁星、钱塘碧水、江南净土、风险防控等领域展开环境要素治理提升策略；③以经济美建设，打造"创新活力、数字低碳"的绿色发展之城；④以城乡美建设，打造"精致大气、智慧特色"的美好宜居之城；⑤以人文美建设，打造"文化炽盛、崇德尚俭"的生态文化之城；⑥以生活美建设，打造"富庶安宁、开放包容"的幸福和谐之城；⑦以制度美建设，打造"改革创新、群策群力"的现代治理之城。

2. 美丽深圳规划案例

2021 年 2 月，深圳市推进中国特色社会主义先行示范区建设领导小组印发了《深圳率先打造美丽中国典范规划纲要（2020—2035 年）及行动方案（2020—2025 年）》（本节简称《纲要》），谋划未来 30 年深圳建设美丽中国典范的实施路径。这是党的十九届五中全会提出 2035 年基本实现美丽中国远景目标后，全国第一个正式发布的推进美丽中国典范建设纲领性文件。《纲要》认真贯彻党中央、国务院关于支持深圳建设中国特色社会主义先行示范区的决策部署，充分体现了深圳继续担负新时代美丽中国建设先行者和拓荒牛的使命担当。《纲要》提出了提前 15 年为社会主义现代化强国打造美丽中国典范的城市范例目标，体现了深圳在建设中国特色社会主义现代化伟大进程中勇立潮头、敢于担当，同时这也是城市层面在美丽中国建设实践上开展的一次积极探索，为国家开展美丽中国建设提供了深圳经验。

以更高标准、更严要求、更实举措提出率先打造人与自然和谐共生的美丽中国典范的战略定位。立足新时代新使命新要求，抢抓建设粤港澳大湾区、深圳中国特色社会主义先行示范区、实施深圳综合改革试点重大历史机遇，厚植生态环境优势，实现高水平建设都市生态、高标准改善环境质量、高要求防控环境风险、高质量推进绿色发展、高品质打造人居环境、高效能推动政策创新、高站位参与全球治理，在美丽湾区建设中走在前列，为落实联合国 2030 年可持续发展议程提供中国经验，在全国率先树立人与自然和谐共生的美丽中国典范。

提出美丽中国典范建设"三个台阶"目标愿景。到 2025 年，生态环境质量达到国际先进水平"天蓝水秀、现代宜居"成为美丽深圳生动写照，城市生态系统服务功能增强，$PM_{2.5}$ 年均浓度不高于 20 μg/m³，景观、游憩等亲水需求得到满足，以碳排放达峰为核心做好工作安排，广泛形成绿色生产生活方式，建立完善的现代环境治理体系。到 2035 年，生态环境质量达到国际一流水平"绿色繁荣、城美人和"的美丽深圳全面建成，城市生态系统服务功能进一步提升，$PM_{2.5}$ 年均浓度不高于 15 μg/m³，生态美丽河湖处处可见，碳排放达峰后稳中有降，绿色生产生活方式更加完善，实现环境治理能力现代化。到本世纪（21 世纪）中叶，力争实现碳中和，城市生态环境治理范式全球领先，成为竞争力、创新力、影响力卓著的全球生态环境标杆城市。

重点布局七大领域，实施"六个标杆 + 一个窗口"重点任务。在实施路径上，未来深圳美丽中国典范建设将重点布局高水平建设都市生态、高标准改善环境质量、高要求防控环境风险、高质量推进绿色发展、高品质打造人居环境、高效能推动政策创新和高站位参与全球治理"七大领域"，实施"六个标杆 + 一个窗口"的重点任务：一是打造优美生态城市标杆；二是打造清新环境城市标杆；三是打造健康安全城市标杆；四是打造绿色低碳城市标杆；五是打造宜居生活城市标杆；六是打造改革创新城市标杆；七是打造全球交流合作窗口。

5.3.2　部分城市生态环境治理经验

1. 四川省成都市"公园城市"建设领跑全国

天府新区是 2014 年由国务院批复建立的国家级新区，是"一带一路"建设和长江经济带发展的重要节点，是总书记"公园城市"理念首提地。2018 年 2 月，习近平总书记亲临天府新区视察时指出，天府新区是"一带一路"建设和长江经济带发展的重要节点，一定要规划好建设好，特别是要突出公园城市特点，把生态价值考虑进去，努力打造新的增长极，建设内陆开放经济高地。天府新区坚持以生态价值为核心，顺应自然山水脉络和生态肌理进行城市布局，经过近几年的建设，天府新区经济活跃度、社会关注度、区域标识度不断提升，从"公园城市首提地"到"建设践行新发展理念的公园城市先行区"，天府新区公园城市建设已从理论探索阶段发展到场景营造阶段。"天府新区·公园城市"的品牌影响力和话语权全面提升，"公园城市首提地"时代印记进一步锚固，描绘了一座"人城境业"和谐统一的大美之城。

做优生态本底，构建人与"山水林田湖城"生命共同体。2018 年，公园城市理念在天府新区首提，特别指出"要突出公园城市特点，把生态价值考虑进去"。短短一年后，《天府新区成都直管区公园城市——全域森林化空间布局规划（2019—2035 年）》出炉，提出到 2035 年，天府新区全域森林覆盖率要达到 40%。该规划为天府新区描绘了一幅这样的画面：森林弥望彩映天府，一座东山彩林，两片绿楔郊野森林，五带滨水景观森林，十个森林公园和湿地公园，百种花、千种树、气息扑面、森林弥望、万点微森林。天府新区坚持 70.1% 的生态控制区，超过七成的土地是丘陵、湖泊、森林、湿地、农田，人与"山水林田湖城"形成生命共同体，构建起蓝绿交织的生态本底和山水相依的城市意境。以蓝绿作为骨架，一幅公园城市的现实画卷正在逐渐成形。目前，天府新区已形成了"一山、两楔、三廊、五河、六湖、多渠"的生态格局，按照自然与建筑实现融合，产业和生活空间采取混合、复合的组团式方式进行建设，建成长达 3000 多千米的天府绿道，鹿溪河生态区、兴隆湖生态区基本建成，打造生态、创意、游憩等绿色开敞空间，努力营造"推窗见田、开门见绿"的公园城市形态，丰富了城市的生物多样性，实现了天蓝、地绿、水清、丘美的大美生态本底，这是建设好公园城市最大的底气。新区已从传统的"沿路拓展"转变为"拥绿亲水发展"，将好山好水好风光引入城市内部，实现园中现城、城园相融。

做美城市意境，强调色彩规划建成一批显示度高的精品建筑。天府新区以城市设计为先导，通过对天际线、轮廓线、山水通廊进行整体设计和严格规划管控，构建"大开大阖、显山露水，高低错落、疏密有致"的公园城市大美格局。目前，天府新区已经形成了一批显示度高的精品建筑，例如，"一本从天上掉落的书"的湖畔书店，西部地区最大的博览会展中心之一的西博城、全球首个以独角兽企业孵化和培育为主的产业载体的独角兽岛、超高层地标建筑的"一带一路"大厦，有"天府之檐"的天府国际会议中心，实现"虽由人作、宛自天开"的城市意境。其中，"城市色彩"正是天府新区近年来在建设公园城市过程中特别重视的内容。天府新区的城市色彩目标是"绿色"，色彩好比城市的肤色，是城市风貌重要的组成部分，新区致力于塑造蜀风雅韵、大气秀丽、国际时尚的城市色彩风貌，打造"透蓝渗绿，银城彩市"的现代化城市。这是新区的一个色彩理念。

做强产业功能，成为人流和资本簇拥之地。"鹿溪智谷"是天府新区建设的网红地标，规划总面积约 98 km²，规划长度约 50 km，依托鹿溪河得天独厚的自然生态本底，以河道为轴线、湖泊为节点，高水平规划建设以新一代人工智能产业为主要方向的鹿溪智谷高技术服务产业生态带。在规划面积约 11 km² 的鹿溪智谷核心区，沿鹿溪河谷规划了独角兽岛、创智湾、创新坊、农创谷、科技港、知识园六大科技创新产业功能片区将产业与生态无缝交融，将项目星罗棋布地隐匿在绿林中，这里将公园城市理念与功能区发展，进行了双向深度融合。鹿溪智谷是天府新区摸着石头过河，探索建设公园城市的成功经验，有力地显示着天府新区对发展路径的探索。同时，鹿溪智谷的所在地成都科学城，布局了独角兽岛、兴隆湖产业园、凤栖湿地产业园、鹿溪智谷科学中心和重大科技基础设施建设基地 5 大产业社区。目前，成都科学城高质量产业生态圈已初具规模。引进紫光、海康、商汤等重大项目 80 余个，有效发挥龙头引领，吸引汇聚新经济企业 9800 余家，以数字经济为核心的新经济聚集发展；依托华为鲲鹏、安谋中国等生态型项目，推动高性能计算、大数据等新兴技术赋能各行业转型升级，加速构筑自主可控、安全可靠的产业生态体系；积极创建国际技术转移中心，布局落地高新技术服务项目 52 个，培育高新技术企业 165 家，研究开发、检验检测等高技术服务支撑能力持续提升。

　　紧抓双城机遇，打造内陆开发新高地。2020 年，中央财经委员会第六次会议明确提出，"推动成渝地区双城经济圈建设，有利于在西部形成高质量发展的重要增长极"，"使成渝地区成为具有全国影响力的重要经济中心、科技创新中心、改革开放新高地、高品质生活宜居地"。随后，天府新区与两江新区进行了强强联手，共同举办成渝地区双城经济圈产业服务峰会、首届成渝地区双城经济圈发展论坛等高端论坛活动，致力于以两江新区、天府新区为重点，打造内陆开放门户。

　　更远大的目标，为世界城市可持续发展提供生态文明新范式。2018 年 5 月，天府公园城市研究院挂牌成立，首批 8 个公园城市重点课题"亮相"，每个课题都由国内外规划领域权威专家领衔，研究范围从公园城市内涵、趋势、形态到消费场景、品牌价值都有涉及；2018 年 7 月，天府新区又全国首设公园城市建设局，旨在进一步完善推进公园城市规划建设的体制机制；2019 年 4 月，首届公园城市论坛举行，对首批 8 个公园城市研究专题成果进行发布，一大批院士专家成为公园城市建设的"智囊库"；2020 年 10 月，第二届公园城市论坛举行，发布了全国首个《公园城市指数（框架体系）》，聚焦和谐共生、品质生活、绿色发展、文化传扬、现代治理等 5 大维度，从 15 个方面为公园城市建设提供了"目标导航"和"度量标尺"。成都公园城市的建设已初见成效。公园城市是未来城市的高级形态，是城市规划建设理念的一次全新升华。作为公园城市首提地，天府新区近三年来始终致力于深化公园城市理论创新和实践探索，不断提高公园城市的品牌影响力和发展感召力。同时，天府新区公园城市建设有着更加远大的目标：努力为世界城市可持续发展提供生态文明新范式。

2. 浙江省杭州市打造"美丽中国"建设样本

　　杭州坐拥好山好水，西湖、运河"双世遗"在怀，一江春水、两岸青山连绵而来。改革开放的 40 年，是杭州生态文明意识不断增强、环境治理大力推进的40 年；是杭州环境污染和生态破坏得以修复、人居环境逐步优化的 40 年；是杭州"绿水青山就是金山银山"绿色发展观从形成到践行的 40 年。杭州始终坚持走生态优先、环境立市、绿色发展之路，将生态文明建设融入经济、政治、文化、社会建设各方面和全过程，护美绿水青山，做大金山银山，结出丰硕成果。如今，联合国人居奖、国际花园城市、全国绿化模范城市、全国环境综合整治优秀城市等称号都已花落杭州。2016 年 8 月，杭州还通过国家级生态市创建考核验收，成为中国省会城市中首个国家生态市。杭州正用"绿色"绘就人民幸福生活的生态原色，实力担当起"生态文明之都"和"美丽中国样本"。

　　生态创建遍地开花。杭州全面推进生态文明建设，着力改善生态环境质量，加强"环境立市""生态立市"，牢固树立生态红线观念，强化空间、总量、项目

"三位一体"的环境准入制度，坚持人与自然和谐共生。全市红线管控面积占比达33.2%。西部生态安全屏障区建设成效明显。临安区成为全国生态文明示范区，江干区、西湖区、萧山区、余杭区、富阳区、桐庐县、淳安县等先后建成省级生态文明示范区，实现全市省级创建"满堂红"。多年来，杭州全力推进国家生态文明城市、国家低碳城市和国家节能减排财政政策综合示范城市三大试点，杭州已建成8个国家生态县（市、区），119个国家生态乡镇、135个省级生态乡镇。绿色生态文明已在杭州遍地开花。

节能减排实现转型。杭州把节能减排作为实践科学发展观的重要举措，陆续出台了一系列节能减排政策，以生态优先、环境先行倒逼经济转型升级。坚定淘汰一批落后产能和高能耗企业，出台"无燃煤区"三年行动方案，率先在全国成为无钢铁生产企业、无燃煤火电机组、无黄标车的"三无"城市。2017年，全市单位GDP能耗为0.35 t标准煤/万元，比2005年下降0.52 t标准煤/万元。"十一五"期间，万元GDP能耗下降20.6%，COD、SO_2排放总量削减率在15%以上；"十二五"期间，万元GDP能耗下降23.2%，COD、NH_3-N、SO_2和NO_x排放分别完成削减12.6%、13.1%、14.8%及17.3%的目标任务。污水集中处理率达到95.8%，比2002年提高30.6个百分点。为了推动绿色公交，杭州在全国率先推行城市公共自行车交通系统，作为中国唯一获奖城市荣获世界城市和地方政府联盟（UCLG）的最高奖"广州国际城市创新奖"。

人居环境优化美化。生态环境是民生的最大福祉。杭州大力实施"蓝天、碧水、绿色、清静"工程，推进背街小巷改造、清洁直运、四边三化、五水共治、剿灭劣V类水、五气五废共治等专项行动，人居环境持续改善，成为副省级城市中首个国家生态园林城市，入选中国十大美丽山水城市。杭州水更清，天更蓝，山更绿。2020年，城市森林覆盖率持续居全国省会、副省级城市首位，市区$PM_{2.5}$年均浓度由70 μg/m³下降至29.8 μg/m³，城市水体全部达到Ⅳ类水比例，劣V类水质断面全面消除，连续13年获得"中国最具幸福感城市"，成为全国唯一的"幸福示范标杆城市"，杭州"两山融合""内外兼修"的"综合美丽体"特征鲜明，走在全国前列。

智慧化城市管理体系初步建成。杭州市基本实现光纤网络全覆盖，4G网络实现全市城镇区域的全面覆盖和行政村基本覆盖，移动通信网络的覆盖率达到99%以上，获批建设杭州互联网通信入口通道和杭州市国家级互联网骨干直连点。初步构建了集各类政务服务于一体的浙江政务服务网杭州平台，"互联网＋政务服务"体系初步形成，信息惠民能力显著提升。智慧化城市管理体系在城市管理、智能交通、环保监测等领域取得广泛推进。初步形成城市网格化管理机制，逐步推进城市管理综合执法。以城市"数据大脑"应用为试点，初步建成统一的智能交通网络和数据中心，全面提高交通管理与服务的智能化水平。"智慧环保12369"

体系样本引领全国，全市 600 多家企业重点监测点全覆盖，形成环保实时在线监测网。城市"数据大脑"在交通治堵领域效果明显，医疗应急保障体系，安防大数据等带给城市生活、运行和管理的剧变。

绿色生活方式不断创新。2013 年以来，杭州市致力于公交都市创建，公共交通基础设施、公共交通服务保障、公共交通智能化水平全面提升，基本形成由轨道交通、公共汽电车、水上巴士、公共自行车构成的具有杭州特色的"四位一体"大公交系统。2016 年获评交通运输部首批绿色交通城市。2018 年 12 月，交通运输部正式宣布杭州等 12 个城市为"国家公交都市建设示范城市"。杭州作为全国首批生活垃圾分类收集试点城市之一，建立完善了生活垃圾治理法规、政策体系，系统推进分类投放、分类收集、分类运输和分类处理，截至 2020 年，市区参与垃圾分类的生活小区 4700 个、家庭 376 万户，开展垃圾分类单位 5703 家。2020 年对居民家庭超过 0.52 万套的非节水型生活器具进行了改造，节水型生活器具使用率接近 100%。创建省级节水型小区 478 个、节水型单位 249 家、节水型机关 1059 家覆盖率分别达 15%、15%、100%，处于国内领先水平。

3. 福建省厦门市深入推进生态文明体制改革

2016 年 8 月，中共中央、国务院印发《国家生态文明试验区（福建）实施方案》。近年来，厦门市生态环境局始终以守护高颜值的生态花园之城、持续改善生态环境为己任，坚决扛起生态环保的政治责任，全力以赴推进生态文明体制改革，建立健全生态文明建设目标评价考核机制、创新环境信用评价机制、环评审批制度改革、排污权交易制度改革、生态环境教育立法、大气污染联防联控机制、环保网格化监管机制、环境污染责任保险制度、生态环境价值核算、生态环境损害赔偿等体制机制，打造出一系列可复制可推广的"厦门经验"。

创新考核机制，打造绿色发展"指挥棒"。2017 年 9 月出台《厦门市生态文明建设目标评价考核办法》，在全面承接落实国家、省绿色发展指标体系的基础上，进一步增加"生态文明建设年度重点任务"为一级指标，新增"国土空间开发""生态环境质量"等 10 项二级指标，建立健全涵盖 8 项一级指标、56 项二级指标的指标体系，涉及宜居环境质量、节能减排、污染防治等生态文明建设的方方面面，每一项都与民生福祉息息相关，确保了考核内容的全覆盖。每年度的考核结果还全部运用到各区、各部门的政绩和绩效考核中，占比达到 25% 以上，不仅如此，每年的评价考核结果还将成为各单位党政领导班子调整和领导干部选拔任用、奖励惩戒的重要依据，履职不到位的会被问责。

优化环境信用评价，提升企业环保意识。厦门在全省率先启动实施环境信用评价机制，从机构设立、办法制定、平台搭建等重点入手，全面构建科学的评价体系，确保信用评价行之有效。从优化评价环节入手，充分运用平台填报、专家评审、公众参与、结果公示等综合配套方法，为确保公开公正上了"安全阀"。评价标准和评价结果也在常规评价的基础上，细分为"一票否决""从重扣分"和"鼓励加分"，确保能客观体现企业的实际情况。建立起 13 类 22 项联合激励和 27 项联合惩戒措施，及时向社会公布评价结果的同时，还会向市发展改革委、银行、银监、市委文明办等多个部门单位进行通报。一旦被列入环保失信名单，贷款融资、政府补贴、政府奖励均会受限。此外还结合"厦门市环境保护信用信息管理系统"的运用，整合共享评价信息，扩展评价结果应用，以充分发挥激励约束作用。截至 2020 年底，已连续 4 年对 315 家工业企业实施评价，切实提升企业的环保意识，督促他们落实环保主体责任，建立健全环保诚信体系，切实构建起"守信激励、失信惩戒"的长效管理机制，为打好打赢污染防治攻坚战奠定坚实的基础。

创新思路，聚力开展五缘湾片区生态修复与综合开发。厦门市五缘湾片区位于厦门岛东北部，规划面积 10.76 km²，涉及 5 个行政村，村民主要以农业种植、渔业养殖、盐场经营为主，2003 年人均 GDP 只有厦门全市平均水平的 39.4%，经济社会发展落后。由于过度养殖、倾倒堆存生活垃圾、填筑海堤阻断了海水自然交换等原因，内湾水环境污染日益严重，水体质量急剧下降，外湾海岸线长期被侵蚀，形成了大面积潮滩，造成五缘湾区自然生态系统破坏严重。2002 年，按照时任福建省省长习近平同志关于"提升本岛、跨岛发展"的要求，厦门市委、市政府启动了五缘湾片区生态修复与综合开发工作。通过十余年的修复与开发，五缘湾片区的生态产品供给能力不断增强，生态价值、社会价值、经济价值得到全面提升，被誉为"厦门城市客厅"，走出了一条依托良好生态产品实现高质量发展的新路。

专栏 5-23　厦门市五缘湾片区生态修复与综合开发具体实践

开展陆海环境综合整治。由市土地发展中心代表市政府作为业主单位，负责片区规划设计、土地收储和资金筹措等工作，联合市路桥集团等建设单位，整体推进环境治理、生态修复和综合开发。针对村庄，实行整村收储、整体改造，先后完成 457 hm² 可开发用地收储，建设城市绿地和街心公园，增加城市绿化覆盖率。针对海域，全面清退内湾鱼塘和盐田，还海面积约 1 km²；在外湾清礁疏浚 73.88 万 m³，拓展海域约 1 km²。针对陆域，疏浚通屿附近 17 hm² 的狭长淡水渠；在片区内建成 10 处截流阀门、8 座污水泵站、1 座污水处理厂，实现片区雨污分流；沿主干道埋设截污管网，确保生产生活污水和 30%初期雨水不入湾。

实施生态修复保护工程。以提高海湾水体交换动力为目标，拆除内湾海堤，开展退塘还海、内湾清淤和外湾清礁疏浚，构筑 8 km 环湾护岸对受损海岸线进行生态修复，设置 430 m 纳潮口增加湾内纳潮量和水流动力；对湾区水体水质进行咸淡分离和清浊分离，并开展水环境治理，逐步恢复海洋水生态环境；充分利用原有抛荒地和沼泽地建设五缘湾湿地公园，通过保留野生植被、设置无人生态小岛等途径，增加野生动植物赖以生存的栖息地面积，营造"城市绿肺"。

推进片区公共设施建设和综合开发。以储备土地为基础，全面推进五缘湾片区综合开发，为提升人居环境和实现生态产品价值奠定基础。完善交通基础设施，建成墩上等 4 个公交场站、环湖里大道等 7 条城市主干道、五缘大桥等 5 座跨湾大桥，使湾区两岸实现互联互通。建成 10 所公办学校、3 家三级公立医院、10 处文化体育场馆、2 个大型保障性住房项目，加强科教文卫体等配套设施建设。修建 8 km 环湾休闲步道，打造"处处皆景"的生态休闲空间。

依托良好生态产品实现高质量发展。近年来，五缘湾片区良好的生态环境成为经济增长的着力点和支撑点，湾区内陆续建成厦门国际游艇汇、五缘湾帆船港等高端文旅设施和湾悦城等多家商业综合体，吸引众多高端酒店和 300 多家知名企业落户。五缘湾片区由原来以农业生产为主，发展成为以生态居住、休闲旅游、医疗健康、商业酒店、商务办公等现代服务产业为主导的城市新区，带动了区域土地资源升值溢价。

4. 云南省玉溪市山水林田湖草综合治理

（1）案例背景

云南省玉溪市抚仙湖是珠江源头的第一大湖，也是我国内陆湖中蓄水量最大的深水型淡水湖泊，水资源总量占全国湖泊淡水资源总量的 9.16%，是滇池的 13 倍、洱海的 7 倍、太湖的 4 倍。但是受流域磷矿开发、山地垦植、人口快速扩张等因素影响，抚仙湖 2002 年局部暴发蓝藻，污染负荷逐步增加，大部分水域水质呈现快速下降的趋势，流域生态退化日趋严重。2017 年开始，抚仙湖地区被纳入全国山水林田湖草生态保护修复工程试点，省、市、县各级党委政府坚持"节约优先、保护优先、自然恢复为主"的方针，围绕突出问题，推动抚仙湖流域整体保护、系统修复和综合治理，探索生态产品价值实现机制，取得了积极成效。

（2）具体做法

加强流域国土空间格局优化与管控。玉溪市按照"共抓大保护、不搞大开发"的战略导向，坚持以水定城、以水定产、以水定人，在整合原有多项规划的基础上，发挥国土空间规划的引领作用，编制了抚仙湖保护和开发利用总体规划，合理划定生态、生产、生活空间，合理规划抚仙湖流域人口、产业、城市建设等发展水平，构建了以抚仙湖为核心，以山体、河流、湿地和自然保护区等为生态屏障的生态安全空间格局。同时在经济社会发展中坚持"四条红线"，即抚仙湖最高蓄水位沿地表向外水平延伸 110 m 范围内不得建永久性设施，严格控制生活生产取水并严禁取水做景观，污水零排放、垃圾无害化和设施景观化，严禁建设高密度地产项目，加强国土空间管控。

推进腾退工程。按照"湖边做减法、城区做加法、减轻湖边负担"的原则，推进抚仙湖流域腾退工程，还自然以宁静。强力推进抚仙湖"四退三还"（退人、退房、退田、退塘，还湖、还水、还湿地），抚仙湖一级保护区内共退出农田8400 亩、鱼塘 493 亩，最大限度地减少面源污染。22 家中央和省市县属企事业单位、16 家私营企业全部退出抚仙湖一级保护区，退出地块面积 1343.19 亩，拆除建筑面积 22.5 万 m²。开展抚仙湖径流区餐饮住宿专项整治，共关停 153 户，整改达标户全部安装油、气、水等处理设备。抚仙湖径流区内退出规模畜禽养殖1090 户、水产养殖 149 户；全面禁止机动船艇，取缔机动船艇 2000 余艘。同时，实施抚仙湖环湖生态移民搬迁 3 万余人，采取"进城、进镇、进项目"的方式进行集中安置，并按照规划要求，将腾退空间用于还湖、还水、还湿。

推动国土空间生态修复工程。通过实施修山扩林工程，加大磷矿山废弃地修复和矿山磷流失控制力度，减少流域磷污染负荷。实施调田节水工程，推广清洁农业、水肥一体化施肥及高效节水灌溉技术，减少施肥量、农田用水量和排水量。实施治湖保水工程，加大对水源涵养林的保护和库塘湿地修复，提高植被覆盖率和保护生物多样性。实施控污治河工程，开展农村截污治污，削减污染负荷和提高水资源利用率。实施生境修复工程，对湖内水体保育和土著鱼类进行保护，通过维护湖内生态系统，提高湖泊水环境质量。

探索生态型产业发展。实施抚仙湖径流区耕地休耕轮作和农业种植结构优化，将水、肥、农药需求量大的作物全部替换为低污染农作物，引进种植大户、合作社等新型经营主体，重点发展蓝莓、荷藕等特色农业，建成玉溪庄园、吉花荷藕等生态农业庄园，打造绿色烤烟基地 2 万亩、水稻荷藕种植面积 1.2 万亩、蓝莓种植面积 0.8 万亩。以旅游重大项目为切入点，发展高原特色生态观光休闲农业和旅游艺术衍生品制造加工业，打造农业观光体验、健康养生、商务会议、运动休闲 4 类品牌。

（3）主要成效

生态环境持续向好。抚仙湖流域生态恶化势头得到根本扭转，仅休耕轮作一项措施，每年削减纯氮约 4870 t、减幅 88.5%，削减纯磷约 2050 t，减幅 89.1%。抚仙湖水质持续保持湖泊Ⅰ类标准，在全国 81 个水质良好湖泊保护绩效考评中名列第一，储备的淡水资源量占国控重点湖泊Ⅰ类水的 91.4%，相当于为每位中国人储备了 15 t Ⅰ类水。

用地结构持续优化。生态用地和建设用地实现"一增一减",成功实施抚仙湖北岸生态湿地项目,恢复湿地 34 块 2820 亩,建成湖滨缓冲带 7425 亩、抚仙湖北岸生态调蓄带 7.85 km,共向抚仙湖补水 950.65 万 m³,实现了入湖水体的自然净化,生物多样性明显增加,径流区森林覆盖率和生态承载力显著提高;2018~2035 年的规划建设用地面积从 10.2 万亩减少到 3.5 万亩,开发强度大幅降低。

促进一、二、三产业和谐发展。严格按照农业产业规划布局和种植标准,发展生态苗木、荷藕、蓝莓、水稻、烤烟、小麦、油菜等节水节药节肥型高原特色生态绿色循环农业;工矿企业全部退出抚仙湖径流区,重新布局在径流区之外的工业园区,加快工业转型升级,稳定发展特色食品加工业和物流产业;打造集"医、学、研、康、养、旅"为一体的综合产业集群,推动生态文化旅游产业持续发展,群众生产生活方式从农业劳动向旅游服务转变。

5. 江苏省江阴市"三进三退"保护长江生态系统

（1）案例背景

江苏省江阴市拥有 35 km 的长江深水岸线、13 条入江河道,是连接长江水系和太湖流域的重要通道,对常州、无锡等苏南地区的生态安全和用水安全具有重要意义。20 世纪 90 年代开始,在沿江大开发的背景下,江阴市长江岸线过度使用、土地超强度开发等问题日益显现,高峰时期曾开发了超过三分之二的长江岸线,有 3 个沿江化工园区、12 个危化品码头,沿江 1 km 范围内土地开发强度超过 50%,有 4 条入江河道水质不能稳定达标。

面对高强度开发和生态破坏带来的严峻挑战,江阴市按照"共抓大保护、不搞大开发"的要求,提出了"生态进、生产退,治理进、污染退,高端进、低端退"的"三进三退"护长江战略,综合运用土地储备、生态修复、湿地保护、旧城改造、综合开发等措施,建成了"八公里沿江、十公里运河"的城市"生态 T 台",形成了滨江公园、城郊湿地、环城森林带、沿河绿道等丰富多样的优质生态产品供给区,促进了生态环境的大幅改善和生态产品价值的增值外溢,走出了一条长江保护与绿色发展相得益彰、生态改善与经济可持续发展之路。

（2）具体做法

还江于民,推进滨江临水岸线生态建设。江阴城依江而建,因江而兴,但江阴主城区的长江沿岸被大量生产占用,中国最大的民营造船企业扬子江造船厂、江阴市龙头企业振华重工、港口集团等分布其间,"千年古渡"黄田港早在北宋时期就是江阴与长江北岸之间的重要交通枢纽,江阴市民长期以来临江却不见江、滨江却不亲水。2018 年底,江阴市按照长江大保护的要求,对主城区沿江区域实施了整体搬迁,近 6 km 的生产性岸线全部退还为生态岸线,对临江的原扬子江船厂、黄田港、韭菜港、煤栈堆场等开展生态修复,建设了 750 亩涵盖科普示范、亲水广场、环城绿道、滨江湿地等功能的滨江公园体系,昔日塔吊林立的长江岸线变身为美丽的江阴"外滩"。

还湿于民,提升长江岸线水环境自净能力。窑港口区域是江阴长江岸线中唯一保留的天然滩涂,涉及沿江岸线 12 km,是江阴、无锡、常州三地城市饮用水的取水口。随着沿江区域的无序开发,窑港口及周边区域散布有 98 处小型畜禽养殖场、化工作坊和小型修船厂,严重影响了区域生态安全和饮水安全。2017 年开始,江阴市按照"自然恢复为主、人工修复为辅"的原则,划定并规划建设窑港口生态湿地保护区,沿江恢复了近 7 km 的天然芦荡和湿地灌丛岸线,提升了涵养水源、净化水质等生态产品供给能力。关闭、整合家庭式畜禽养殖场并异地修建环保型规模化养殖基地,对周边企业进行控源截污,扩展湿地缓冲区,提高入江河道的水体水质。新建了长江鱼类产卵场、鱼类栖息水道、增殖放流点野化基地和水生态修复浮岛,推动长江渔业资源恢复。新建了长江生态缓冲林、营巢林、砾石滩、草本沼泽等,作为东北亚候鸟迁徙的中转站和乡土留鸟的栖息地,恢复和保护区域内的生物多样性。

还绿于民,不断提高城区绿化覆盖率。坚持"抢救性复绿"和"大规模增绿"两手齐抓,编制并落实《长江(江阴段)沿岸造林绿化建设方案》,按照"断带补齐、窄带加宽、次带提升、残带改造"的原则,推进沿江地区生态林建设工程。建设总面积 83 km^2 的环城森林公园,涵盖观山、秦望山等五座山体和周边地区,与北部长江、中部运河共同构成江阴城区的绿色生态屏障。结合矿山环境治理和地质灾害防治,对废弃宕口、已破坏山体等进行生态复绿,仅在绮山应急备用水源地就复绿山体 170 亩,完成成片造林 3000 亩,建成绮山森林公园;完成秦望山建材矿区、稷山滑坡地质灾害等 12 个治理工程,累计复绿面积 460 余亩;对于连片种植空间有限的区域,做到深挖潜力、见缝插绿、宜栽尽栽,构筑更多自然景观、滨水绿带。

还河于民,恢复江南水乡古城韵味。江阴锡澄运河紧邻老城区西侧,从宋代起就是沟通京杭大运河和长江的主要水上运输线。随着城市的发展和时代的变迁,运河原有的交通运输、联结水系等功能逐步弱化,但沿河的高强度开发等带来的生态环境问题却日益凸显。按照"国际化滨江花园城市"的总体目标,江阴市启动了以"八公里沿江、十公里运河"为核心的生态保护与修复,于 2016 年在城区外新建了连接长江和太湖两大水系的运河,对老锡澄运河两侧的旧厂房、旧村庄等实施异地搬迁,建设了长约 4700 m 的锡澄运河公园和应天河公园,在为市民提供优美生态环境的同时,将东部的老城区与西部的老郊区连为一体,恢复江南水乡的古城韵味,还市民以碧波荡漾、一步一景的古老运河。

多措并举,推动生态产品价值实现。综合运用土地储备、片区综合开发等措施,在生态修复及周边区域配置合理比例的商业、住宅等经营性用地,促进生态产品的价值外溢，实现区域土地的经济增值。江阴市收购了沿江的原扬子江船厂、黄田港码头等土地 650.39 亩，拆迁房屋 14.7 万 m^2，大部分规划为沿江滨江公园、公共设施、城市绿化等，同时储备了部分住宅用地和商业用地，凭借良好的区位优势和生态环境，土地增值所带来的收益能够覆盖土地储备、房屋拆迁和生态治理等成本，实现生态修复成本内部化。在生态产品供给区积极发展生态型产业，打通绿水青山向金山银山转化的通道。依托绮山应急水源地项目，修复并建成绮山郊野公园，规划建设集旅游、养老、居住于一体的康养居住区；在周边 10 km 范围内种植苗圃 300 万 m^2，引入社会资本建设玫瑰种植园，发展生态农业和旅游业。对重点生态功能区实施生态补偿，促进公共性生态产品价值实现。2019 年，江阴市印发《关于调整完善生态补偿政策的意见》，将永久基本农田纳入生态补偿范围，并对水稻田、公益林地、重要湿地、集中式饮用水水源保护区等提高补偿标准，重点用于生态环境保护修复、农村环境长效管理、社会公益事业和村级经济等，通过政府转移支付等方式，促进优质生态产品的生产和价值实现。

（3）主要成效

生态向好，持续提升优质生态产品供给能力。随着长江大保护重点工作和区域生态保护修复的深入推进，江阴市城区的绿化覆盖率提高到 43.19%，建成了 1 个省级湿地公园、3 个湿地保护区和 3 个水源地保护区，全市湿地面积达到 9886.7 hm^2，约占辖区总面积的 10%；窑港口湿地保护区自然恢复了 1400 多亩天然芦苇荡和湿地灌丛，区域内芦苇、菖蒲等植物生长茂盛，白鹭、鸬鹚等野生动物活动频繁，已成为长江鱼类、迁徙鸟类的重要栖息地和产卵场，形成了独特的"千亩芦荡、一江碧水"的长江自然湿地景观。2019 年，江阴市空气质量优良天数占比提升为 72.9%，全年重污染天数首次"清零"，$PM_{2.5}$ 平均浓度同比下降了 13.6%，比"十二五"末期降低了 37.4 个百分点，改善幅度居江苏省前列；全市 9 个国省考断面水质全部达标，优于地表Ⅲ类的水质比例达到 77.8%，同比上升 11.1 个百分点；建成了日供水能力 40 万 m^3 的绮山应急备用水源地，为城市饮水安全和水生态产品的供给提供了双重保险。

景观向美，持续提升自然生态系统的稳定性。江阴市已主动将沿江的生产性岸线，从江苏省政府要求的 23.4 km 压缩为 17.46 km，退出的生产性岸线全部用于生态修复，已建成的滨江公园体系由船厂公园、鲥鱼港公园、韭菜港公园、黄田港公园等串联而成，连同原有的芙蓉湖公园、要塞森林公园、鹅鼻嘴公园、望江公园等，从东到西形成了沿长江岸线的八个开放式公园。已建成的 30 km 江阴环城绿道一期工程，串联城区公园、长江岸线和运河，将山、水、林、江、河等连为一体，形成一条环绕江阴城区的"翡翠项链"，极大地提升了江阴城区的山水品质。

机制向稳，持续提升生态产品价值实现能力。江阴市建立了比较完善的生态补偿体系，对永久基本农田、水稻田、蔬菜地、公益林地、经济林地分别按照每年每亩 100 元、450 元、100 元、200 元、100 元的标准进行补助；对重要湿地，分县级、市级、省级及以上三类，按每年每个 80 万元、100 万元、150 万元三个档次进行补助；对县级以上集中式饮用水水源保护区范围内的村（社区），综合考虑土地面积及常住人口等因素，按照每年每村（社区）100 万元、150 万元、200 万元三个档次进行补助，促进公共性生态产品的价值实现。以"高端产业进、低端产业退"倒逼企业转型升级，大幅提升产业用地亩均效益，带动生态修复区域的土地增值和生态产品价值外溢。主动融入上海、南京等周边城市生活圈，积极发展以长三角腹地为服务对象，以生态旅游、平台经济、枢纽经济为龙头的"生态 + 旅游"和"生态 + 文化"等生态型产业和新兴产业，充分实现"好山好水好风光"的内在价值。

6. 江苏省张家港市打造五星级绿色港口

张家港港口是国际著名的商港，不冻不淤，深水贴岸，安全避风。现有万 t 级泊位 34 个，年吞吐量超 4000 万 t，已开通 19 条国际航线，每月 40 多个国际航班，与世界 150 个港口有货运往来。张家港保税区是全国 15 个保税区中唯一的内河港型保税区。面积 4.1 平方千米，主要功能为国际贸易、出口加工和保税仓储。2018 年，张家港市入围首批国家创新型县（市）建设名单，跻身 2018 年度全国科技创新百强县（市）第四，通过国家知识产权示范市复核并蝉联年度考核全国县市第一。多年来，张家港致力于打造五星级绿色港口。

以省港口集团加快绿色港口建设三年行动实施意见为主线，实施港口大气和水污染综合治理。秉持"统筹规划、标本兼治；突出重点、分步推进；创新机制、注重实效"三项基本原则，突出"大气污染防治、水污染防治、港区环境综合治理、绿色港口技术和产品应用、绿色港口技术支撑、循环经济发展"六大建设重点，力推绿色、低碳、可持续、一体化高质量发展。

高标准推进节能减排，建设绿色港口用能体系。推进系统构建能源（energy）管理、环境（environmental）管理的"2E"绿色港口建设体系。2014 年顺利通过中国船级社能源体系认证，确立"降低能耗强度、打造绿色港口"能源方针，先后编制了《绿色循环低碳港口主题性项目建设实施方案（2013—2017）》《连云港市生态港口建设三年行动方案》，指引绿色港口建设深度推进、再取实效。

以绿化、美化、净化"三化"系列行动，提升港口业态、保护长江生态。在"绿化"行动上，该集团按照"立体种树、平面铺草、道路植绿、设施盖绿"的原则，系统规划现场可绿化区域，创新实行树木全生命周期二维码信息化管理，集团绿化面积近 2.5 万 m²，可绿化面积 100%绿化。在"美化"行动上，出台《设备设施色彩管理实施方案》《设备设施编号管理办法》，让色彩标准化，让编号唯一化；投入 560 多万元完成沿江大环境的再整治、再提升。在"净化"行动上，率先在全省实现"一零两全、四个免费"；投入近 3000 余万元，实现了雨污水收集处理、生活污水接入市政管网、固废危废收集处置。

以打造"散货作业标杆"为目标，实施"抑尘全过程、流程全封闭、货物全苫盖、监测全区域"的"四全"粉尘管控。成功树起长江港口散货码头环境治理之"典范"。精准管控"卸船、装船、转运、堆存"四大易起尘点的全过程，自主研发"门机料斗多级自动喷雾抑尘系统"，抑尘率达 80% 以上，率港口之先全面实现所有散货出库不落地作业，成功研发全国港口首套"粉尘监测与智能控制系统"，一举解决所有散货码头粉尘控制存在的难题。

综合运用"工艺改造、设备升级、能源替代"等举措，实施港作机械更新改造。对年限长、排放不达标的 49 台燃油港作机械进行创新改造；建设岸电系统，可以实现所有靠港船舶岸电供应；对永嘉码头的 14 台桥吊进行"油改电"改造；运用"油气回收"技术，实现挥发的油气全部回收；引进混合动力轮胎式起重机、电动通勤车，最大限度减排。

积极探索，创新应用"能量回馈"技术。"绿色照明"全面覆盖，选用节能灯具，年节电 110 万度；"现场照明"远程集控，按需开启、及时关闭，年节电 20 万度；淘汰落后机电设备，替换高效设备，有效降低能耗；电网无功动态补偿，年可节电 17 万度；船舶拖带推进经济车速，单次降耗 8% 以上。

创新应用煤炭多级筛分工艺，大幅降低能源消耗。实现 5 种煤炭粒度规格的同步筛分，能耗大幅降低；实现木材作业"人货分离"，木材作业全面机械化。实行流程化改造，加大"水水中转"比例，有效提升综合能力；推行"一车多挂"作业工艺，作业效率提升明显。应用港口要素系统（PORTS 系统），实现合理规划大轮上场、木材出库线路，提升生产管理效能；门机抓斗智能匹配，实现抓斗智能挖掘控制和双工况的自动切换，大大提升作业效能；高役龄设备改造再利用，实现循环经济。

5.3.3 经验小结

找准城市生态环境保护和定位是系统提升生态环境保护水平的前提和基础。城市尺度是推动生态环境保护工作最关键的单元，一方面需要把国家和省层面的政策依据城市实际落细落实，另一方面需要结合城市发展特点，找准在宏观生态环境保护格局中的战略定位，有所侧重、聚焦发力。比如，杭州、成都等国内经济较为发达的城市类似于珠三角，要在源头上推动经济高质量发展的基础上，推动城市生态环境品质提档升级，以高水平保护推动高质量发展。厦门、玉溪等生态资源禀赋优良的城市,要重点挖掘城市生态资产,基于城市生态资源禀赋特点,探索开展生态产品价值化的实现路径,走出一条生态优先、绿色发展道路。

城市生态环境治理水平的系统提升需要加大补短板力度。厦门市五缘湾片区、玉溪市抚仙湖地区环境质量是影响城市生态环境品质的突出短板,要推动城市生态环境质量持续改善,就要下大力气补短板、强弱项。两市分别展开了一系列环境综合整治和生态保护修复工程,补齐这一环境质量短板是两市未来开展环境质量持续改善的重要前提。广东要学习这一治理思路,在地表水、近岸海域、固体废物等薄弱环节继续深入打好污染防治攻坚战,夯基础、补短板,力争尽快赶超国内先进水平。

城市生态品质是现代宜居城市的核心竞争力。各大城市探索美丽建设的进程中,无一不注重城市生态品质的提升,杭州连续13年获得"中国最具幸福感城市",成为全国唯一的"幸福示范标杆城市",杭州"两山融合""内外兼修"的"综合美丽体"特征鲜明,走在全国前列;厦门作为国内顶尖的滨海旅游城市,在2014年入选全球最美20大城市。诸多城市美丽宜居的标志就是城市生态品质,优美的生态景观、连绵的生态廊道、完善的亲水亲海等亲近自然的公园系统,能够大大提升城市核心竞争力。

5.4 国内部分城镇和乡村规划案例与实践经验

5.4.1 部分城镇和乡村规划案例

1. 上海崇明岛生态岛规划案例

（1）案例背景

上海崇明区地处长江入海口,三面环江,一面临海,由崇明岛、长兴岛、横沙岛三岛组成,具有独特的地理位置和自然资源。崇明是"河口之岛",是全世界最大的河口冲积岛,也是中国第三大岛,素有"长江门户、东海瀛洲"的美称,成陆已1400年,目前还在不断生长中。崇明是"城市之岛",位于上海市北部,行政区划面积2494.5 km²,其中陆域面积1413 km²,占上海陆域面积的五分之一,人口近70万人,是上海连接长三角的重要桥头堡,提供上海地产农产品的三分之一,原水供应的二分之一。崇明是"生态之岛",作为上海重要的生态屏障,拥有东滩国际重要湿地、东滩鸟类国家级自然保护区和长江口中华鲟自然保护区,被联合国环境规划署誉为"太平洋西岸难得的净土"。

2001年,国务院正式批复并原则同意《上海市城市总体规划（1999—2020年）》,明确将崇明岛建设成为生态岛,崇明自此开始生态发展之路的探索。2006年,上海市政府批准《崇明县区域总体规划（2005—2020 年）》（2016 年 7 月，崇明撤县设区），明确提出建设现代化生态岛区的总体目标。2010 年，上海市政府发布《崇明生态岛建设纲要（2010—2020）》白皮书，明确要按照现代化生态岛的总体目标，以科学的指标评价体系为指导，到 2020 年形成崇明现代化生态岛建设的初步框架。2018 年 5 月，崇明区出台《上海市崇明区总体规划暨土地利用总体规划（2017—2035）》（以下简称《崇明 2035 总体规划》），以"生态+"战略厚植生态基础，以"生态+"战略彰显生态价值，描绘出一幅世界级生态岛建设的美好蓝图。"生态+"战略即通过划定生态保护红线，提升林、水、湿地等生态资源比重，强化生态网络、生态节点建设以及系统性生态修复工程等措施，不断厚植生态基础，在自然生态意义上做到世界级的水准。"生态+"战略即致力于提升人口活力，培育创新产业体系，提升全域风景品质等，在城乡发展、人居品质、资源利用等方面探索生态文明发展新路径，彰显生态价值。

（2）规划要点

不断创新"生态+"规划理念。①规划人口和建设用地做"减法"。《崇明 2035 总体规划》一改以往规模扩张的传统发展模式，考虑发展给保护让路，各类资源紧约束，自我加压做减法。建设用地总规模基本与现有建设用地规模总量相当，相比以往更加注重土地的节约集约利用。②"三条控制线"规划管控保障生态空间和乡村发展。《崇明 2035 总体规划》在 2009 年城乡规划和土地利用规划"两规合一"的基础上，进一步发挥上海"多规合一"规划编制的创新优势，统筹划定生态保护红线、永久基本农田、城镇开发边界"三条控制线"，从而明确了生态、农业、城镇三大空间。③建立规划战略留白区。建设世界级生态岛是一个全新的要求，为给未来发展预留空间，应对发展中的不确定性，区委区政府保持战略定力、长远眼光，《崇明 2035 总体规划》将现状低效利用待转型的成片工业区以及规划交通区位条件将发生重大改善地区的 17.41 km^2 区域划为战略留白区，约占规划城镇建设空间的 13.1%。

不断创新"生态+"社区治理方式。①构建适合崇明实际的城乡体系。在《崇明 2035 总体规划》顶层规划设计中就注重考虑社区构建的需要，并没有搞大集中，而是依据崇明生态岛地域广阔、东西狭长的空间特点，强调网络化、多中心、组团式发展，注重区域统筹和均衡发展，从而构建了更适合老百姓生产生活实际需要的"核心镇—中心镇—一般镇—小集镇—自然村落"城乡体系。②推进基本管理单元建设。决策由乡镇为主体实施"3＋3"配置，完善了地区内的社区事务受理服务中心、文化活动中心、卫生服务中心、警务站、城管工作站和市场监管站等基本管理服务设施，充实了基层管理服务力量，满足了乡村群众的基本服务需求。③完善乡村公共服务配套设施。规划实施各类生态惠民工程，在乡村建设了一批老年人日间照料服务中心、睦邻点、村民公园、健身步道等相关设施，不断延伸服务治理内涵，合理布局公共交通、养老服务、生态绿地和商业配套等服务设施，实现"宜居、宜业、宜学、宜养、宜游"的城乡一体化 15 分钟社区生活圈。④大力推进农村人居环境整治。推动实现农村生活污水处理全覆盖、生活垃圾分类减量全覆盖、农林废弃物资源化利用全覆盖。

不断创新"生态+"乡村振兴战略实施。①创新郊野单元（村庄）规划编制工作。《崇明 2035 总体规划》关注乡村空间、挖掘乡村价值、彰显乡村魅力，创新开展了郊野单元（村庄）规划编制工作，明确了重点发展地区、农民集中居住点、保留农村居民点、公共配套点、低效建设用地减量点等内容，并对田、水、路、林、村空间也进行了优化调整布局，为郊野地区发展提供有效的规划引领。②着力打造乡村振兴示范村。各乡镇在郊野单元（村庄）规划中，均安排了 1—2 个具有引领示范效应的乡村振兴示范村建设，并大胆探索实践，形成了一系列成果和经验。

专栏 5-24　三星镇美丽乡村建设经验

该镇将新安村列为乡村振兴示范村，引入民营资本，与村级经济组织合作建立混合所有制经济，流转了 5000 亩土地，试点建设集循环农业、创意农业、农事体验于一体的"田园综合体"；引入"智慧综合管理平台"，对田园综合体的垃圾分类、污水处理、农业面源污染控制、智能安防、智慧能源等都采用了科技管理手段，减少了人力管理成本；引入国家级专业团队，为乡村开展了一场"厕所革命"，将农村生活污水通过净化槽的方式进行处理，使农村的水环境得到明显改善。短短一年时间内，昔日偏僻贫穷、脏乱差的小村庄变成了一个小桥流水、草木葱郁的大公园，面貌焕然一新，"海棠左岸""院士（专家）工作站""教授工作站""文旅中心"等纷纷落地，城乡要素开始形成良性流动，村民可在家门口就业，实现了增收致富。人民生活水平稳步提高，2015～2018 年，全区农村常住居民人均可支配收入从 18 795 元提升至 25 474 元。

不断创新"生态+"制度。①开展相关制度探索研究和实践。以创建国家生态文明先行示范区为契机，积极开展自然资源资产产权和用途管制、生态环境损害责任终身追究两项制度的探索与研究。建立健全土地利用、水环境、大气环境、声环境、土壤环境等各项环境质量以及水生生态系统、湿地生态系统的监测网络系统。先后出台《上海市人民代表大会常务委员会关于促进和保障崇明世界级生态岛建设的决定》《上海市崇明区公益林管理办法》《上海市崇明禁猎区管理规定》等若干政府规章和行政规范性文件，形成"1＋X"模式的崇明

世界级生态岛建设法制保障体系。②不断完善生态岛建设组织推进机制。举全市之力建设崇明世界级生态岛，在市、区两级层面构建完整的生态岛建设组织机制。2005 年上海成立崇明生态岛建设协调小组，2011 年成立新一届崇明生态岛建设推进工作领导小组，领导小组下设办公室，设在崇明县（现为崇明区）政府。③建立广泛的共建合作机制。开展国际合作，与联合国环境规划署签署建设与评估合作备忘录，与联合国人居署签订合作谅解备忘录，并成功举办 6 届生态岛国际论坛。开展部市合作，与国家发展改革委、科技部等合力推动相关工作先行试点。开展沪苏合作，合力推进规划对接、基础设施互联互通，崇明公共服务覆盖岛上江苏两乡镇。开展政企合作，与大型企业集团和高校院所建立战略合作关系。倡导全民参与，吸引大自然保护协会、长江中下游湿地保护网络等民间组织广泛参与。

（3）经验启示

生态岛规划建设必须始终坚持着眼大局，不断提高政治站位。必须牢固树立"四个意识"、坚决做到"两个维护"，深入贯彻落实习近平生态文明思想，坚持"跳出崇明看崇明"，以更高站位、更开阔视野，主动从全市、长三角、长江经济带、全国乃至全球的维度，把握世界级生态岛建设的战略定位和目标要求，全力保护好、修复好、建设好生态环境，努力为全市发展守住战略空间、筑牢绿色安全屏障，为长三角城市群和长江经济带生态大保护当好标杆和典范，为"绿水青山就是金山银山"提供崇明案例，为保护全球生物多样性贡献"中国智慧"。

生态岛规划建设必须坚持以人民为中心，汇集民意、凝聚民力。建设世界级生态岛必须贯彻好党的群众路线，坚持以人民为中心的发展思想，汇聚民智民力，充分激发生态岛建设内生动力，切实发挥人民群众在生态岛建设中的主人翁作用，以全国文明城区创建、城乡社区治理、美丽乡村建设等为抓手，积极营造"人民家园人民爱、人民家园人民建、人民家园人民管、人民家园人民护"的良好社会氛围。按照生态惠民的要求，推动形成绿色发展方式和生活方式，让天更蓝、水更清、空气更清新、食品更安全、交通更顺畅、社会更加和谐有序，立足于满足人民群众对美好生活的期盼，不断创新为民解忧、为民办事、为民谋利机制，让人民有更多获得感、幸福感、安全感。

生态岛规划建设必须始终坚持不忘初心、切实强调规划引领。必须在一张规划蓝图的引领下，牢记生态发展的职责使命，不断坚定生态岛建设的目标方向，把生态立岛理念融入广大党员干部群众的血脉，贯穿于经济社会发展的全过程，一切以生态岛建设为出发点，坚决守住生态安全底线，坚决抑制和克服偏离生态岛建设目标方向的发展冲动，决不为眼前利益、短期需求、近期压力所左右，决不为一时一地环境变化、风险挑战所惧所惑，坚持一茬接着一茬干、一张蓝图绘到底，确保生态岛建设目标最终实现。

生态岛规划建设必须始终坚持对标一流，持续推动改革创新。建设世界级生态岛必须时刻保持力争上游、追求卓越的使命感和责任感，充分发挥好在上海国际化大都市背景下建设生态岛的巨大优势，自觉树立干事创业的高标杆，勇于对标国际最高标准、最好水平，对标周边地区先进经验，围绕乡村振兴战略实施、生态建设保护、绿色生产生活方式转变等方面，以时不我待、只争朝夕的精神状态尽快补齐短板弱项、提升发展质效，努力探索体现上海水平的生态发展新路，争当"生态优先、绿色发展"的排头兵、先行者。

生态岛规划建设必须始终坚持开放融合，汇聚共建共享磅礴力量。建设世界级生态岛需要凝聚各方智慧、汇聚各方力量，必须注重调动各方的积极性、主动性，努力为各类创新创业主体搭建广阔的发展舞台，不断吸引各类世界级选手来崇创业发展，在全球层面吸引人才、智库、技术，为崇明世界级生态岛建设提供强大支持，使之成为上海卓越全球城市建设的亮丽名片之一。

2. 中新天津生态城"脉动城市"规划案例

中新天津生态城作为中国与新加坡两国政府间的重大合作项目，位于天津滨海新区、占地面积约为 30 km² 的中新天津生态城，是我国首个绿色发展综合示范区。2014 年，中新天津生态城与新加坡 IDA 国际签订了合作建设智慧城市框架协议。为了借鉴新加坡智慧城市经验，双方在不久前共同编制了《天津生态城脉动城市总体规划（2016—2020）》，正式确定了"脉动城市"建设行动计划。2016 年对外发布《天津生态城脉动城市总体规划（2016—2020）》，提出在未来 5 年内，生态城将开展 66 个"脉动城市"建设项目，包括"众创空间""智慧旅游规划""ICT 技能框架""生态城万事通"等，涉及经济环境、城市发展、民生服务三大领域。生态城的"脉动城市"建设的目标可以归纳为"一年攻关、三年复制、五年体系、十年品牌"，重点是在未来可实现快速复制、不断经验拓展到其他城市，实现共同发展。

"脉动城市"是智慧城市在城市精准服务、市民安居生活体验以及新型经济产业发展上的延伸。根据规划，中新天津生态城将在经济领域通过"智慧旅游规划""ICT（信息、通信、技术）技能框架"等项目，形成对企业全链条的扶持环境；在城市发展领域，将采用"一体化政府"理念提升现有城市发展与服务平台，居民将成为城市建设和管理的参与者，只要拿起手机打开软件定位拍照，就能将发现的问题反馈给政府相关部门；在民生领域，真正做到足不出户就能享受到快速便捷的服务。中新天津生态城经济局副局长王喆表示，"脉动城市"实质上是智慧城市在城市精准服务、市民安居生活体验以及新型经济产业发展上的延伸。

近年来，生态城各项工作全面铺开。在生态环境建设方面，生态城南部片区获批"国家绿色生态城区运管三星级标识",并在第六届国际"绿色解决方案奖"评审中,获得可持续发展城区解决方案奖全球第一名,向世界展示了生态城在绿色建筑、生态城市建设方面的实践成果。作为全国首批"海绵城市"试点,生态城一批海绵城市精品项目相继推出,逐渐形成具有地方特色的"海绵城市"建设模式。生态城全面推进生活垃圾分类,2019 年 4 月,被住建部确定为全国"无废城市"建设试点,生态城将继续在资源节约利用方面发挥探索示范作用。在民计民生方面,生态城进一步推广"健康社区"理念和社区治理服务标准化建设,制定出台了《中新天津生态城健康社区创建标准》和《中新天津生态城社区治理服务工作规范标准》,进一步提升居民的居住幸福感;此外,天津科大附中等优质教育资源先后"落子"生态城,进一步彰显生态城教育品牌优势。接下来,生态城将加快实施"生态 + 智慧"双轮驱动发展战略,全力打造国际合作示范区、绿色发展示范区、产城融合示范区、智慧城市示范区,以工匠精神实现区域开发建设的高标准、高水平,朝着高质量发展的新阶段阔步前行。

值得学习的是,2021 年,中新天津生态城启动 32.1 km 的线性绿色廊道系统建设,将各具特色的海景、湖景、河景、城景串联起来,开启"从绿地到绿地"的生活和游赏新模式。绿道系统的规划和建设,将成为生态城重要的标志性景观和承载休闲娱乐、健身运动、旅游观赏功能的有效载体,让市民享受到实实在在的"绿色福利"、提升幸福指数,推动生态城打造"步行和骑行友好城市"样板。

①编织充满活力的慢行网络。从开发建设之初,生态城就借鉴国内外生态城市道路绿化经验,拓宽绿化带,并注重对慢行系统的建设。生态城规划的人行步道和小区绿道密度为 9.4 km/km²,远远大于机动车的道路网密度。在生态城内,慢行系统遍布居住社区、商业设施、景观开敞空间等处,形成了充满活力的慢行网络。在 2017 年编制的《中新天津生态城绿道系统专项规划》中,生态城还规划了滨海观鸟、河湖观光、海洋休闲等 6 条不同主题的特色线路,让绿道成为重要的生活空间和旅游资源。据了解,生态城围绕线路通达和景观优美两大关键指标,对现有绿道系统进行了"全面体检",并划分为基础优秀、基础良好、基础不足 3 种级别。根据绿道现状,生态城以服务城乡居民、提升生活环境为目标,紧扣绿色宜居城市建设理念,确定了一期绿道规划和改造方案。

②打造智慧化绿道系统。好的绿道应该是步行友好、功能混合的公共场所。生态城将通过建品牌、联绿道、聚生活,将生态城绿道打造为充满特色的城市脉络和全新城市品牌。建品牌,即把具有生态城特色的标识和 IP 充分融入绿道建设中,如在入口标志物、地面、室外游乐设施等处,强化绿道标识,打造有辨识度、记忆点的城市空间。联绿道,则是要对规划范围内的 32.1 km 绿道进行贯通,并从旅游步道、路面、标识、设施、绿化方面,实现对绿道系统的全面联通,构建

一个完善畅通、宜行舒适、充满活力的慢行网络。近几年，越来越多的城市开始关注慢行步道系统，提倡"慢下来"，并引导提升步道的功能性，增加人与城市、人与人的接触空间。生态城步道的聚生活理念，则是在绿道内增加服务驿站、公共卫生间、运动场所等服务性设施和休憩空间，方便市民亲近自然和游客观光。绿道系统还将与周边小区和社区配套相连，创造出"从绿地到绿地"的游赏模式，实现人与自然和谐共融。结合区域智慧城市建设，生态城还将对绿道系统进行智慧化提升，通过智慧停车、智能安防、智能照明、环境监测等模块，让绿道系统为市民出行提供更优服务。

③让市民享受"绿色福利"。生态城拥有优美的自然环境、风貌特色和水绿交融的生态基底，此次绿道规划设计充分考量区域自然环境，将绿道系统融入海洋、河湖、城市三大生态背景中，形成"一环＋一廊＋一湖"的绿道空间结构，在保护环境的同时，创造人与自然亲近的美丽空间。"一环"即多风貌景观特色环；"一廊"即城市生活体验廊；"一湖"即河湖观光区。基于绿道空间结构和沿线景观特点，绿道系统整体将呈现为海堤观潮、滨海观鸟、运河湿地、河湾风情、生态绿谷、文化绿廊和碧湖观光七段主题风貌，系统展现生态城各具特色的自然风光。

5.4.2　部分城镇和乡村生态环境治理经验①

1. 浙江省安吉县美丽乡村建设不断"进阶"

2005 年 8 月 15 日，时任浙江省委书记的习近平同志在浙江省安吉县余村调研察时首次提出"绿水青山就是金山银山"的重要论述。2020 年 3 月 30 日，习近平总书记时隔 15 年再次到浙江省安吉县余村考察，如今的余村，青山叠翠，农家小楼整洁美丽，总书记说，美丽乡村建设在余村变成了现实。

位于浙西北的山区县安吉，入选首批"国家全域旅游示范区"，境内拥有国家级旅游度假区 1 家。比这些"国字号"名头更加耀眼的是，安吉美丽乡村建设的实践历程。2008 年，安吉在全国率先开展"中国美丽乡村"建设，2015 年，安吉县制定的《美丽乡村建设指南》被确定为国家标准。如今，"安吉样本"成为许多地方建设美丽乡村的重要参照，安吉也在不断探索、拓宽美丽乡村发展之路。2017 年，安吉提出建设中国最美县域，打造美丽乡村升级版，建设体系再完善、标准再提档、水平再提升。在"八八战略"指引下，安吉在全国率先提出建设美丽乡村，在全域规划上，调整完善生态人居、生态城市、生态文化等 6 个专项规

---

① 部分案例选自自然资源部发布的生态产品价值实现典型案例。

划，形成从指标到空间、从用地到景观整体衔接的美丽乡村、生态文明建设工作规划体系；同时，创新体制机制，建立农业农村、建设、文化等部门与乡镇联合办公、一线办公机制，统筹投向农村的各级各类政府资源和社会资本，为全域打造大花园、多村联创大景区创造了机会。安吉县开启了在保护中发展、在发展中保护的全新路径，实现了生态良好、生产发展、生活富裕的目标，成为绿色发展的生动实践。

（1）生态建设打造美丽乡村

全县一盘棋开展标准化美丽乡村建设。安吉以美丽乡村建设为载体，将 187 个村庄作为一盘棋统一规划，开展环境整治。农村污水处理、清洁能源利用、生活垃圾无害化处理等 13 项治理措施实现全覆盖。在灵峰街道大竹园村，多年来，无论是基础设施建设，还是规划建新村，村里都坚持大树不砍、河塘不填、农房依地形分布。2009 年以来，安吉以标准化为要求，编制了涵盖农村卫生保洁、园林绿化等在内的 36 项长效管理标准，还专门成立风貌管控办，保护好农村的一山一水、一草一木。

生动演绎长效管理城乡并进的实践。面对村里污水设施养护和绿化、道路、工程管理精细化等新要求，天荒坪镇大溪村将违法建筑监督、公共设施管理等事务交给了物业管理公司。运行一段时间来，村庄环境更加生态宜居、干群关系越发和谐融洽。

（2）生态红利催生美丽经济

在不断改善人居环境的同时，美丽经济成为安吉乡村发展的一条主脉络。按照宜工则工、宜农则农、宜游则游、宜居则居、宜文则文的原则，安吉充分挖掘生态、区位、资源等优势，为 187 个村庄设计了"一村一品，一村一业"的发展方案，着力培育特色经济。

一盏茶一根竹子证明三产融合的价值。茶产业是全村的主要收入来源，村民对孕育茶叶的山水格外爱惜，容不得一点污染。因为花大力气保护生态，村里始终山清水秀，产出的白茶品质极高。2017 年，黄杜村茶叶产值突破 4 亿元，人均年收入超过 3.6 万元。在安吉，17 万亩白茶园串起 1.5 万余户种植户，为农民年人均创收 5800 元。越来越多村庄成为农民绿色生态的幸福家园，安吉人逐渐领略到一种全新的发展境界：一二三产融合的生态经济形态。近年来，通过科技创新、产业融合，安吉的竹产品种类从毛竹、竹笋、凉席发展到地板、家具、饮料等七大系列 3000 多个品种，带动全县农民平均增收 7800 元。竹海之间，乡村旅游、养生养老、运动健康、文化创意等各类业态不断涌现，吸引上海、杭州等地游客蜂拥而至。截至 2017 年底，安吉接待游客 2200 万人次，总收入达 280 亿元，农民年人均纯收入近 2.8 万元，村均集体经营性收入突破 100 万元。

美丽生态与美丽经济共生。这两年，大量外地人到安吉创业就业，曾经外出工作或求学的安吉人也纷纷返乡，其中还包括近 40 位"国千""省千"人才；原先投向城市的资本，开始青睐乡村。到去年底，仅 29 个安吉县级美丽乡村精品示范村，就吸引工商资本达 115 亿元。今年 4 月，安吉人在总结多年美丽经济发展经验的基础上，开始探索乡村经营发展模式。鲁家村、三山村等 15 个村庄被列入首批创建试点，推动乡村旅游、电子商务等特色产业向规模化方向发展，培育出乡村共享经济、创意农业、特色文化等新业态，促进三产深度融合。

（3）生态自觉带来美丽生活

自 2004 年 3 月 25 日安吉启动全国第一个地方设立的"生态日"以来，"生态日"已成为安吉的一项重要活动。每年"生态日"，安吉所有的村庄都会开设生态讲座、普及生态知识；青少年用废弃物制成环保服装，走上生态广场进行表演；10 万名群众巡查河道、美化环境；人们在享受绿色发展成果的同时，积极投身生态文明建设，形成绿色生活方式。近年来，从倡导节水节电节材、垃圾分类投放等日常行为入手，安吉逐步构建起生活方式绿色化宣传联动机制，设立县、乡、村三级"两山"讲习所。随着绿色出行、绿色消费等环保公益行动相继开展，绿色家庭、健康家庭等创建活动深入推进，绿色生活蔚然成风。绿色融入乡村生活的方方面面，改变着村民的行为习惯，也推动了乡风文明和乡村善治。2017 年以来，孝丰镇城东社区徐家岭自然村取消了早晚两次的物业保洁，公共垃圾桶消失了，代之以定点投放、定时收集、资源化处理的操作方式，让村里的垃圾不落地。目前，安吉已有超过 60% 的村庄实现了垃圾不落地。

2. 江苏省苏州市金庭镇发展"生态农文旅"

（1）案例背景

苏州市吴中区金庭镇地处太湖中心区域，距离苏州主城区约 40 km，拥有中国淡水湖泊中最大的岛屿西山岛，以及 84.22 km² 的太湖风景名胜区、148 km² 的太湖水域和 100 多处历史文化古迹，是全国唯一的整岛风景名胜保护区，拥有长三角经济圈中极为稀缺的生态环境和自然人文资源。

近年来，金庭镇坚持生态优先、绿色发展的理念，按照"环太湖生态文旅带"的全域定位，依托丰富的自然资源资产和深厚的历史文化底蕴，积极实施生态环境综合整治，推动传统农业产业转型升级为绿色发展的生态产业，打造"生态农文旅"模式，实现了经济价值、社会价值、生态价值、历史价值、文化价值的全面提升。

（2）具体做法

优化空间布局，做好建设"减法"和生态"加法"。金庭镇融合了生态规划、土地利用总体规划、村庄规划、景区详细规划等各类规划，按照"提升生产能力、扩展生活空间、孕育生态效应"的理念，规划到 2024 年全镇生产空间规模为 128 hm²，占总面积的 1.52%；生活空间规模为 1190 hm²，占比 14.14%；生态空间规模为 7104 hm², 占比 84.34%, 系统优化全镇的生产、生活、生态空间布局。通过以"优化农用地结构保护耕地、优化建设用地空间布局保障发展、优化镇村居住用地布局保障权益"为核心的"三优三保"行动, 按照"宜农则农、宜渔则渔、宜林则林、宜耕则耕、宜生态则生态"的原则, 通过拆旧复垦、高标准农田建设、生态修复等方式, 整治各类低效用地 798.2 亩, 增加了生态空间和农业生产空间, 实现了耕地集中连片、建设用地减量提质发展、生态用地比例增加, 获得的空间规模、新增建设用地、占补平衡等指标用于全镇公共基础设施建设和吴中区重点开发区域使用, 土地增减挂钩收益用于金庭镇生态保护、修复和补齐民生短板。此外, 在规划编制和土地资源管理过程中, 金庭镇预留了后续发展生态产业所需要的建设用地指标, 夯实了生态产品供给和价值实现的基础。

聚焦"水陆空", 开展山水林田湖草系统治理。"水"方面, 防治与保护"双管齐下", 促进水环境提升。对 127 条流入太湖的小河实行"河长制", 严格落实主体监管责任, 从源头上保护太湖; 对太湖沿岸 3 km 范围内所有养殖池塘进行改造, 落实养殖尾水达标排放和循环利用; 建立严密的监控体系、实行严格的环保标准, 防止水源污染; 对宕口底部进行清淤和平整, 修建生态驳岸和滚水坝, 修复水生态。"陆"方面, 以土地综合整治为抓手, 推进山水林田湖草系统修复和治理。完成消夏湾近 3000 亩鱼塘整治和农田复垦, 建设高标准农田用于发展现代高效农业和农业观光旅游; 对镇区西南部的废弃工矿地开展生态修复, 打造景色宜人的"花海"生态园; 系统治理受损的矿坑塌陷区, 就近引入水系, 加强植被抚育, 恢复自然生态系统。"空"方面, 开展大气环境整治, 关停镇区"散乱污"企业, 控制畜禽养殖, 减少空气污染源; 开展国土绿化行动, 增加森林覆盖率, 改善空气质量。

建立生态补偿机制, 推动公共性生态产品价值实现。2010 年, 苏州市制定了《关于建立生态补偿机制的意见（试行）》, 在全国率先建立生态补偿机制。2014 年, 在全国率先以地方性法规的形式制定了《苏州市生态补偿条例》, 推动政府购买公共性生态产品, 实现"谁保护、谁受益"。2010～2023 年, 通过三次调整补偿范围、补偿标准等政策, 实现了镇、村等不同产权主体的权益, 金庭镇每年的风景名胜区补偿资金和四分之三的生态公益林补偿资金拨付到镇, 用于风景名胜区改造和保护修复、公益林管护、森林防火等支出; 水稻田、重要湿地、水源地补偿资金和四分之一的生态公益林补偿资金拨付到村民委员会, 主要用于村民的森林、农田等股权固定分红、生态产业发展等, 极大地激发了镇、村和村民保护生态的积极性。2019 年, 苏州市选择金庭、东山地区开展苏州生态涵养发展实验区建设, 将其定位为环太湖地区重要的生态屏障和水源保护地, 市、区两级财政在原有生态补偿政策的基础上, 2019～2023 年共安排专项补助资金 20 亿元, 重点用于上述区域的生态保护修复和基本公共服务。

建立"生态农文旅"模式，实现生态产业化经营和市场化价值实现。金庭镇依托特殊的地理区位、丰富的自然资源和深厚的历史文化底蕴，建立"生态农文旅"模式，推动生态产业化经营。打造农业发展新模式，促进"特色农品变优质商品"。重点围绕洞庭山碧螺春、青种枇杷、水晶石榴等特色农产品，打造金庭镇特色"农品名片"，将传统历史文化内涵融入特色农产品的宣传销售中，增加产品附加值；通过"互联网＋农产品"销售模式，拓展"特色农品变优质商品"的转化渠道；与顺丰快递签订战略协议，在各个村主要路口设置快递站点，提高鲜果产品运输效率。挖掘"农文旅"产业链，实现"农业劳动变体验活动"。挖掘明月湾、东村2个中国历史文化名村及堂里、植里等6个传统历史村落的文化底蕴，鼓励村民在传统村落中以自有宅基地和果园、茶园、鱼塘等生态载体发展特色民宿、家庭采摘园等，实现从传统餐饮住宿向农业文化体验活动拓展，形成"吃采看游住购"全产业链。提升生态文化内涵，助推"绿色平台变生态品牌"。积极宣传"消夏渔歌""十番锣鼓"等非物质文化遗产的传承保护，推进全域生态文化旅游，形成了丽舍、香樟小院等一批精品民宿品牌，通过游客的"进入式消费"实现生态产品的增值溢价。

（3）主要成效

绿色发展意识和生态产品供给水平"双提升"。近年来，金庭镇干部群众的绿色发展意识逐渐增强，保护绿水青山、依靠绿水青山、走高质量发展之路，已经成为金庭人的行动自觉，金庭镇的生态空间显著增加，自然生态系统得到全面保护和修复，江南水乡特色、传统历史文化得以传承，生态产品的供给能力显著提升。2019年，金庭镇建设开发强度降低至16.65%，同比降低了13.28个百分点；森林覆盖率增加至71%，全镇地表水水质均达到Ⅱ类以上，空气质量达到国内优质标准；生物多样性逐渐增加，区域内植物种类超过500种，动物种类超过200种，拥有银杏、水杉等多个国家一级、二级保护植物，以及虎纹蛙、鹈鹕、鸳鸯等多种国家、省级保护动物。

公共性生态产品和经营性生态产品价值"双显化"。一方面，苏州市建立了针对各类自然生态要素的生态补偿机制，以财政转移支付的方式"采购"公共性生态产品，彰显其内在价值。其中，补偿标准为水稻田420元/亩、生态公益林250元/亩、风景名胜区150元/亩、其他生态农产品100元/亩；水源地村根据所在村岸线长度、土地面积、常住人口数等，分别给予每村120万元、140万元、160万元的补偿，生态湿地村也分别给予每村80万元、100万元、120万元的补偿，补偿范围覆盖了山水林田湖草湿等各类自然资源。近三年，金庭镇年均获得生态补偿资金3000余万元。另一方面，金庭镇通过"生态农文旅"模式的发展，打通了经营性生态产品价值实现的渠道，显化了物质供给类和文化服务类生态产品的价值。"特色农品变文化商品"方面，2019年全镇农产品销售收入达到 4.85 亿元，创历史新高，其中果品收入 2.71 亿元，水产收入 0.21 亿元，茶叶收入 1.93 亿元；"太湖绿"大米及"西山青种"枇杷等已成为网红品牌。"农业劳动变体验活动"方面，2019 年全镇吸引旅游人数 421.06 万人次，农家乐、民宿营业收入达到 2 亿元，近三年营业收入年平均增长 35%，新增民宿 104 家，改造民宿 103 家，精品民宿增加至 37 家，直接带动了 1600 余人就业。"绿色平台变生态品牌"，随着"生态农文旅"模式的建立，港中旅、亚视、南峰等投资集团纷至沓来，2017 年"阿里巴巴太极禅苑文化驿栈"正式落户金庭镇，2020 年美国汉舍集团投资的"汉舍"项目全面启动，"自然、绿色、生态"成为了金庭镇最响亮的名片。

经济社会发展和民生福祉"双推进"。2019 年，金庭镇生产总值达到 24.93 亿元，同比增长 6.10%。其中，服务业占比近 80%，服务业增加值达到 19.75 亿元，同比增长 7%。全镇 2019 年新增就业岗位 647 个，同比增长 39.7%；农民人均年纯收入达到 26 573 元，同比增长 6.2%。依托"生态农文旅"模式，生态产品价值融入了一、二、三产业发展中，让农民、政府、投资商三方共赢，实现了经济社会发展和民生福祉的"双推进"。

3. 福建省南平市光泽县"水美经济"

（1）案例背景

光泽县位于福建省西北部、武夷山脉北段、闽江上游富屯溪源头，是国家级生态县、国家生态文明建设示范县。全县水资源丰富，总量达 42.99 亿 m^3，人均水资源占有量 2.6 万 m^3，是全国平均水平的 12 倍、全省的 7 倍。全县有大小溪河 111 条，高家、霞洋等多座优质水库，具备可开发温泉点 2 处、地下矿泉水点 14 处。

光泽县的水资源量大质优，过去仅用于传统的农业灌溉、小水电开发和居民饮用，水生态产品所蕴藏的生态价值和巨大潜力有待挖掘。为了在守护青山绿水的同时，从根本上改变水资源分散、开发规模小、效益低的制约，光泽县积极发展"水美经济"，通过植树造林、产业调整、污染治理，精心绘制全域水美生态图景，涵养优质水资源；搭建"水生态银行"运营平台，对水资源生产要素进行市场化配置，引入社会化资本，积极发展包装水、绿色种植和养殖、涉水休闲康养等生态产业；通过创新绿水维护补偿考核等制度保障，将现实的保护效益和资源优势转化为实实在在的经济效益，走出了一条水生态产品价值实现的有效路径。

（2）具体做法

摸清资源家底，绘制水生态产品"基础地图"。委托福建省地质调查研究院对辖区内水资源情况进行调查，将全县所有涉水工程、可开发利用的水资源按功能分类，绘制水资源"一张图"。通过调查评价，系统掌握全县河流水系、水文气象、水资源、水环境状况、水能资源、水生态系统等情况，形成水安全、水环境、水生态、水文化、水管理等 5 个方面的现状评价，制定水资源综合利用方案。

涵养优质水源，提高水生态产品供给能力。积极推进武夷山国家公园体制试点，主动将 37.68 万亩国土面积划入武夷山国家公园核心区，加强武夷山自然保护区水源保护力度，使保护区域的自然生态系统成为均衡水量、涵养优质水源的"不动产"。加强以城乡水系为网络的自然生态廊道建设，实施"水美城市"建设，推进河道清淤整治和河流水系修复，强化自然生态保护和城乡绿色景观建设。保育和修复山区生态环境，严格控制浅山区开发，禁止随意破坏山体、毁坏植被，同时加大造林绿化力度，年培育造林 1 万亩。推进"无废城市"试点，积极探索固体废物源头减量、无害化处置技术，启动 14 个垃圾分类试点村，推行"户分类、村收集、乡转运、县处理"的运行模式，创新建设小型湿垃圾无害化处理设施，将农村湿垃圾经发酵后生产的有机肥用于农业种植，实现农药化肥减量化，推动水质净化和优质水源涵养。

搭建运营平台，高效优化水资源要素配置。依托光泽县水利投资有限公司，组建县"水生态银行"，统一开展水资源资产产权流转、市场化运营和开发。在前端，通过公开竞拍、收购、租赁、自行建设等方式，储备与水资源有关的矿业权、水库所有权、水域经营权等，目前已获得矿泉水探矿权 3 宗、涌泉量共 1674 m³/天，水库 28 座、库容 10 577.9 万 m³，水域面积约 8000 亩。在中端，以特许经营方式授权"水生态银行"开展河道清淤整治、河岸生态修复等水环境治理项目，利用清淤富余物生产建筑用砂并达到投入产出平衡，实现水环境市场化修复。在后端，加强与科研单位合作，对水资源偏硅酸含量、各项限量指标检测鉴定，挖掘一批偏硅酸含量高、富锶水资源，发展包装水、高端种植、绿色养殖、涉水康养旅游等多种生态产业，提升水资源开发利用附加值。

引入社会资本，全力打造水生态全产业链。依托水生态银行，引入产业投资方和运营商，通过股权合作、委托经营等方式，对水资源进行系统性的产业规划和开发运营，推动形成绿色发展的水生态产品全产业链。实现"卖资源"，依托肖家坑水库等优质水资源，引入对生态环境和水质有高标准要求的现代渔业产业园和山泉水加工项目，发展高端鳗鱼养殖和山泉水加工，由"水生态银行"按 0.2 元/m³ 和 365 万 m³/年标准供应养殖业用水、100 万 m³/年标准供应加工山泉水。实现"卖产品"，引入中石油昆仑好客公司开展地下水开发，实施武夷山矿泉水项目，一期年销售超 700 万箱，产值超 2 亿元。实现"卖环境"，通过整合高家水库、霞洋水库、北溪河流等优质水资源产权和水域经营权，引进浙江畅游体育产业发展有限公司，建设 3 个库钓基地、5 条溪流垂钓精品线路，积极举办垂钓、越野赛事、生态旅游等活动，建设中国山水休闲垂钓名城。实现"卖高端食品"，积极发展对水源和水质要求较高的茶叶、中药材、白酒等，引入丰圣农业、国药集团、承天药业、德顺酒业等知名企业,全县年产西红柿、生菜等生态农产品超4000 t,现有绿色茶园面积超 3 万亩,中草药种植面积 2.4 万亩,酿酒企业 5 家,形成了与水资源相关的生态食品产业集群。

建设公用品牌,促进水生态价值经济溢价。充分利用武夷山"双世遗"品牌影响力,通过统一质量标准、统一产品检验检测、统一宣传运营,打造"武夷山水"地区公用品牌,突出水资源原产地的生态优势,加强品牌认证和市场营销推介。授权"武夷山"包装水等 23 家企业使用"武夷山水"标识,并向农产品等领域推广拓展。全县现有无公害农产品 17 个、绿色食品 6 个、农产品地理标志2 个、农产品有机认证 2 个、地理标志证明商标 5 件、中国驰名商标 1 件,有机茶、富硒米、稻花鱼、黄花梨、山茶油等生态食品近年来的销量、销售额年增长均在 20%以上。

创新制度集成,建立健全长效保障机制。建立"绿水"补偿和小流域水环境考核机制,全县共设立 29 个断面监测点位,对落实管护机制、水质达标的村(居、场),给予每年 5 万元的"绿水"维护补偿,对辖区内水质下降的乡、村取消补偿并进行约谈,形成责任清晰、激励约束并举的共治局面。建立生态巡查联合执法机制,开展领导干部自然资源资产离任审计,压实乡镇党政领导水资源资产管理和水环境保护责任。推动基准水价研究,重点考虑区域社会经济条件、水资源用途、地理区位等因素,探索制定光泽县基准水价体系,规范资产定价、优化资源配置、显化资产价值,建立水生态产品价值实现的长效机制。

(3)主要成效

取得了明显的生态效益。经过长期的生态保护和水源涵养,光泽县地表水、集中式饮用水源全年水质达标率均为 100%,是福建省唯一小流域监测水质全部达到国家Ⅱ类以上标准的地方。全年县域空气质量优良天数比例为 100%,其中一级达标天数比例为 68.3%。2015~2019 年,全县森林覆盖率从 78.2%提高到 81.77%,林木蓄积量从 1117 万 m³ 提高到 1366 万 m³,每年为下游提供了约29 亿 m³ 的优质水资源。好山好水带来了源源不断的好生态,有力维护了区域生物多样性,县域内拥有国家保护树种 13 科 16 属 17 种,陆生野生动物资源种类达到 171 种。

增强了生态品牌影响力。借助入选国家生态保护与建设示范区、"中国生态食品名城"和全国唯一县级"无废城市"试点的契机,光泽县通过建立"水生态银行"和"武夷山水"区域公用品牌,搭建了整合资源、优化资产、引入资本的平台,打通了市场化交易的渠道,增强了生态品牌影响力,优质水资源与优质项目实现了精准对接。截至 2020 年 6 月,光泽县共签约生态资源开发项目 24 个,总投资超过 170 亿元,形成了"水美经济"发展新模式。

促进了生态产业化。依托优质水资源,全县生态产业加快发展,包装水、酒、生态旅游等产业比重逐年提高。2019 年，全县工业增加值 32.88 亿元，同比增长 8.4%，其中食品制造业同比增长 19.8%，酒、饮料和精制茶制造业增长 14.1%；全县旅游经济保持较快增长，全年共接待游客 124.62 万人次，同比增长 26.1%，旅游总收入 13.17 亿元，同比增长 35.2%；全县形成了总产值约 139 亿元的水生态产品产业集群，共带动 2.1 万人稳定就业，占全县人口总数的 15.2%。

4. 北京市房山区史家营乡曹家坊废弃矿山生态修复

（1）案例背景

北京市房山区史家营乡曹家坊矿区位于北京市西南部、中国房山世界地质公园拓展区，由于开采历史较长，区域内森林植被损毁、水土流失、采空塌陷等问题突出，山体崩塌、泥石流等地质灾害易发，野生动植物物种急剧减少，自然生态系统严重退化，影响了该区域的可持续发展。根据北京市确定的"生态修复、生态涵养"的区域功能定位，2006~2010 年，史家营乡用 5 年时间将全乡范围内的 142 座煤矿全部关闭，结束了当地的千年煤炭开采史；从 2010 年起，采取"政府引导、企业和社会各界参与"的模式，对曹家坊矿区开展生态修复，并引入市场主体发展生态产业。

经过十多年的持续努力，曹家坊矿区修复面积 2300 多亩，昔日的废弃矿山已转变为"绿水青山蓝天、京西花上人间"的百瑞谷景区，形成了旅游、文化、餐饮、民宿、绿化等产业，带动了"生态 + 旅游（民宿）""生态 + 文化"等多种业态共同发展，实现了黑色产业"退场"、绿色产业"接棒"的转型发展，以实际行动践行了"两山"理念，促进了生态产品价值实现。

（2）具体做法

明晰产权，激发市场主体修复生态和发展产业的动力。为更好地推动曹家坊矿区的修复和保护，利用原有荒山、矿业用地、林地等发展替代产业，充分调动市场主体的积极性，曹家坊村于 2011 年按照 70 年的承包期，将矿区所在的后沟区域 4700 余亩集体林地承包经营权，统一流转给开展矿区生态修复的北京百瑞谷旅游开发有限公司，实现矿区修复项目建设权、林地经营权、产业项目开发权的"三权合一"。通过明晰产权、明确修复范围和厘清收益归属，有效调动了市场主体投资矿山生态修复和发展产业的积极性。

采取"地形地貌整治 + 植被恢复"模式，科学开展矿区生态修复。为固定山体、防治地质灾害，在矿区内开展客土回填矿坑、边坡修复、鱼鳞坑围堰等生态修复措施，修建了 4000 余米的行洪渠，确保生态修复区域的安全。注重水环境修复，煤矿关闭后，区域内地下水不再因人工采煤活动而泄漏，地下水位逐年增高；通过水土保持、自然净化等措施，区域内泉水日渐充沛，恢复了山泉自流、河水自然流淌的自然环境。注重植被恢复，种植了近 10 万株元宝枫、榆叶梅、金枝国槐等树种，在边坡地带种植草皮，使原来满目疮痍的矿山区域逐步恢复了绿水青山的本色，为替代产业和区域经济的发展创造了基础条件。

发展生态型产业，显化绿水青山的综合效益。按照"生态优先、绿色发展"的理念，结合曹家坊村生态修复治理成果，积极探索生态产品价值实现模式，将生态修复治理与文化旅游产业相结合，依托修复后的自然生态系统、地形地势、历史文化、矿业文化等，发掘抗日红色文化，建设北京百瑞谷景区，实施文旅融合发展，推动了传统采矿业向现代绿色生态旅游业的转型。在 9 年时间里，北京百瑞谷旅游开发公司共投资 3.5 亿元发展文化旅游产业，与曹家坊村达成合作经营意向，将景区利润的 10%分配给村集体，并先后捐资 600 余万元用于村集体公益事业。此外，百瑞谷旅游开发公司还启动编制生态景区带动民宿发展方案，积极联合周边村民发展民宿产业，促使每家每户在生态建设和保护的同时，共享生态产品带来的红利，让百姓成为生态产品价值实现的受益者。

（3）主要成效

增加了生态产品的数量，提升了生态产品的质量。曹家坊矿区森林覆盖率由 2009 年的 46.9%提高到 2019 年的 69.6%，林木绿化率由 2009 年的 61.8%提高到 2019 年的 89.4%，草地增加了 3.21 万 m^2，多年断流的山泉在 2015 年恢复了自流，水质达到国家地下水 II 类标准。空气质量优良天数由 2010 年的 275 天增加到 2019 年的"全年全部优良"，空气质量从"污染"级别改善为 $PM_{2.5}$ 平均浓度 31 $\mu g/m^3$ 的优质状态，相较 2010 年 $PM_{2.5}$ 平均浓度下降了 18%。自然生态系统的恢复，使矿区内的生物多样性日益丰富，原来销声匿迹的白鹭、野鸭、野鸡等野生鸟类和野兔、野猪、狍子等野生动物回来在此觅食栖息。曹家坊矿区现有鸟类 33 科 99 种，植物 100 科 370 属 654 种，为周边居民提供了良好的生态环境和高质量的生态产品。

推进绿色生态、红色资源与生态产业的相得益彰，畅通了生态产品价值实现的渠道。百瑞谷景区设置了矿山修复区、矿业遗迹展示区、自然风光区、乡村民俗旅游区等多个功能分区，矿区文化、人文历史、自然风光成为该区域的"新资源"。山脚下利用废弃厂房改造的百瑞谷饭店，可容纳 400 余人同时就餐、近 160 名游客同时入住。随着生态环境的提升，毗邻矿区的萧克将军作战指挥所旧址等也成为重要的红色旅游资源，吸引各地游客前来参观。自矿区生态修复及景区建设以来，绿色生态、红色资源进一步带动了周边地区人员的就业和景区配套服务产业的发展，解决了曹家坊及周边村庄 260 余人的长期就业问题。2018 年以来，景区共接待游客 7.5 万余人次，旅游综合收入稳步增长，初步显化了"绿色"生态产品和"红色"文化资源的价值，打通了生态产品价值实现的路径。

促进了村民增收和乡村产业转型，生态产品价值外溢日益显现。随着生态环境的改善，矿区周边村庄从原来大多以煤为生，转变为依靠生态旅游开展多种经营，带动了史家营乡交通运输、餐饮服务、农副产品销售、民宿等相关业态，形成了"生态＋产业"的发展模式，生态产品所蕴含的内在价值正在逐步转化为经济效益。随着矿区生态修复的持续推进，生态优势显化为经济优势，曹家坊村民的人均劳动所得已经从 2010 年煤矿关闭时的 14 292.7 元/年，增长到 2018 年的 18 940.4 元/年；史家营乡三次产业从业人员结构，从 2009 年的 47∶26∶27 转变为 2018 年的 36∶2∶62，第三产业从业人员比例大幅提高，基本实现了绿色产业转型发展。

5. 广东省广州市花都区公益林碳普惠项目

（1）案例背景

花都区地处广东省广州市北部，拥有丰富的林业资源，被称为广州市的"北大门"和"后花园"。为打通绿水青山向金山银山的转化通道，促进生态产品价值实现，花都区依托广东省碳排放权交易市场和碳普惠制试点，选取梯面林场开发公益林碳普惠项目，通过林业资源保护，提高了森林生态系统储碳固碳的能力；通过引入第三方机构核算减排量、网上公开竞价等措施，将无形的森林生态系统服务价值转化为有形的经济效益，构建了政府市场双向发力、多方参与共赢的生态产品价值实现机制，促进了经济效益与生态效益的同步提升，为其他地区建立碳减排激励机制，推动社会经济绿色发展提供了有益借鉴。

（2）具体做法

政府主导，提供基础数据和制度保障。首先是制定林业碳普惠方法学和基础数据。2017 年，广东省公布了公益林、商品林项目碳普惠方法学，以反映广东省林业经营普遍现状的平均水平监测数据为基准值，采用林业部门森林资源二类调查数据或森林资源档案数据进行核算，将优于全省森林平均固碳水平的碳汇量作为碳普惠核证减排量的计算依据。其次是制定林业碳普惠交易规则。2017 年 7 月，广州碳排放权交易所出台了《广东省碳普惠制核证减排量交易规则》，对交易的标的和规格、交易方式和时间、交易价格涨跌幅度和资金监管、交易纠纷处理等进行了明确规定，同步建成了广州碳排放权交易所碳普惠制核证减排量竞价交易系统，为林业碳普惠项目实践奠定了基础。

保护优先，提升生态产品供给能力。为保护和恢复梯面林场及周边区域的自然生态系统，林场实行了最严格的林地和林木资源管理制度，停止了商业性林木砍伐，做好生态公益林和其他林地养护，积极开展防火带建设、防火设施添置、防火员技能培训等林地保护项目，着力提升森林抚育水平和生态产品质量。同时，积极推动广州市首个林业碳普惠项目，探索生态产品的价值实现路径。通过正反案例教育，激发群众和林场干部职工保护生态环境的意识及行动自觉。

第三方核算，明确碳减排量。2018 年 2 月，梯面林场委托中国质量认证中心广州分中心，依据《广东省森林保护碳普惠方法学》，对其权属范围内 1800 多公顷生态公益林 2011～2014 年产生的林业碳普惠核证减排量进行了第三方核算，并重点核实了林场内森林生态系统碳汇量优于省平均值的情况。核算结果显示，梯面林场项目区年平均碳汇增长速率超过 5.0 t 二氧化碳当量/hm^2，高于全省公益林 3.324 7 t 二氧化碳当量/hm^2 的平均水平；扣除全省平均值后，项目区 2011～2014 年共产生林业碳普惠核证减排量 13 319 t 二氧化碳当量。经省主管部门审核后，上述碳减排量被发放至梯面林场的碳排放权登记账户，可在广东碳市场自由交易。

市场化交易，显化生态产品价值。广东省是首批开展碳排放权交易试点的地区之一，广东省每年设定碳排放配额总量，再分配给纳入控制碳排放范围的企业，企业的实际碳排放量一旦超过配额，将面临处罚。控排企业可以通过购买碳排放权配额或自愿减排核证减排量等方式抵消碳排放量，前者一般由企业通过技术改造、节能减排等方式获得，后者一般通过购买林业碳汇、可再生能源项目减排量等方式获得，但企业购买的自愿减排核证减排量不能超过全年碳排放配额的 10%，由此形成了一个以碳排放权交易市场为基础的碳汇交易机制。按照广东省碳普惠制核证减排量交易规则，梯面林场委托广州碳排放权交易所，于 2018 年 8 月举行了林业碳普惠项目的竞价。根据竞价公告日的前三个自然月广东碳市场配额挂牌价加权平均成交价的 80%，确定该项目竞价底价为 12.06 元/t，广州碳排放权交易所内具有自营或公益资质的个人和机构会员都可以自由参与竞价。经统计，共有 10 家机构和个人会员参加竞价，最终成交价格为 17.06 元/t，溢价率超过 40%，总成交金额 22.72 万元，成为广州市首个成功交易的林业碳普惠项目。2019 年 6 月，该林业碳普惠核证减排量由广州市一家企业购得，并用于抵消其碳排放配额。

（3）主要成效

通过市场化手段盘活了自然资源资产。由于公益林的"公共"属性和砍伐受限的特殊性，公益林管护主体每年只能获得固定的补偿款，不能将林业资产用于流转和抵押融资，一定程度上限制了保护主体的积极性和森林资源资产的有效使用。花都区梯面林场公益林碳普惠项目在不影响公益林正常管护的前提下，利用其资源基础开发碳普惠交易，充分显化了森林资源所提供的固碳释氧、减缓气候变化等公共性生态产品的价值，依托碳排放权交易市场体系和碳普惠机制，采取市场化方式将其转换为经济效益，有效盘活了"沉睡"的自然资源资产，实现了森林生态系统的生态价值。

实现了"政府＋市场"模式下的多方共赢。碳普惠项目是政府与市场双向发力、共同促进生态产品价值实现的典型模式，在实施过程中，参与各方都实现了预期目标，实现了多方共赢。控排企业作为购买方，降低了企业的减排成本，实现了预期的碳排放目标（通常碳汇价格低于碳排放配额价格），同时通过参与节能减排等活动，彰显了企业社会责任和品牌价值；森林经营部门作为销售方，借助碳交易市场获得了一定收益，有助于促进其从关注数量转向关注质量，进而激发森林经营主体抚育公益林、保护自然、修复生态等方面的积极性；政府作为监管方和制度供给方，促进了林业资源的有效保护和质量提升，增强了生态产品的供给能力，同时也为生态良好地区如何推动公共性生态产品的价值实现提供了可推广借鉴的模式。

形成了良好示范效应。花都区梯面林场公益林碳普惠制项目的成功实施，开启了广东碳普惠项目交易的序幕，促进碳汇交易市场健康发展，起到了良好的示范作用。此后，广东省河源市国有桂山林场、广东省新丰江林场、韶关市始兴县、清远市英德市等地都依托自身丰富的森林资源，成功开展了碳普惠核证减排量交易。截至 2020 年 8 月，广州碳排放权交易所林业碳普惠项目成交总量超过 300 万 t，总成交额超过 2000 万元，实现了碳普惠制度与碳排放权交易体系的有机结合，形成了生态保护和价值实现的良性循环。

6. 江西省赣州市寻乌县山水林田湖草综合治理

（1）案例背景

江西省赣州市寻乌县是赣江、东江、韩江三江发源地，属于南方生态屏障的重要组成部分和全国重点生态功能区，也是毛泽东同志 1930 年开展"寻乌调查"的地方。寻乌县稀土资源丰富，自 20 世纪 70 年代末以来稀土开采不断，但落后的生产工艺和对生态环境保护的忽视导致植被破坏、水土流失、水体污染、土地沙化和次生地质灾害频发等一系列严重问题，遗留下面积巨大的"生态伤疤"。

近年来，寻乌县坚持"生态立县，绿色崛起"的发展战略，推进山水林田湖草生态保护修复，先后开展了文峰乡石排、柯树塘及涵水片区 3 个废弃矿山综合治理与生态修复工程，按照"宜林则林、宜耕则耕、宜工则工、宜水则水"的原则，统筹推进水域保护、矿山治理、土地整治、植被恢复等生态修复治理；在治理过程中坚持"生态+"理念，因地制宜地推进生态产业发展，促进生态产品价值实现，取得了积极成效。

（2）具体做法

坚持全景式规划。寻乌县坚持规划先行、高位推进，编制了《寻乌县山水林田湖草项目修建性详细规划》和《寻乌县山水林田湖草生态保护修复项目实施方案》等指导文件，专门成立了县山水林田湖草项目办公室，确保项目实施有规可依、有章可循。在项目推进上坚持"抱团攻坚"，打破原来山水林田湖草"碎片化"治理格局，一体化推进区域内"山、水、林、田、湖、草、路、景、村"治理。统筹各类项目资金，在山水林田湖草生态保护修复资金的基础上，整合国家生态功能区转移支付、东江上下游横向生态补偿、低质低效林改造等各类财政资金 7.11 亿元；由县财政出资、联合其他合作银行筹措资金成立生态基金，积极引入社会投资 2.44 亿元，确保项目推进"加速度"。

加强系统性治理。在具体工作中，寻乌县创新实践了"三同治"模式：山上山下同治，在山上实施边坡修复、沉沙排水、植被复绿等治理措施，在山下填筑沟壑、兴建生态挡墙、截排水沟，消除矿山崩岗、滑坡等地质灾害隐患，控制水土流失；地上地下同治，地上通过客土置换、增施有机肥等措施改良土壤，平整后开展光伏发电或种植油茶等经济作物，山坡坡面采取穴播、喷播等多种形式恢复植被，地下采用截水墙、高压旋喷桩等工艺将地下污染水体引流至地面生态水塘、人工湿地进行污染治理；流域上下同治，在上游稳沙固土、恢复植被，减少稀土尾沙、水质氨氮等污染源头，在下游建设梯级人工湿地、水终端处理设施等水质综合治理系统，实现水质末端控制和全流域稳定有效治理。同时，对所有项目统一设置了水质、水土流失控制、植被覆盖率、土壤养分及理化性质等 4 项考核标准，对所有施工单位明确了 4 年的后续管护任务，确保治理全覆盖。

推进"生态+"发展模式。寻乌县在推进山水林田湖草综合治理与生态修复的同时，积极探索生态发展道路，促进生态产品价值实现。发展"生态＋工业"，利用治理后的 7000 亩存量工矿废弃地建设工业园区，解决寻乌县工业用地紧张的难题，实现"变废为园"；实施"生态＋光伏"，通过引进社会资本，在石排村、上甲村等治理区建设总装机容量 35 MW 的光伏发电站，实现"变荒为电"；推进"生态＋扶贫"，综合开发矿区周边土地，建设高标准农田 1800 多亩，利用矿区修复土地种植油茶等经济作物 5600 多亩，既改善了生态环境，又促进了农民增收，实现了"变沙为油"；开展"生态＋旅游"，将修复治理区与青龙岩旅游风景区连为一体，新建自行车赛道 14.5 km、步行道 1.2 km，统筹推进矿山遗迹、科普体验、休闲观光、自行车赛事等文旅项目建设，发展生态旅游、体育健身等产业，促进生态效益和经济社会效益相统一，逐步实现"变景为财"。

（3）主要成效

让"废弃矿山"重现"绿水青山"，增强了生态产品供给能力。生态修复治理面积达到 14 km²，项目区水土流失得到有效控制，单位面积水土流失量降低了90%，强度由"剧烈"降为"轻度"。区域内河流水质逐步改善，水体氨氮含量减少了 89.76%，寻乌县出境断面水质年均值达到了 II 类标准。经过客土置换、增施有机肥和生石灰改良表土后，项目区土壤理化性状得到显著改良，从治理前土壤有机质含量几乎为零、仅有 6 种草本植物生长的"南方沙漠"，转变为有百余种草灌乔植物适应生长的"绿色景区"，植被覆盖率由 10.2%提高至 95%，区域空气质量显著改善，生物多样性逐步恢复。

践行"绿水青山就是金山银山"，实现了生态产品的综合效益。利用综合整治后的存量工业用地，建成了寻乌县工业用地平台，引进入驻企业 30 家，新增就业岗位 3371 个，直接经济效益 1.05 亿元以上。通过"生态＋光伏"，实现项目年发电量 3875 万 kW·h，年经营收入达 3970 万元，项目区贫困户通过土地流转、务工就业等获益。通过"生态＋扶贫"，建设高标准农田 1800 多亩，利用修复后的 5600 多亩土地种植油茶树、百香果等经济作物，极大地改善了当地居民的生活环境和耕种环境，年经济收入达到 2300 万元。通过促进"生态＋旅游"，实现"绿""游"融合发展，年接待游客约 10 万人次，经营收入超过 1000 万元，带动了周边村民收入增长，推动生态产品价值实现。

5.4.3　经验小结

城镇、乡村经济社会发展的地缘优势偏弱，人才、资金、技术等要素吸引力小，因此，小尺度城镇、乡村建设要利用好地区生态优势，努力探索生态产品价值实现的地方实践，走出一条各具特色的高质量发展新路子。各个典型案例在探索地方生态产品价值实现的路径时有以下几个共同点。

生态产品生产与生态环境保护相协调。生态产品的内涵决定了我们在生产生态产品的同时，要守住生态环境的安全边界，为生态系统留下休养生息的时间和空间，对自然进行"反哺"。各地实践中并没有为了片面追求生态产品的经济价值，对生态系统进行无节制的开发与利用，而是彻底摒弃以牺牲生态环境换取一时一地经济效益的做法，努力协调好生态产品生产与生态环境保护的关系，进而获得充足的生态产品，进而达成生态产品价值的可持续实现。

有为政府与有效市场相协同。生态产品价值实现是一项系统工程，涉及各方面、多领域，各地充分调动全社会的积极性，充分发挥政府主导与市场运作的双轮驱动作用。一方面是政府要发挥优质生态产品供给主体作用，加强生态保护和修复力度，通过转移支付和生态补偿等手段推动生态产品价值实现；同时，政府还发挥着生态产品交易机制的制定、政策的设计、相关制度安排以及市场监督和服务等作用。另一方面市场运作发挥市场在优化资源配置中的决定性作用，解决效率问题，引入市场化运作机制是缓解财政压力、提高供给效率的有效手段，通过生态产品经营开发和生态资源权益交易等方式实现生态产品价值。

遵循顶层设计与勇于探索创新相结合。各地生态产品价值实现的探索遵循国家层面相关意见指引，但同时也勇于创新体制机制，探索形成各具特色的价值实现模式。广东生态资源禀赋区域差异大，不同地区资源禀赋、环境容量、生态状况等情况截然不同。要在遵循顶层设计的前提下，勇于探索创新，积极主动谋划，因地制宜地对生态产品进行开发与利用，大力拓展生态产品价值实现路径，激发"两山"转化活力，打通"两山"转化通道。

第6章　实践经验的思考与启示

基于前文对广东省生态环境保护工作进展的总结评估和美丽建设进程及实践案例的研究，总结提炼符合广东发展实际的经验启示。

6.1　做好顶层设计，锚定中长期生态环境治理远景目标

把握方向，瞄准习近平总书记对广东擘画的"在全面建设社会主义现代化国家新征程中走在全国前列"总体方位。四川、重庆、浙江等地区高质量发展战略和定位各具特色，归根结底原因在于始终坚持以习近平同志为核心的党中央高瞻远瞩、各有重点的战略部署。重庆市生态环境保护始终紧扣习近平总书记提出的"加快建设内陆开放高地、山清水秀美丽之地"的总要求；四川省牢牢贯彻总书记"四川自古就是山清水秀的好地方，生态环境地位独特，生态环境保护任务艰巨，一定要把生态文明建设这篇大文章写好"的殷切要求。广东是我国改革开放和经济发展前沿地区，总书记对广东发展的要求更高、视野更广，2020年总书记视察广东时强调，要以更大魄力、在更高起点上推进改革开放，在全面建设社会主义现代化国家新征程中走在全国前列、创造新的辉煌。广东要深入贯彻落实把握总书记的重要指示批示精神，在关键领域、重点方向持续探索广东模式，为建设更高水平的美丽广东不懈奋斗。

转变思路，率先引领全国生态环境保护思路迭代更新。许多发达国家和纽约湾区、旧金山湾区、东京湾区等国际三大湾区已经跨越环境污染全面治理阶段，进入成熟的可持续发展阶段，美国 $PM_{2.5}$ 浓度达到 10 $\mu g/m^3$ 以下，北美五大湖基本实现水环境质量根本改善，生态环境保护与经济社会发展的矛盾逐步调和。广东经济发展大幅领先全国平均水平，生态环境质量总体处于标杆地位，有基础率先对标国际水平、引领生态环境保护思路的迭代更新。要在加快补齐生态环境治理短板的基础上，深化改革、先行先试，深化制度创新等基础性工作，全面提升精准治污、科学治污和依法治污水平，加快推动生态环境保护委员会等统筹协调机构发挥强大势能，用好地方立法权，建立完备的环境保护法规制度体系，加强粤港澳大湾区环境标准和规则有效衔接，深入实施全民绿色行动，推动生态环境保护不断成为公众的行动自觉，率先构建生态环境保护支撑高质量发展的"广东

经验""广东模式"。

锚定目标，推动生态环境质量由持续改善迈向根本改善。欧美许多发达国家空气质量标准采用世界卫生组织空气质量准则值，水环境质量评价指标较国内更为丰富，更加关注生态健康评价。粤港澳大湾区要加快建设世界一流美丽湾区，就要瞄准国际一流标准，研判发达国家生态环境质量改善的历程与变化趋势，系统分析短板、聚焦差距不足，做好未来 5～15 年生态环境质量改善的阶段性目标制定，逐步推动生态环境质量迈向根本改善。深圳、珠海等空气质量水平全国领先的地区可率先对标国际标准，实现碳达峰、PM$_{2.5}$、臭氧等关键领域和指标的率先突破。这其中，要处理好近期和远期的关系。2035 年远景目标是指导生态文明建设和生态环境保护工作的纲，纲举才能目张。我们既要立足当前，更要展望长远，对标 2035 年美丽中国建设远景目标，以 15 年的时间跨度和周期谋深谋细谋全，合理确定"十四五"生态环境保护的历史方位、战略定位，科学谋划未来五年、十年生态环境保护目标和美丽中国建设实现路径。

6.2　树立危机意识，找准美丽广东建设的发力点

处理好"一核一带一区"发展与保护定位的关系。珠三角可在生态环境改善方面对标国际一流湾区和部分发达国家，坚持生态优先、优化发展。以"双区"建设为引擎，对标国际一流水平，着力推动产业绿色化，全面深化生态环境领域改革创新，在环境质量、绿色低碳、无废城市、科技创新、制度改革等方面争创一流。东西两翼地区可对标韩国、日本等主要临海发达国家以及上海、天津等主要港口城市，要坚持在发展中保护，科学有序利用资源环境承载能力，以大项目带动大治理。加强空间管控和规划指导，促进临港产业园区向产业新城升级。以陆海统筹治理保护为抓手，积极推动海域污染整治和生态修复。北部生态发展区可对标瑞士、芬兰等主要生态本底优良的发达国家以及云南、福建等生态资源丰富地区，要坚持在保护中发展，加快建设南岭国家公园，严格保护重要生态空间。积极打造粤港澳大湾区"后花园"和"菜篮子"，建设北部生态旅游示范片区，筑牢绿色生态屏障。

处理好稳和进、标和本、点和面的关系。江苏、浙江、四川、重庆等地污染防治攻坚战工作情况与广东有所类似，通过近年来自上而下的强力推动，生态环境末端治标手段基本用尽，但是全面落实治本的措施还需要一个长期过程。与此同时，一些根源性问题尚未完全解决，如基础设施管理维护力度不够、农村环境治理水平低、环境标准统一难度大、应急处置联动不足、信息化水平不高、乡镇环境治理的最后一公里尚未有效打通等，广东同样存在此类问题。因此，要特别注意把握好稳和进、标和本、点和面的关系，全局考虑、步调统一，突

出精准、科学和依法治污，增强各类政策的协调性和耦合性，有效推动生态环境质量持续改善。

处理好流域上下游水环境治理的关系。水环境治理需要考虑地区所在流域区位而确定治理目标和重点，需要全局谋划、系统治理。比如，四川、重庆位于长江上游，近年来两地强化上游责任，着力抓好长江干流及各重要支流水环境保护，2020 年川渝两地国考断面水质优良率分别达到 98.9% 和 100%，长江的一级支流沱江整治成效显著，水环境质量全国领先。广东河网密布、水系发达，东江、西江、北江等大江大河水质优良，但重要江河湖库一级支流劣 V 类断面仍然存在，各级饮用水源保护区规范化建设工作尚未完成；流域下游地区污染物入河量大，县级和农村地区黑臭水体普遍存在，珠江口入海河流水质状况对近岸海域影响较大。要继续加大保好水、治差水力度，将治水重点从重点流域干流逐步拓展到一二级支流和城市河涌排渠，推进韩江—榕江—练江水系连通工程、东江流域水安全保障提升工程建设，增强水系连通性，实现高低用水功能区之间的相对分离与协调，全面消除重要水源地入河入库河流劣 V 类断面，试点开展高州水库、新丰江水库、南水水库入库总氮控制，持续推进饮用水源地"划、立、治"，加快消除县级以上城市建成区黑臭水体，推动全省水生态环境系统改善。

加快跨越大气污染防治瓶颈阶段。一直以来，珠三角地区空气质量大幅领先于长三角、京津冀地区，但是近年来，长三角、京津冀地区 $PM_{2.5}$ 治理成效显著，基本实现 $PM_{2.5}$ 浓度达到国家二级标准，空气质量改善幅度远高于珠三角地区，同时，长三角地区近年来臭氧浓度有所下降，大气污染治理水平大有赶超珠三角之势。与此同时，其他地区大气污染治理也呈现突出成效，比如，川渝地区大气扩散条件差，环境空气质量本底落后于广东，但近年来建立空气质量、年度任务、督导帮扶、资金项目"四个问题清单"，实施网格化精细管控和空气质量精准预报，$PM_{2.5}$ 浓度大幅改善至 33 $\mu g/m^3$，六项污染物指标首次全部达标。当前，广东环境空气质量在全国范围内处于较高水平的达标，持续改善难度较大，进入大气污染防治瓶颈阶段，正面临 VOCs 与 NO_x 协同防控难度大、臭氧污染机理不清等"卡脖子"问题，已将治理重点由颗粒物向臭氧污染防控转变。要厚植大气污染防治全国领先的工作基础，加快推动臭氧污染防治攻关攻坚，统筹考虑臭氧污染区域传输规律和季节性特征，加强重点区域、重点时段、重点领域、重点行业治理，强化分区分时分类差异化精细化协同管控，加强油路车港联合防控，推进 VOCs 源头控制和重点行业深度治理，尽快实现臭氧浓度在全国率先进入下降通道，继续保持大气污染防治领先水平。

强化"无废城市"建设顶层设计。要学习重庆"无废城市"试点经验，强化顶层设计，研究制定全省"无废城市"建设试点实施方案。在国家指标体系的基础上，探索纳入餐厨垃圾资源化、快递包装废物减量、污泥无害化处置等特色指标，系统构建符合广东实际的"无废城市"建设指标体系。深入学习重庆探索出来的一、二、三产业以及产业之间固体废物减量化、资源化和无害化的示范模式，对标国际国内一流水平，制定一套任务体系，结合广东制造业优势，探索构建特色鲜明的绿色循环产业链模式，推动地方立法、跨领域跨区域制度建设、汽车行业循环产业链构建等特色任务，打造"无废城市"全民行动体系，探索"无废湾区""无废试验区"建设模式，推动广东在固体废物重点领域和关键环节取得明显进展。

6.3 吸收产城人融合治理经验，打造优质生态产品

吸收经验，加快建设城市公园体系。新加坡用仅仅 40 余年的时间，成功地将一个市中心拥挤不堪、住房短缺、基础设施严重缺乏的城市改造成为一个环境优美、充满活力、繁荣兴旺的国际商业中心，建成世界著名的"花园城市"。成都用 5 年多时间，探索形成了一套人、城、境、业融合的"公园城市"建设模式，形成了"一山、两楔、三廊、五河、六湖、多渠"的生态格局，建成长达 3000 多千米的天府绿道，基本建成鹿溪河生态区、兴隆湖生态区，营造出"推窗见田、开门见绿"的公园城市形态。广东要充分吸收新加坡"花园城市"、成都"公园城市"建设经验，利用好白云山、海珠湿地等城市生态斑块，探索建设链接成串的城市生态廊道，以生态视野在城市构建山水林田湖草生命共同体、布局高品质绿色空间体系。

创新思路，加快推动生态产品价值实现。江苏省江阴市、云南省玉溪市、江西省赣州市、福建省南平市等地通过山水林田湖草综合治理，有效挖掘地方生态资源特色，利用好森林、河流等生态产品，发展生态型产业，成为全国"绿水青山就是金山银山"实践典型案例。广东城市建成区规模庞大、人口密集，公众对优质生态产品的诉求日益增长，城市公园、慢行廊道等绿色空间对城市综合品质和竞争力至关重要。因而，要积极探索具有广东特色的多元化生态产品价值实现途径，持续完善生态产品价值实现支撑体系，多管齐下拓展"绿水青山"和"金山银山"双向转化的渠道，努力把自然生态优势转化为经济发展优势，推动南粤大地绿水青山"底色"更亮，金山银山"成色"更足。

要运用和发挥生态产品的富集效应，推进生态产品确权、量化、评估，摸清全省生态资产底数。参考国家生态产品价值核算相关技术规范，总结梳理深圳、珠海等市生态产品价值核算经验，研究建立全省尺度的生态系统生产总值核算指标体系，开展以生态产品实物量为重点的生态产品价值核算，开展自然资源资产确权登记，明确生态系统价值总量及动态演化、生态产品价值实现率等内容，并作为财政转移支付、市场交易、市场融资、生态补偿、生态环境损

害赔偿等工作的重要参考。

要运用和发挥生态产品的品牌效应，构建"生态+"发展模式，打通"两山"双向转化通道。要从生态产品供需精准对接入手，在"生态＋旅游""生态＋体育""生态＋农产品""生态＋康养""生态＋互联网"等领域推动有基础有条件的地区示范引领，擦亮金字招牌，以点带面提升全省"生态+"产业发展水平。扩大南粤优质生态产品推介活动矩阵，形成常态化推介模式。大力发展林业产业和林下经济，推动"公司＋合作社＋基地＋农户"的林下经济发展模式，培育一批新型林业经营主体和林下经济示范基地。高质量发展生态旅游产业，推动梅州等诸多城市和县区创建全域旅游示范区。活化利用南粤古驿道、万里碧道，推动"生态＋体育"产业多元化发展。推动惠州等特色地区中医药全产业链发展，探索发展中药材种植、饮片和配方颗粒加工、特殊用途化妆品、药食同源产品等生态产业化模式。高标准打造特色农产品生产供应基地，加大力度建设现代农业产业园区，推进梅州柚等特色农产品扩量提质塑品牌，完善粤港澳大湾区"菜篮子"工程。

要运用金融产品价值实现工具，推动生态产品交易、变现、补偿，更多更好地吸引资源、人才和项目。深度参与市场经济是推动生态产品价值实现的根本动力。要深入推进广州市绿色金融改革创新试验区、深圳气候投融资促进中心等绿色金融创新平台建设，开展碳排放权质押、碳汇质押、碳账户、碳期货、碳期权等碳金融创新，构建"生态环境保护者受益、使用者付费、损害者赔偿"的利益导向机制，深化以生态资产产权、收益权和碳汇权益等为抵押物的"生态贷"模式，探索"生态资产权益抵押＋项目贷"模式。探索建立"生态信用"评价管理制度，推动正向激励和负向惩罚双向发力，形成政府、企业、农民专业合作社、个人、金融资本和社会组织多元主体参与的价值实现体系。推动保险、投资理财等现代金融服务向农村下沉，实现普惠型乡村金融服务站行政村全覆盖。

6.4　运用科技和激励手段，推动生态环境治理现代化迈上新台阶

进一步强化生态环保科技支撑。2021 年 5 月，习近平总书记在两院院士大会、中国科协第十次全国代表大会上强调"基础研究要勇于探索、突出原创"，"科技攻关要坚持问题导向，奔着最紧急、最紧迫的问题去"。当前，广东生态环境保护仍然面临臭氧污染机理不清、土壤污染累积性问题凸显、陆海统筹难、农村治理难、环境治理信息化水平不高等难点问题，都需要运用科技手段加快解决。接下来，要学习借鉴四川省院士（专家）工作站、"数智环境"系统建设经验，深入

开展科技集成与示范，支持大气臭氧污染机理、特殊类型固体废物处理处置技术、有毒有害特征污染物、环境健康与人体安全保障等前沿性研究。建设粤港澳生态环境科学中心大气光化学联合研究实验室等创新平台。依托"数字政府"建设，加快推进全省"一网统管"生态环境专题建设，构建全省统一的生态环境基础数据库和业务数据库，建设生态环境智慧云平台。

进一步强化正向考核激励。重庆市将生态文明示范创建成果纳入区县经济社会发展业绩考核，对成功创建国家生态文明建设示范区和"两山"实践创新基地的地区一次性加 0.2 分，有力提高各地区生态文明建设热情。广东要在深入打好污染防治攻坚战等工作中强化正向考核激励作用，根据新形势新要求完善党政领导干部政绩考核体系，考核结果作为各级领导班子和领导干部任用和奖惩、专项资金划拨的重要依据。省级财政资金对治污攻坚成效显著的地方进行奖励，提高党政领导干部和地方政府干事创业的决心和热情。

充分发挥生态环境委员会指挥棒作用。依托全省生态环境委员会架构，加快制定生态环境委员会年度工作要点，细化各地各部门任务分工。布置好省以下生态环境机构监测监察执法垂直管理改革后续工作，重点在海洋保护、农村治理、固体废物防治等以往薄弱环节加强研究部署，推动建立更有效率的基层联合监管执法体系。同时，充分考虑生态环境委员会长期运行过程中出现的各种困难，做好生态环境委员会与污染防治攻坚战指挥部等领导机制的有效衔接，把各协调机制力量拧成一股绳，做到统筹协调、分工有序。

6.5　推动公众参与和环境自治，促进生态环境治理逐步走向成熟

国际经验表明，充分有效的公众参与是生态环境治理体系走向成熟的重要标志。公众对区域环境治理规划与实施的知情权、参与权与决策权，不仅是民主政治制度的具体体现，实际上也改变了政府和企业的传统"二元"污染控制结构，形成政府、企业和社会公众的环境治理多元共治结构，公众起到对政府工作和企业行为的重要监督作用，同时也通过市场消费行为直接影响和引导企业的环境行为。广东要积极开展"美丽中国，我是行动者"活动，加强生态文明宣传教育，增强生态环保意识，倡导绿色低碳生活方式，加快构建全民行动体系，更广泛地动员全社会参与生态文明建设，推动形成人人关心、支持、参与生态环境保护的社会氛围。一方面，提升公众参与生态环保的积极性和有效性。持续完善例行新闻发布制度和新闻发言人制度，加大信息公开力度。畅通环保监督渠道，大力推行有奖举报，完善公众监督和举报反馈机制。深入推进环保设施和城市污水垃圾

处理设施向公众常态化开放，逐步拓展至石化、电力、钢铁等重点行业企业，增强公众的科学认识和监督意识。鼓励新闻媒体大力宣传生态环境保护先进典型，设立"曝光台"或专栏，对各类破坏生态环境问题、突发环境事件、环境违法行为进行曝光和跟踪。另一方面，积极倡导绿色低碳生活方式。推动绿色消费，支持绿色包装，践行禁塑令，鼓励选购绿色、环保、可循环产品，减少使用一次性筷子、纸杯、塑料袋等制品，倡导从节约一度电、一滴水、一张纸做起，养成简约适度的消费习惯。鼓励绿色出行，优化"互联网＋出行"交通信息服务平台，鼓励公众优先选择步行、骑车或乘坐公共交通工具出行，鼓励拼车或使用共享交通工具，推广"无车日"、停车熄火等，养成低碳环保的出行习惯。完善城镇生活垃圾分类和减量化激励机制，推广"碳币"政策。支持参与义务植树，禁止露天焚烧垃圾、秸秆，减少燃放烟花爆竹，禁止滥食野生动物，开展"光盘行动"。

第7章 美丽广东建设路径建议

根据美丽广东的内涵解析与国内外发展形势研究，立足美丽广东在美丽中国建设全局中的典型性、引领性、标杆性意义，结合当前省内发展不平衡不充分的突出特征，从三个角度提出美丽广东建设思路建议。

7.1 "两个率先"目标导向

着眼于全球视野、国际水平，描绘美丽广东建设"两个率先"目标导向。

广东是改革开放的排头兵、先行地、试验区，是贯彻落实习近平生态文明思想的最前沿，协同推进经济社会高质量发展和生态环境高水平保护成效卓著，是全面推进美丽中国建设的关键战略支点和向世界展示美丽中国建设成就的重要窗口，在美丽中国建设全局中具有典型性、引领性、标杆性意义。广东省开展美丽中国建设实践的条件得天独厚，要对标国际水平，锚定中长期生态环境治理远景目标，继续深化广东省生态文明建设和生态环境保护实践中形成的有效做法和宝贵经验，全力争创"两个率先"，力争全面建成青山常在、绿水长流、空气常新的美丽广东。

一是率先实现生态环境根本好转。广东生态环境禀赋优越，生态文明底蕴深厚，具有山海相连的地域景观、碧道成网的流域特色、多元共生的生态要素。森林覆盖率接近 60%，大陆海岸线长度达 4114 km，位居全国首位，林业大省、海洋大省特色鲜明。自然保护地超过 1000 个，数量位居全国第一，南岭地区是全国 16 个生物多样性热点区域之一，生物多样性丰富，开展美丽中国建设实践的条件得天独厚，有条件成为全球北回归线上的绿色亮丽明珠。作为全国经济发达地区，广东的一些生态环境问题暴露早、显现快，同时也早关注、早预防、早行动，比如早在 20 世纪 90 年代中后期广东省就开始系统研究大气污染治理问题，目前已形成了一套有效的区域大气污染防治机制，珠三角大气环境质量领先长三角、京津冀，广东省在诸多领域环境治理水平一直走在全国前列。同时，从"十四五"国家对各省市生态环境指标的目标要求看，广东是国家委以重任、示范引领的优势地区，因此，在美丽建设新征程中，广东有基础、有条件率先实现生态环境根本改善。当前，欧美许多发达国家空气质量标准采用世界卫生组织空气质量准则值，水环境质量评价指标较国内更为丰富，更加关注生态健康评价。广东要瞄准国际一流标准，系统研判发达国家生态环境改善的历程与变化趋势，系统分析短板、聚焦差距不足，做好未来 5～15 年生态环境质量改善的阶段性目标制定，推动深圳、珠海等空气质量水平全国领先的地区率先对标国际标准，用三个五年的时间实现生态环境质量从持续改善到根本改善的历史性转变（图 7-1）。

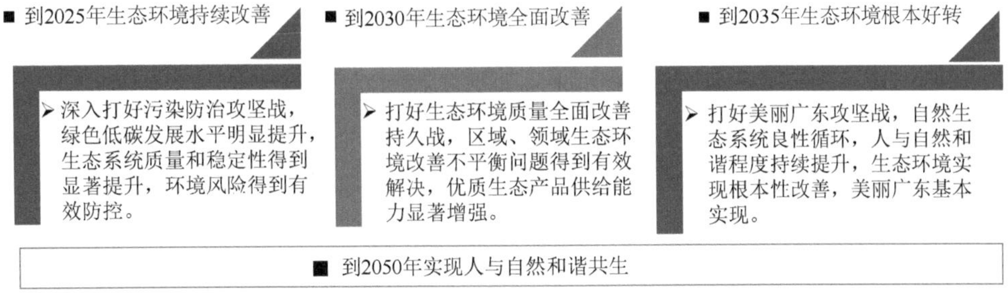

■ 到2025年生态环境持续改善

➢ 深入打好污染防治攻坚战，绿色低碳发展水平明显提升，生态系统质量和稳定性得到显著提升，环境风险得到有效防控。

■ 到2030年生态环境全面改善

➢ 打好生态环境质量全面改善持久战，区域、领域生态环境改善不平衡问题得到有效解决，优质生态产品供给能力显著增强。

■ 到2035年生态环境根本好转

➢ 打好美丽广东攻坚战，自然生态系统良性循环，人与自然和谐程度持续提升，生态环境实现根本性改善，美丽广东基本实现。

■ 到2050年实现人与自然和谐共生

图 7-1　美丽广东之生态环境阶段性目标演变

二是率先破解保护与发展的结构性、根源性、趋势性问题。当前，我国生态文明建设仍处于压力叠加、负重前行的关键期，保护与发展长期矛盾和短期问题交织，生态环境保护结构性、根源性、趋势性压力总体上尚未根本缓解，突出表现为"三个没有根本改变"，即以重化工为主的产业结构、以煤为主的能源结构和以公路货运为主的运输结构没有根本改变；污染物排放和生态破坏的严峻形势没有根本改变；生态环境事件多发频发的高风险态势没有根本改变。广东作为全国经济发展前沿阵地，拥有"三个全国之最"——截至 2022 年 GDP 连续 33 年全国最高；人口数量 1.27 亿人，是全国人口最多的省份；污染源数量 60 多万家，占全国六分之一，居于全国首位。在此背景下，广东产业结构、能源结构、交通运输结构转型压力较大，重工业增加值占规模以上工业比重达到 72%，煤炭、石油等化石能源仍占主导，公路货运占比超过 70%，铁路货运相对滞后，保护与发展的矛盾交织呈现。与此同时，广东绿色低碳发展处于全国领先水平，单位 GDP 能耗全国第二，非化石能源占比达到 29%，远超过全国平均水平，单位 GDP 用水量全国领先。预测到"十四五"末期、"十五五"初期，广东经济社会发展和工业化进程继续深化，将更加依赖科技创新和全面绿色转型驱动，高能耗、高污染行业和开发建设在全省经济中的占比将进一步下降，到"十五五"期间，全省生态环境面临的结构性、根源性、趋势性压力将呈现较明显缓解。因此，广东要以习近平总书记提出的"两全两高"为纲，以闯的精神、创的劲头、干的作风加快构建绿色低碳经济体系，着力破解产业、能源、交通、城乡建设等领域结构性问题，在全国树立起制造业发达地区率先突破资源环境瓶颈、形成绿色发展方式和生活方式的样本模式，推动环境与经济协同共进，在美丽中国建设过程中贡献广东方案和广东经验。

7.2　"三美协同"战略路径

着眼于内外兼修、全面协调，谋划美丽广东建设"三美协同"战略路径。

基于美丽广东在美丽中国建设全局中的典型性、引领性、标杆性意义，充分结合广东自然禀赋优势，在更高起点上以更大魄力率先推进经济社会发展全面绿色低碳转型，按照"三美协同"的战略路径推动点面工作，努力将广东打造成为向世界展示习近平生态文明思想和美丽中国建设成就的示范窗口。

充分运用基于自然的解决方案，着力实施重要生态系统重大生态修复，稳固山水和谐相融格局，充分展现南粤自然形态之美。"美丽"是个集合的概念，是对事物客观属性与主观感知的综合，在外在客观表征上，美丽应具备光彩焕发、美好艳丽等基本属性；在内在感受上，是人具有的喜爱之意，是色彩世界中令人心怡的无形之物，具有引起愉悦情感的属性。良好的视觉感觉是衡量地区或事物美丽与否的第一尺度，表现为自然山川秀美、人居环境健康、城乡建设和谐。广东地处南岭以南，通江达海，北回归线穿越全省，气候和生态类型多样，生态环境禀赋优越，生态文明底蕴深厚，水清风暖，鸥波窈窈，江静林荫，堪当北回归线上的生态明珠。按照习近平总书记教给我们的"尊重自然、顺应自然、保护自然"的世界观、方法论，要立足区域本底形成多种多样的美丽气质，充分利用基于自然的解决方案，坚持自然恢复为主、人工修复为辅的方针，实施粤北南岭山地、珠三角湿地、雷州半岛热带季雨林、蓝色海湾等重要生态系统恢复和修复。加快推进南岭国家公园、丹霞山国家公园、广州国家植物园论证和建设，健全自然保护地体系，将全省范围内自然生态系统最重要、自然景观最独特、自然遗产最精华、生物多样性最富集的区域纳入保护地，推动实现通山达海、水网交织、河道纵横的岭南山水格局与城市生态系统相得益彰、和谐交融，凸显形态美。

以降碳为重点战略方向推动减污降碳协同增效，着力推进产业、能源、交通、用地结构调整，引领经济社会绿色低碳转型，实现经济发展与资源环境和谐相生，充分展现美丽广东的结构内核之美。"美丽"的概念除了形态外在之美，更重要的是内在结构要美，包括理念问题、生产方式问题、生活问题。行为上表现为经济低碳高效、生活富庶低碳、绿色安康，绿色的发展方式跟生活方式是推动地区美丽建设的根本动力，西方国家如美国高碳排放的生活方式不适用于中国，必须要以绿色低碳为导向，推动经济社会发展方式和生活方式彻底变革。对经济系统而言就是要以最小的资源环境消耗产出最大的经济效益。在总量规模基本框定的前提下，必须通过结构优化来实现资源能源高效利用，推动减污降碳协同增效，这也是深入打好污染防治攻坚战、实现环境质量根本改善的治本之策。2020 年，广东省第三产业占比 56.5%，非化石能源消费占比约为 29%，运输结构中公路货运占比超过 70%，土地利用方面低效利用问题仍较突出。未来，深入打好污染防治攻坚战和推动碳达峰碳中和，都必须调整优化产业、能源、交通、用地结构。广东素来有敢为人先的勇气和魄力，2008 年面对国际金融危机，广东率先主动推进产业转型升级，实现了经济社会发展的飞跃。当下，面对百年未有之大变局，广东要继续做好排头兵，在危机中育先机，于变局中开新局，以"双碳"目标为牵引，深入推动生产结构系统优化，推动经济社会全面绿色低碳转型，既能扭转经济能源过分外向依赖、实现抢占下一轮全球绿色产业制高点的战略目标，同时也是破解资源环境压力、根本改善生态环境的釜底抽薪之策，这是美丽的内核和本质。

积极探索"共同富裕"的美丽建设路径，着力推动区域绿色协调发展，推进生态环境基本公共服务均等化，推动"一核一带一区"和谐互补，充分展现美丽广东的整体功能之美。美丽建设要求必须是全面整体的美丽，而不仅仅是局部区域。习近平总书记在党的十九大报告中提出："从二〇三五年到本世纪中叶，在基本实现现代化的基础上，再奋斗十五年，把我国建成富强民主文明和谐美丽的社会主义现代化强国。到那时，我国物质文明、政治文明、精神文明、社会文明、生态文明将全面提升，实现国家治理体系和治理能力现代化，成为综合国力和国际影响力领先的国家，全体人民共同富裕基本实现。"目前，广东省区域发展不平衡不充分问题比较突出，21 个地级市生态环境保护和经济社会发展水平参差不齐，梅州、云浮等生态环境本底优良的地区经济社会发展水平相对落后，广州、深圳等经济发展水平领先的地区资源环境压力较大，区域不平衡问题影响美丽广东建设总体进程。必须积极探索在"共同富裕"目标下的美丽建设路径，以推进基本公共服务均等化为手段，加大政策支持力度。强化珠三角与粤东西北地区产业协作共建，针对珠三角地区用地指标紧张、产业链齐全的特点，探索在珠三角地区设立"反向飞地"，用地指标由东西北地区供给，税收利润双方共享。加大财政转移支付和生态补偿力度，增加生态保护红线划定比例、生态保护成效的考核权重，加快推动粤东西北地区补齐生态环境设施和能力建设短板。加大两山转化力度，推动实施一批生态环境导向的开发模式（EOD 模式）项目，将粤北打造成为大湾区生态休闲承载地，将更多的绿水青山转化为金山银山，向社会充分展现广东"一核一带一区"各美其美、和而不同的功能布局之美（图 7-2）。

实施"双碳"引领驱动
率先建成绿色低碳经济体系

坚持开发保护并重
构建南粤美丽国土空间格局

全面强化系统治理
建设天蓝水清湾净优美环境

加强一体保护修复
打造全球生物多样性新高地

开展环境健康管理
建设和谐共生韧性安全广东

全面深化改革创新
推进现代智治走在全国前列

持续改善人居环境
营造富有岭南风韵精美城乡

图 7-2　美丽广东之中长期战略任务考虑

7.3　"多样示范"支撑体系

着眼于改革驱动、创新引领,构建美丽广东建设"多样示范"支撑体系。

美丽广东建设战略规划是广东省站在开启社会主义现代化与美丽中国建设的全新历史方位上,由全面小康环境目标要求转向实现美丽广东更高目标要求的统领性、长期性、战略性规划,是未来十五年全省生态环境保护工作的纲领性文件,因此必须建立美丽广东建设规划的支撑体系,确保规划落地落实。加快推出一批美丽广东建设的标志性示范性重大工程,做实美丽广东建设的基础支撑,引领带动全省美丽建设热潮。美丽建设的最终目的是要让人民群众共享美丽建设发展的成果,因此美丽广东建设不是空洞缥缈的,必须要让老百姓看得见、摸得着、觉得好。要加强系统谋划,在美丽岭南生态、美丽河湖海湾、美丽科技支撑等方面推出一批类似南岭国家公园、粤港澳生态环境科学中心的有示范效应和引领性的重大工程。因地制宜推动全省各地市开展美丽城市探索实践,点面结合、多层推进,构建美丽广东示范体系。把粤港澳大湾区建设成为广东向世界展示生态文明建设成就的重要窗口,将美丽广东的美好蓝图在南粤大地落地落实,让老百姓真切体会和感受到美丽建设的成果和实惠,进而推动美丽广东建设进入良性循环局面。

专栏 7-1　推动实施美丽广东七大示范

1. 推进以国家公园为主体的自然保护地体系建设示范

推进以国家公园为主体的自然保护地体系试点省建设,推进南岭国家公园、丹霞山国家公园的建设和论证任务,实现森林资源、海洋资源、地质资源的全覆盖,做到将全省范围内自然生态系统最重要、自然景观最独特、自然遗产最精华、生物多样性最富集的区域纳入保护地体系，健全自然保护地监管体系。

2. 推进陆地、海洋等全球生物多样性热点区建设示范

推进华南国家植物园、粤港澳大湾区水鸟生态廊道等建设，整体推进南岭山地、罗浮山—大桂山、莲花山、云雾山—天露山、湛江雷州半岛海域、阳江湾海域、珠江口海域、镇海湾—广海湾—川山群岛—银湖湾海域、大亚湾—大鹏湾海域、红海湾—碣石湾海域和潮汕—南澎列岛海域等 11 处生物多样性保护优先区建设。

3. 推进山水林田湖草一体化保护和修复示范

统筹谋划山水林田湖草一体化保护修复试点，加快推进南岭山地森林及生物多样性保护、南方丘陵山地带矿山生态修复和石漠化治理、粤港澳大湾区生物多样性保护、海峡西岸重点海湾和河口生态保护修复、雷州半岛热带季雨林与滨海湿地保护修复等重点工程。

4. 推进源头经济、碧水经济建设示范。

针对流溪河、漠阳江等 12 处重要江河源头区，融合绿道、古驿道、碧道等建设，实施源头水生态调查、水生态健康评价、水生态价值评估、水生态保护修复等工程，推进以水经济发展为导向的水环境功能改善研究，形成基于不同源头区生态定位的碧水经济发展模式。

5. 推进绿色碳汇、蓝色碳汇等建设示范

实施绿色碳汇建设工程，推进"绿美广东大行动"，实施高质量水源涵养林建设，大力培育大径材（大径级林木）资源，开展低效林高质量改造，提高森林固碳能力。实施蓝色碳汇建设工程，恢复和提升红树林、海草床和珊瑚礁等蓝碳生态系统的碳汇能力，推进海洋碳中和试点和示范应用。

6. 推进美丽河湖、美丽海湾建设示范

推进淡水河、黄江河、廉江河、小东江流域彭村湖等一批水生态系统修复示范工程，到 2025 年，建成 20 个"有河有水、有鱼有草、人水和谐"的美丽河湖。推进惠州市考洲洋、江门市镇海湾等分布有典型海洋生态系统或特别保护生物资源的海湾的生态系统保护与修复，到 2025 年，推进 15 个美丽海湾建设。

7. 推进美丽广东数字赋能、科技赋能示范

实施生态环境信息化体系建设工程，加快推进生态环境"一网统管"建设，持续完善生态环境智慧云平台。建设粤港澳生态环境科学中心等综合性科研平台，打造碳中和与应对气候变化实验室、新污染物风险评估与管控实验室、固体废物环境风险管控实验室、光化学实验室、绿色技术标准与验证研究中心等。

参 考 文 献

陈明星，梁龙武，王振波，等，2019. 美丽中国与国土空间规划关系的地理学思考[J]. 地理学报，74（12）：2467-2481.

党晶晶，任晓强，耿银溪，等，2020. 生态文明视域下美丽陕西建设水平时空测度[J]. 西安工业大学学报，40（4）：471-478.

方创琳，王振波，刘海猛，2019. 美丽中国建设的理论基础与评估方案探索[J]. 地理学报，74（4）：619-632.

傅丽华，李晓青，凌纯，2014. 基于景观敏感性视角的"美丽中国"评价指标权重分析[J]. 湖南师范大学自然科学学报，37（1）：1-5.

盖美，王秀琪，2021. 美丽中国建设时空演变及耦合研究[J]. 生态学报，41（8）：2931-2943.

甘露，蔡尚伟，程励，2013. "美丽中国"视野下的中国城市建设水平评价：基于省会和副省级城市的比较研究[J]. 思想战线，39（4）：143-148.

高卿，骆华松，王振波，等，2019. 美丽中国的研究进展及展望[J]. 地理科学进展，38（7）：1021-1033.

胡宗义，赵丽可，刘亦文，2014. "美丽中国"评价指标体系的构建与实证[J]. 统计与决策（9）：4-7.

黄润秋，2021. 建设人与自然和谐共生的美丽中国[J]. 中华环境（7）：13-16.

黄贤金，曹晨，2020. 美丽省域：内涵、特征及建设路径[J]. 现代经济探讨（10）：1-6.

梁雨廷，胡云锋，2021. 基于 POI 数据的"美丽浙江"建设评估[J]. 地理与地理信息科学，37（5）：56-63.

林珲，张鸿生，林殷怡，等，2018. 基于城市不透水面-人口关联的粤港澳大湾区人口密度时空分异规律与特征[J]. 地理科学进展，37（12）：1644-1652.

全国干部培训教材编审指导委员会，2019. 推进生态文明 建设美丽中国[M]. 北京：人民出版社，党群读物出版社.

时朋飞，熊元斌，邓志伟，等，2017. 长江经济带"美丽中国"建设水平动态研究：基于生态位理论视角[J]. 资源开发与市场，33（11）：1317-1323，1395-1395.

万军，李新，吴舜泽，等，2013. 美丽城市内涵与美丽杭州建设战略研究[J]. 环境科学与管理，38（10）：1-6.

万军，王金南，李新，等，2021. 2035 年美丽中国建设目标及路径机制研究[J]. 中国环境管理（5）：29-36.

万军，王倩，李新，等，2018. 基于美丽中国的生态环境保护战略初步研究[J]. 环境保护，46（22）：7-11.

王金南，2019. 基本现代化与美丽中国：2035 年展望[C]//中国科学院中国现代化研究中心：2019 年科学与现代化论文集（上）. 北京：中国科学院中国现代化研究中心：4.

王金南，蒋洪强，张惠远，等，2012. 迈向美丽中国的生态文明建设战略框架设计[J]. 环境保护（23）：14-18.

魏卫，揭思颖，2019. 美丽中国建设区域差异比较研究[J]. 华东经济管理，33（10）：5-11.

向云波，谢炳庚，2015. "美丽中国"区域建设评价指标体系设计[J]. 统计与决策（5）：51-55.

谢炳庚，陈永林，李晓青，2015. 基于生态位理论的"美丽中国"评价体系[J]. 经济地理，35（12）：36-42.

Marinelli M，2018. How to build a 'beautiful China' in the anthropocene. The political discourse and intellectual debate on ecological civilization[J]. Journal of Chinese Political Science，23（3）：365-386.

Sauvé S，Bernard S，Sloan P，2016. Environmental sciences，sustainable development and circular economy：alternative concepts for trans-disciplinary research[J]. Environmental Development，17：48-56.

Strezov V，Evans A，Evans T J，2017. Assessment of the economic，social and environmental dimensions of indicators for sustainable development[J]. Sustainable Development，25（3）：242-253.